“十四五”高等学校应用型人才培养系列教材

Python 程序设计实验指导

林　荫　余海洋◎主　编
蒋　威　刁小敏　常　锋◎副主编

中国铁道出版社有限公司
CHINA RAILWAY PUBLISHING HOUSE CO., LTD.

内 容 简 介

本书为《Python程序设计基础》的配套教材，由Python程序设计学习指导和实验指导两部分构成。学习指导部分提供了各章精练的知识点梳理和多种形式的习题；实验指导部分按重要知识点划分设置了相对独立的实验项目和综合实验项目。本书涵盖了Python程序设计基础各部分的学习要点。

全书学习指导部分共11章，实验指导部分包含11个实验。学习指导部分包括绪论、Python语法基础、容器数据类型、程序控制结构、函数、文件、程序的异常处理、turtle绘图、Python的第三方库、数据工程与可视化和高级应用，实验指导部分按独立知识点和综合应用划分成各个实验项目。

本书适合作为高等院校Python程序设计课程的教材，也可作为编程爱好者的自学用书。

图书在版编目（CIP）数据

Python程序设计实验指导 / 林荫，余海洋主编．北京：中国铁道出版社有限公司，2025.2.--（“十四五”高等学校应用型人才培养系列教材）．-- ISBN 978-7-113-31828-4

Ⅰ．TP312.8

中国国家版本馆CIP数据核字第2025NS7573号

书　　名：Python程序设计实验指导
作　　者：林　荫　余海洋

策　　划：汪　敏　张围伟　　　　编辑部电话：（010）51873135
责任编辑：汪　敏
编辑助理：史雨薇
封面设计：郑春鹏
责任校对：安海燕
责任印制：赵星辰

出版发行：中国铁道出版社有限公司（100054，北京市西城区右安门西街8号）
网　　址：https://www.tdpress.com/51eds
印　　刷：河北宝昌佳彩印刷有限公司
版　　次：2025年2月第1版　2025年2月第1次印刷
开　　本：787 mm×1 092 mm　1/16　印张：17.5　字数：447千
书　　号：ISBN 978-7-113-31828-4
定　　价：49.80元

前言

Python 程序设计语言语法简洁，入门容易，有极其丰富的开源生态系统，已成为大数据、机器学习、人工智能等领域的主要程序设计语言。市场上 Python 教材众多，但是各位作者使用的方向不同，对 Python 应用的理解也不同，教材的内容和知识点顺序也就各有其特色。

本书为已出版《Python 程序设计基础》一书的配套教材，故两本书内容结构一致。主教材内容包括绪论、Python 语法基础、容器数据类型、程序的控制结构、函数、文件、程序的异常处理、turtle 绘图、Python 的第三方库、数据工程与可视化和高级应用，共 11 章。本书分为两个部分：学习指导和实验指导。学习指导部分提供了各章精练的知识点梳理，还有选择、填空、判断对错、程序完善填空和编程等多种形式的习题；实验指导部分按章节规划实验，每章对应的实验由多个实验项目构成。

全书的学习指导部分共 11 章，实验指导部分包含 11 个实验，涵盖了 Python 程序设计基础各部分的学习要点。实验设置由浅入深，从相对独立的知识点实验项目到知识点综合的实验项目，内容丰富，覆盖面广，可方便不同课时课程的需要，方便不同课程进度的需求。

本书第 1、2 章及其实验由林荫编写，第 3、4 章及其实验由常锋编写，第 5、8 章及其实验由余海洋编写，第 6、7、9 章及其实验由刁小敏编写，第 10、11 章及其实验由蒋威编写。蒋威统一全书风格，林荫、余海洋负责全书统编定稿。王旭和魏大顺等参与了部分内容的编写。

由于Python程序设计涉及的内容非常丰富，加之编者水平和经验有限，书中难免有不足和疏漏之处，期待各位读者的热心反馈，联系邮箱：ly@cczu.edu.cn。

编 者

2024年8月

目 录

学习指导部分

实验指导部分

学习指导部分

第1章 绪论

1.1 知识点梳理

一、计算机编程基础

计算机编程是一项系统工程，包括需求分析、设计、实现、测试和维护等五个阶段且不断迭代。

计算机程序设计语言经历了机器语言、汇编语言、高级语言三代。机器语言程序可直接执行；汇编语言程序需要汇编后执行；高级语言程序需要编译或解释后执行。

二、Python 语言概述

Python语言是一种被广泛使用的高级通用脚本编程语言，具有很多区别于其他语言的特点：语法简洁、生态丰富、多语言集成、平台无关、强制可读、支持中文、模式多样、类库便捷。

Python是一种功能强大、简单易学的编程语言，从Web应用程序到视频游戏、数据科学、机器学习、实时应用程序、高性能服务器后端到嵌入式应用程序等，其强大且多样化的应用生态而在各领域广泛应用。

三、Python 开发环境

Python程序可跨平台运行，因此可以在各种操作系统上开发，编写好的程序也可以在不同操作系统上运行，不同的操作系统需要使用不同的Python安装包。

IDLE是Python自带的集成开发环境，适合初学者和小型项目。它的特点是轻量级、易于安装和使用，可以在任何支持Python的平台上运行。Python官网提供的Python 3.x系列是目前主流的Python版本，安装包可以通过Python官网下载。

Anaconda是一个数据科学的Python发行版，集成了大量有依赖关系的数据科学类的 Python包，如数据处理的NumPy、数据分析的Pandas、深度学习的Keras等。Anaconda可以到官网下载，安装完Anaconda就相当于安装了Python、命令行工具Anadonda Prompt、集成开发环境Spyder、交互式笔记本IPython和 Jupyter Notebook。

PyCharm是一种专门为Python开发者打造的集成开发环境（IDE），由JetBrains公司开发。提供了智能代码编辑、调试、测试、集成版本控制等功能，可支持Web应用程序、桌面应用程序、数据科学等复杂的应用程序开发；可进行机器学习、数据分析等的科学计算和工程计算。

四、Python 程序及编写规范

每个程序都有统一的运算模式：输入（input）数据、处理（process）数据和输出（output）数据，取三个词汇的首字母，简称此法为IPO方法。

Python的程序规范包括注释规则、代码缩进、程序编写规则、命名规范等。

注释是在代码中的说明性文字，不用考虑是否符合Python语法。通常包括单行注释和多行注释两种。

Python语言使用缩进和冒号来区分代码之间的层次。缩进可以使用空格或者Tab键实现。Python中同一个级别的程序段（代码块）的缩进量必须相同。

Python中采用PEP8作为编码规范，应该严格遵守的规则有：

（1）每个import语句只导入一个模块，尽量避免一次导入多个模块。

（2）Python通常每一行写一条语句，多条语句放一行时，语句之间用分号;分隔，但规范的写法是一行写一条语句。

（3）一条Python语句建议不要超过80个字符。如果过长，建议使用圆括号()将多行连接起来，不推荐使用“\”。这里的“\”是连接符，指下一行与本行是同一句。

（4）使用必要的空行和空格来增加代码的可读性。

（5）使用异常处理结构可提高程序容错性，但不能完全依赖异常处理结构，需要适当的显式判断。

命名规范在编写代码中起到很重要的作用，规范的命名可以更加直观地了解代码所代表的含义，常用的命名包括：

（1）函数名、模块名、变量名尽量短小，并且使用全部小写字母，可以使用下划线分隔多个单词，如get_name。

（2）常数命名时采用全部大写字母，可以使用下划线，如MAX_LEN。

五、Python 编辑快捷方式

Python编辑快捷方式见表1-1。

表 1-1　Python 编程快捷方式

快 捷 键	功 能 说 明	使 用 环 境
F1	打开帮助文档	Python IDLE 文件 /shell 交互式窗口
Alt+P	浏览历史命令（上一条）	Python shell 交互式窗口
Alt+N	浏览历史命令（下一条）	Python shell 交互式窗口
Alt+/	自动补全前面出现过的单词	Python IDLE 文件 /shell 交互式窗口
Alt+3	注释代码块	
Alt+4	取消代码块注释	
Ctrl+Z	撤销一步操作	Python IDLE 文件 /shell 交互式窗口
Ctrl+Shift+Z	恢复上一次的撤销操作	Python IDLE 文件 /shell 交互式窗口
Ctrl+S	保存文件	Python IDLE 文件 /shell 交互式窗口
Ctrl+]	缩进代码块	
Ctrl+[	取消代码块缩进	

1.2 习　题

一、单选题

1. 计算机的编程语言不包括（　　）。

A. 机器语言　　B. 汇编语言　　C. 中级语言　　D. 高级语言

2. 下面关于Python语言，说法错误的是（　　）。

A. 开源软件　　B. 收费软件　　C. 干净优雅　　D. 模块化结构

3. 下面关于Python语言，说法错误的是（　　）。

A. 编译型　　B. 解释型　　C. 可交互　　D. 面向对象

4. Python源程序执行的方式（　　）。

A. 直接执行机器语言　　B. 边编译边执行汇编语言

C. 编译执行中级语言　　D. 解释执行

5. Python语言的特性不包括（　　）。

A. 复杂　　B. 可移植　　C. 可扩展　　D. 易维护

6. Python语言之父是（　　）。

A. 阿兰·图灵（Alan Turing）　　B. 丹尼斯·里奇（Dennis Ritchie）

C. 吉多·范罗苏姆（Guido van Rossum）D. 史蒂夫·乔布斯（Steve Jobs）

7. Python语言属于（　　）。

A. 机器语言　　B. 汇编语言　　C. 中级语言　　D. 高级语言

8. 关于Python的安装，以下说法错误的是（　　）。

A. Python 的安装包可以选择 2x，也可以选择 3x。

B. Python 3.9.x 以上的版本不能安装在 Windows 10 以下的 Windows 操作系统中

C. 安装 Python 时必须选择复选框

D. 安装 Python 时可以选择自定义方式，重新设置安装地址

9. Python语言的第三方库中可提供高级数学运算、高效向量和矩阵运算的是（　　）。

A. scipy　　B. numpy　　C. pandas　　D. matplotlib

二、填空题

1. 一般来说，程序的开发分为分析阶段、设计阶段、________、测试阶段和发布阶段。

2. 按照程序设计方式不同，分为面向过程和面向________的语言。

3. Python语言的设计哲学是________。

4. Python 安装第三方库的常用软件工具是________。

5. Python程序文件扩展名是________。

6. Python 软件安装时，自带的集成开发环境是________。

7. Python程序中，行注释的前导字符是________，如果是段注释，开头和结尾均使用________。

8. Python命令行解释器的提示符是________。

9. Python程序的两种运行方式是________。

10. 在Python IDLE的交互式运行环境下，浏览上一条语句的快捷键是________。

11. Python IDLE的交互式命令解释器被称为________。

12. 从Python IDLE的交互式运行环境的提示符下退出，可使用________。

13. 在Python IDLE的文件环境下运行脚本程序的快捷键是________。

三、判断题（正确打√，错误打 × ）

1. Python 3.x版本完全兼容Python 2.x。（　）

2. 为了方便Python程序设计，通常在安装时会选择Add python.exe to PATH复选框。（　）

3. Python 3.x版本可以安装在Windows 7上，也可以安装在Windows 10上。（　）

4. Python可以安装在Windows、Linux、Mac OS X等各种操作系统中。（　）

5. Python代码直接、可读性强、开发快、解释运行，因此也称为脚本语言。（　）

四、编程

1. 输出“做有心人，干困难事，立大格局。”

2. 输出三枝玫瑰花，如图1-1所示：

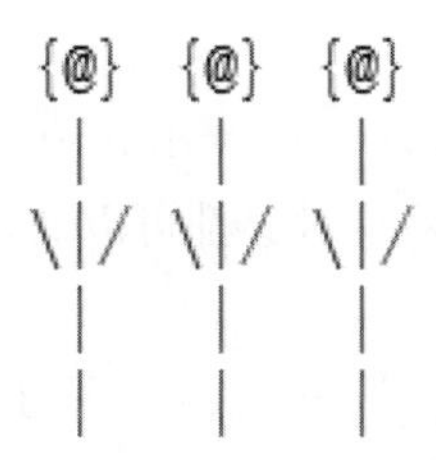

图 1-1　效果图

3. 已知三角形的底base和高height，求三角形的面积area。

第2章

Python 语法基础

2.1 知识点梳理

一、Python 的标识符

Python是一种面向对象的编程语言。在Python中，所有事物都被视为对象，包括变量、函数、列表、元组、字典、集合等。每个对象都可以命名，称为标识符。

Python语言标识符命名规则如下：

（1）标识符是以字母、下划线“_”开头，由字母、下划线“_”和数字组成的字符串。第一个字符不能是数字，其中的字符包含A ～Z和a ～z。

（2）Python语言标识符大小写字母敏感。即同一字母的大小写被认为是不一样的符号，如name和Name是两个不一样的标识符，标识符的长度不限。

（3）Python中允许使用汉字作为标识符，例如，姓名、年龄（但不提倡）。

（4）不能使用Python中的保留字。

关键字（keywords）：也称为保留字，是Python中具有特殊功能的标识符。不能用作任何标识符名称。

Python 的标准库提供了一个keyword模块，可以输出当前版本的所有关键字，例如：

```
>>> import keyword
>>> keyword.kwlist
['False','None','True','and','as','assert','async','await','break','clas
s','continue','def','del','elif','else','except','finally','for','from','glo
bal','if','import','in','is','lambda','nonlocal','not','or','pass','raise','
return','try','while','with','yield']
```

二、Python 的数据类型

Python 3中有六个标准的数据类型：数字（number）、字符串（string）、列表（list）、元组（tuple）、集合（set）和字典（dictionary），其数据类型及示例见表2-1。

表 2-1　Python 的数据类型及示例

对象类型		示　例	对象类型	示　例
数字类型	整型	123，-456	字符串（str）	'cczu'，"Python"
	浮点型	3.14，-0.123e2	列表（list）	[10,20,30,40,50]
	复数型	3+1j，2-8J	元组（tuple）	(10,20,30,40,50)
	布尔型	True(1)，False(0)	集合（set）	{10,20,30,40,50}
			字典（dict）	{'name' : ' 小明 ', 'age':19}

不同进制只是整数的不同书写形式，程序运行时都会处理为十进制。整数的不同进制表示见表2-2。

表 2-2　整数的不同进制表示

数制形式	前导符号	合法的整型常数	不合法的整型常数
十进制	无	默认情况 100、-234	100.、-23.4
二进制	0b 或 0B	0、1 构成 0b1010，0B1011	1211、11.021
八进制	0o 或 0O	0 ～ 7 构成 0o123、0O725	0O128、231
十六进制	0x 或 0X	0 ～ 9、a(A) ～ f(F) 构成 0x12ab、0X12BD	1213、0x5EGH

进制只是整数的不同表示形式，程序处理时只要值相同就没有区别。不同进制的整数之间可以直接运算或比较。无论采用哪一种进制表达数据，计算机内部都会以相同二进制格式存储数值，因此进制之间的运算结果默认以十进制方式显示。

Python的浮点数可以用小数形式表示，也可以用科学计数法（或指数表示法）表示，见表2-3。

表 2-3　浮点数表示

浮点数类型形式	合法浮点型常数举例	非法浮点型常数举例
小数形式	123.1、-3.、-0.54	567、-80
科学计数法形式	3e、6、-2.56E5	3.6e、7.2E-0.5

复数表示为：实部+虚部j(J)。实数部分和虚数部分默认都是浮点型，就像是两个二元组(a,b)。

假设x=2+1j，1j中的1不能省略，否则会被系统认为是变量名。实数部分x.real和虚数部分x.imag默认都是浮点型。

Python的布尔类型即逻辑型，有两个值True和False，见表2-4。关系运算的结果是逻辑值，但逻辑运算的结果却不一定。

表 2-4　逻辑类型表示

布尔值	逻辑值	数　值	其　他
True	真	1	非空值
False	假	0	空字符串（""）、None、空的 List[ ] 空的 Tuple( )、空的 Dict{ }

三、Python 的运算符

Python中提供了非常丰富的运算符，有算术运算符（见表2-5）、赋值运算符（见表2-6）、关系运算符（见表2-7）、逻辑运算符（见表2-8）等。

表 2-5　算术运算符

算术运算符	描　述	示　例	结　果
+	1．两数相加	2+3	5
	2．两个序列对象合并（扩展）	'123'+'abc'	'123abc'
−	1．取负	−(−1)	1
	2．两数相减	3-2	1
*	1．两数相乘	2*3	6
	2．字符串被重复若干次（扩展）	'do'*3	'dododo'
/	两数相除（浮点除）	3/2	1.5
//	整数整除，商向下取整	7//2	3
	浮点数整除，商向下取整（扩展）	-4.5//2	-3.0
%	整数取模，即求余数	3%2	1
	浮点数取模（扩展）	5.5%2	1.5
**	幂运算	2**3，即 2 的 3 次方	8

表 2-6　赋值运算符

运 算 符	描　述	示例（设 a=7,b=2,c=4）	语　义	结　果
=	赋值运算符	a=b+c	b+c 赋值给 a	a=6
+=	加法赋值运算符	a+=b	a+b 赋值给 a	a=9
-=	减法赋值运算符	a-=b	a−b 赋值给 a	a=5
*=	乘法赋值运算符	a*=b	a*b 赋值给 a	a=14
/=	除法赋值运算符	a/=b-c	a/(b−c) 赋值给 a	a=-3.5
%=	取模赋值运算符	a%=b	a%b 赋值给 a	a=1
**=	幂赋值运算符	a**=b	a**b 赋值给 a	a=49
//=	取整除赋值运算符	a//=b	a//b 赋值给 a	a=3

表 2-7　关系运算符

关系运算符	描　述	示例（设 a=7，b=2）	结　果
==	判等	a==b，判断 a 是否等于 b	False
!=	不等于	a!=b，判断 a 是否不等于 b	True
>	大于	a>b，判断 a 是否大于 b	True
<	小于	a<b，判断 a 是否小于 b	False
>=	大于等于	a>=b，判断 a 是否大于等于 b	True
<=	小于等于	a<=b，判断 a 是否小于等于 b	False

表 2-8　逻辑运算符

运 算 符	描　述	示　例	结　果
not	非	not False	True
		not True	False
and	与	False and True	False
		True and True	True
		True and 20	20
		20 and True	True

续表

运算符	描　述	示　例	结　果
or	或	False or False	False
		False or True	True
		True or 20	True
		20 or True	20

Python运算符优先级顺序从高到低依次为算术运算符>位运算符>比较运算符>布尔运算符>赋值运算符。

同一级别的运算符从左到右进行计算，且要考虑结合方向决定求值顺序。

算术运算符中，幂运算优先级最高，乘除法、取余、这几个运算符的优先级是一致的且高于加减法。

比较运算符之间优先级相同，多个同时出现时按照从左往右的顺序执行计算。逻辑运算符优先级顺序从高到低分别为not、and、or。赋值运算符优先级最低，永远最后执行。圆括号也看作运算符，可以改变运算次序，有最高的优先级。

运算符及其优先级见表2-9。

表 2-9　运算符及其优先级

<table>
<tr><th>优先级</th><th>运算符</th><th>描　述</th></tr>
<tr><td rowspan="14">由高到低</td><td>()</td><td>圆括号（最高优先级）</td></tr>
<tr><td>**</td><td>幂运算</td></tr>
<tr><td>~、+、-</td><td>按位取反、正号、取负</td></tr>
<tr><td>*、/、%、//</td><td>乘（串重复）、除、求余数、整除</td></tr>
<tr><td>+、-</td><td>加法（串连接）、减法</td></tr>
<tr><td><<、>></td><td>左移、右移位运算符</td></tr>
<tr><td>&</td><td>按位与</td></tr>
<tr><td>^</td><td>按位异或</td></tr>
<tr><td>|</td><td>按位或</td></tr>
<tr><td>>、>=、<、<=、==、!=
is、is not、in、not in</td><td>比较运算符
身份运算符、成员运算符</td></tr>
<tr><td>not</td><td>逻辑非</td></tr>
<tr><td>and</td><td>逻辑与</td></tr>
<tr><td>or</td><td>逻辑或</td></tr>
<tr><td>=、%=、/=、//=、-=、+=、*=、**=</td><td>赋值运算符</td></tr>
</table>

Python的标准输入函数是input()，标准输出函数是print()。

print()函数构成输出语句，可输出执行的结果，可以输出任意类型的对象。如果输出时需要符合某种格式化要求，可以搭配格式化输出。print()函数通常支持有两种格式化方法："%字符"格式化输出和format方法格式化输出。详情见相关文档。

print函数基本格式：

```
print( [输出对象,...][, sep=分隔符][, end=结尾符号 )
```

input()函数用于从键盘获取用户的输入数据。函数中可指定提示文字，输入数据以字符串类型存储在指定的变量中。如果要得到其他类型的数据，可输入后将数据进行类型转换。

input()函数的基本格式：

```
变量=input("[提示性文字]")
```

四、常用内置函数

Python解释器提供了数字、字符串、列表、字典、文件等常见类型的68个内置函数，可直接使用Python常用内置函数见表2-10。

表 2-10 Python 常用内置函数

函数名	意义	示例	结果
eval(x)	计算字符串表达式的值并返回	eval('1+2')	3
type(x)	返回对象的类型	type(10)	<class 'int'>
id(x)	返回对象的唯一标识（地址）	id(3)	1383457584
len(x)	返回对象包含的元素个数	len([1,3,5])	3
help(x)	调用系统内置的帮助系统	help(eval)	
abs(x)	求 *x* 的绝对值，或复数的模	abs(-5)	5
divmod(x,y)	*x* 除以 *y* 的商和余数构成的数对	divmod(1,3)	(0, 1)
pow(x,y)	获得 *x* 的 *y* 次方	pow(2,3)	8
round(number[,ndigits])	根据指定精度获取数据的四舍五入值。number 代表浮点数，ndigits 代表精度	round(3.14159,2)	3.14
range([start,]stop[,step])	生成一个 start 到 stop 的数列，左闭右开。步长 step，默认为 1	list(range(1,5))	[1,2,3,4]
max(x)	*x* 是一个序列，求序列最大值	a=(1,3,7,9,5) max(a)	9
min(x)	*x* 是一个序列，求序列最小值	a=(1,3,7,9,5) min(a)	1
sum(x)	*x* 是一个序列，求序列和值	a=(1,3,7,9,5) sum(a)	25
int(x,base)	数 2 转换为 int 型字符串数 x 看作 base 进制，转成十进制	int(12.9) int(int('10',16)	12 16
float(x)	将 int 型或字符型转换为浮点型	float('3')	3.0
str(x)	将 int 型转换为字符型	str(3)	'3'
bool(x)	将 int 型转换为布尔类型	bool(0) bool(None)	False False
complex(real[,imag])	转换为复数类型	complex(3,4)	(3+4j)
bin(x)	转换为二进制，字符串类型	bin(1024)	'0b10000000000'
oct(x)	转换为八进制，字符串类型	oct(1024)	'0o2000'
hex(x)	转换为十六进制，字符串类型	hex(1024)	'0x400'
chr(x)	转换编码数字为相应字符	chr(65)	'A'
ord(x)	转换字符为相应的编码数字	ord('A')	65
list(iterable)	转换为 list	list((1,2,3))	[1,2,3]
tuple(iterable)	转换为 tuple	tuple([1,2,3])	(1,2,3)
dict(iterable)	转换为 dict	dict([('a',1), ('b', 2), ('c', 3)])	{'a':1, 'b':2, 'c':3}

五、Python 的标准库

Python的安装包当中包含有一部分可重用的计算资源，用户可随时使用import加载使用，称为Python标准库。标准库在Windows系统的默认安装目录中Python的lib目录下。

本节先学习两类标准库：math模块和random模块。标准库中的模块，使用时先做导入：import math或import random。

常用的数字常数见表2-11。

表 2-11　常用的数学常数

数学常数	说　明	示　例	结　果
pi	圆周率	math.pi	3.141592653589793
e	自然常量	math.e	2.718281828459045
inf，-inf	正负无穷大	math.inf>5	True
nan	返回一个浮点数	type(math.nan)	<class 'float'>

常用的math模块函数见表2-12。

表 2-12　常用的 math 模块函数

数学函数	功能说明	示　例	结　果
sqrt(x)	返回 x 的算术平方根	math.sqrt(2)	1.4142135623730951
exp(x)	返回 e 的 x 次方	math.exp(3)	20.085536923187668
fabs(x)	返回 x 的绝对值	math.fabs(-3.5)	3.5
pow(x,y)	返回 x 的 y 次方	math.pow(3,4)	81.0
copysign(x,y)	返回 x 的值和 y 的符号构成的数	math.copysign(-1,2)	1.0
factorial(x)	返回 x 的阶乘	math.factorial(5)	120
gcd(x,y)	返回 x，y 的最大公约数	math.gcd(35,75)	5
modf(x)	返回 x 的小数和整数部分	math.modf(3.45)	(0.4500000000000002, 3.0)
fmod(x,y)	返回 x/y 的余数，符号随 x	math.fmod(134,10)	4.0
trunc(x)	返回 x 的整数部分	math.trunc(1.985)	1
fsum(x1,x2…)	对迭代器里的元素求和	math.fsum([1,2,3,4,5])	15.0
ceil(x)	返回 x 的上限整数	math.ceil(3.4)	4
floor(x)	返回 x 的下限整数	math.floor(-3.5)	-4
radians(x)	将角 x 从角度转换成弧度	math.radians(90)	1.5707963267948966
degrees(x)	将角 x 从弧度转换成角度	math.degrees(math.pi)	180.0
sin(x) cos(x)	返回 x 弧度的正弦值	math.sin(math.radians(30)) math.sin(30*math.pi/180)	0.49999999999999994 0.49999999999999994
tan(x)	返回 x 弧度的正切值	math.tan(math.radians(30))	0.5773502691896257
acos(x)	返回 x 的反余弦弧度值	math.degrees(math.acos(0.5))	60.00000000000001
atan(x)	返回 x 的反正切弧度值	math.degrees(math.atan(1))	45.0
hypot(x,y)	返回原点（0，0）到坐标点（x，y）的距离	math.hypot(1,1)	1.4142135623730951
log(x)	返回以 e 为底的对数	math.log(2.718282)	1.0000000631063886
log(x,base)	返回以 y 为底的对数	math.log(2.718282,math.e) math.log(5,10)	1.0000000631063886 0.6989700043360187
log10(x)	返回以 10 为底的对数	math.log10(5)	0.6989700043360189
log2(x)	返回以 2 底的对数	math.log2(16)	4.0

随机数在计算机应用中十分广泛，如我们在做算法测试时往往用随机数作为输入数据。Python中的random库就主要用于产生各种分布的伪随机数序列。当我们需要时，找到符合使用场景的函数来使用即可。random库的常用函数见表2-13。

表 2-13 random 库的常用函数

函　数	说　明	示　例
uniform(x,y)	随机产生 [x,y] 范围内的一个实数	random.uniform(0,1)
randint(a,b)	随机产生 [a,b] 范围内的一个整数，$a \geqslant b$	random.randint(0,100)
random()	随机产生 [0,1) 范围内的实数	random.random( )
choice(seq)	从序列中随机取一个元素	random.choice([1,3,5,7,9])
randrange(start,stop[,step])	从指定范围内，按增量获取一个随机数，增量默认为 1	random.randrange(0,100,2) 表示从 0~100 取一个偶数
shuffle(lst)	将序列的所有元素打乱随机排序	random.shuffle([1,4,9,16])
sample(population,k)	从序列或集合中返回随机提取 k 个不重样元素的列表	random.sample('abcdef',3) 表示从 absdef 中提取任意 3 个字母

六、Python 顺序结构程序设计示例

一般顺序结构程序设计遵循IPO结构，即输入、处理和输出。

示例1：输入圆半径，求圆的面积并精确到小数点后两位有效数字输出。

```
import math
r=eval(input('请输入圆半径(厘米):'))
s=math.pi*r**2
print('圆半径=%.2f,面积=%.2f'%(r,s))
```

运行结果：

```
请输入圆半径(厘米):1
圆半径=1.00,面积=3.14
```

示例2：生成两个100以内的随机整数，将两数交换。分别输出交换前后两数的值。

```
import random
a=random.randint(0,100)
b=random.randint(0,100)
print('交换前:a=%d,b=%d'%(a,b))
a,b=b,a
print('交换后:a=%d,b=%d'%(a,b))
```

运行结果：

```
交换前:a=50,b=93
交换后:a=93,b=50
```

2.2 习　题

一、单选题

1. 下面（　　）不是有效的变量名。

A. _demo　　B. my-score　　C. Number　　D. banana3

2. 以下运算符中，优先级最高的运算符为（　　）。

A. ()　　B. /　　C. //　　D. *

3. 表达式256==0x100的结果是（　　）。

A. false　　B. False　　C. true　　D. True

4. 表达式type(eval('45'))的结果是（　　）。

A. <class 'float'>　　B. <class 'str'>　　C. <class 'int'>　　D. None

5. 表达式eval('500/10')的结果是（　　）。

A. '500/10'　　B. 500/10　　C. 50.0　　D. 50

6. 下列数据类型中，Python不支持的是（　　）。

A. int　　B. float　　C. complex　　D. char

7. 在Python中，正确的赋值语句是（　　）。

A. x+y=a+10　　B. x=x-5*y　　C. 2x=100　　D. y+1=y

8. 执行下列语句后的显示结果是（　　）。

```
>>> word ='world'
>>> print('Hello'+word)
```

A. 'Hello'word　　B. 'Hello''world'

C. Helloword　　D. Helloworld

9. 执行下列语句后的显示结果是（　　）。

```
>>> a = 1
>>> b = 2 * a / 4
>>> a = "one"
>>> print (a,b)
```

A. one 0　　B. 10　　C. one 0.5　　D. one,0.5

10. 执行下列语句后的显示结果是（　　）。

```
>>> s ="hi"
>>> print ("hi",2*s)
```

A. hihihi　　B. "hi"hihi　　C. hi hihi　　D. hi hi hi

11. 下列说法错误的是（　　）。

A. random.uniform(100,0) 可生成一个 0 ～ 100 的随机实数

B. random.randint(100,0) 可生成一个 0 ～ 100 的随机整数

C. random.uniform(0,100) 可生成一个 0 ～ 100 的随机实数

D. random.randint(0,100) 可生成一个 0 ～ 100 的随机整数

12. Python中，以下表达式结果为False的选项是（　　）。

A. 'This'<'Thisis'　　B. 'THIS'<'this'　　C. 3<int('3')　　D. 3<ord('3')

13. 关于Python赋值语句的描述，错误的选项是（　　）。

A. 赋值语句要求赋值两侧的数据类型一致

B. 使用符号“=”表达赋值关系

C. a,b-b,a 可以交换 a 和 b 的值

D. 对于 a=32 语句，无论变量 a 是什么类型，该赋值语句运行一定正确

14. 表达式eval("print(1+2)")的结果是（　　）。

A. "print(1+2)"　　B. print(1+2)　　C. 1+2　　D. 3

15. 将下列表达数作为eval()函数的参数，执行结果错误的选项是（　　）。

A. "1+2"　　B. 1+2　　C. "print()"　　D. "input()"

16. 对于input()函数的描述，错误的选项是（　　）。

A. 用户输入的信息全部被当作一个字符串处理

B. 用户可以输入多行信息，并将被当作一个字符串处理

C. input() 参数用于提示用户，不影响用户输入的内容

D. input() 参数只能是字符串类型

17. Python语言中，以下表达式结果为False的选项是（　　）。

A. "CD"<"CDFG"　　B. ""<"G"

C. "DCBA"<"DC"　　D. "LOVE"<"love"

18. 表达式4*3**2//6%7的计算结果是（　　）。

A. 3　　B. 4　　C. 5　　D. 6

19. 关于二进制整数的定义，以下表达正确的是（　　）。

A. 0B1014　　B. 0b1010　　C. 0B1019　　D. 0bC3F

20. 关于八进制整数的定义，以下表达正确的是（　　）。

A. 0o1014　　B. 0O1018　　C. 0O4519　　D. 0O123F

二、填空题

1. Python表达式4.5/2的值为________，4.5//2的值为________，4.5%2的值为________。
2. Python表达式-4.5/2的值为________，-4.5//2的值为________，-4.5%2的值为________。
3. Python表达式77//10的值为________，-77//10的值为________。
4. 已知x=2，语句x*=x+1执行后，x的值是________。
5. 语句x=input()执行时，如果从键盘输入12并按回车键，则x的值是________。
6. Python表达式(-3)**2的值为________，-3**2的值为　　。
7. Python表达式20//3*4+51%2**3的值为________。
8. 表达式30<50<100 的值是________，表达式10<60!=60 的值是________。
9. 表达式10 and 20的值是________，表达式10 or 20 的值是________。
10. 表达式round(213.799)的值是________，表达式round(213.799, 2)的值是________，表达式round(213.799, -1)的值是________，round(-213.799) 的值是________。
11. 表达式 int(213.799) 的值是________，int(-213.799) 的值是________。
12. 表达式math.copysign(-3.14,57) 的值是________。
13. 表达式math.ceil(-3.6) 的值是________，math.floor(-3.6) 的值是________。
14. 表达式divmod(40,3)的值是________。
15. 表达式eval("12+19") 的值是________，表达式eval("12"+"19")的值是________。

三、写出合法的 Python 表达式

假设：已导入math、random模块。

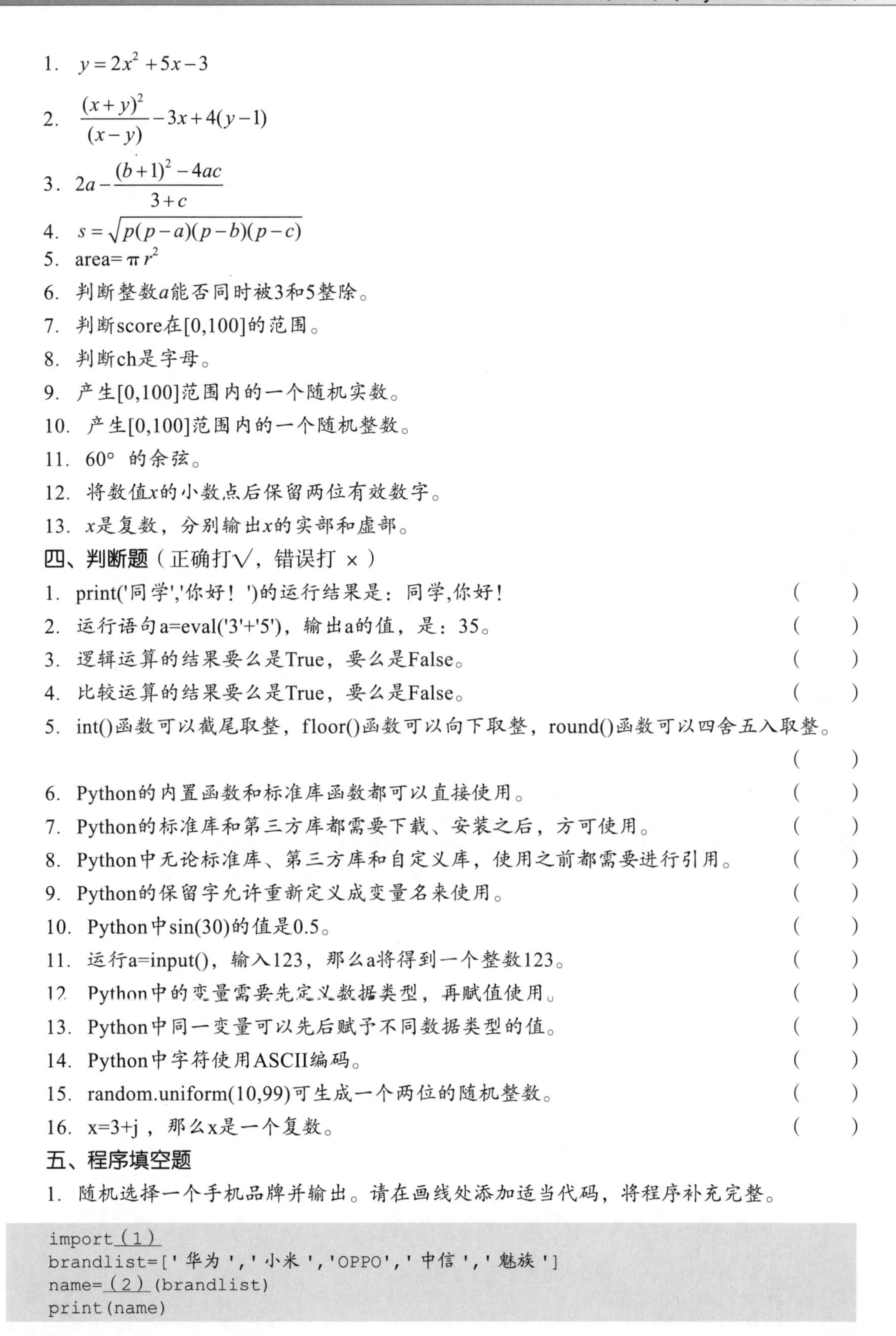

1. $y=2x^2+5x-3$
2. $\dfrac{(x+y)^2}{(x-y)}-3x+4(y-1)$
3. $2a-\dfrac{(b+1)^2-4ac}{3+c}$
4. $s=\sqrt{p(p-a)(p-b)(p-c)}$
5. area= πr^2
6. 判断整数a能否同时被3和5整除。
7. 判断score在[0,100]的范围。
8. 判断ch是字母。
9. 产生[0,100]范围内的一个随机实数。
10. 产生[0,100]范围内的一个随机整数。
11. 60° 的余弦。
12. 将数值x的小数点后保留两位有效数字。
13. x是复数，分别输出x的实部和虚部。

四、判断题（正确打√，错误打 ×）

1. print('同学','你好！')的运行结果是：同学,你好！ (　　)
2. 运行语句a=eval('3'+'5')，输出a的值，是：35。 (　　)
3. 逻辑运算的结果要么是True，要么是False。 (　　)
4. 比较运算的结果要么是True，要么是False。 (　　)
5. int()函数可以截尾取整，floor()函数可以向下取整，round()函数可以四舍五入取整。 (　　)
6. Python的内置函数和标准库函数都可以直接使用。 (　　)
7. Python的标准库和第三方库都需要下载、安装之后，方可使用。 (　　)
8. Python中无论标准库、第三方库和自定义库，使用之前都需要进行引用。 (　　)
9. Python的保留字允许重新定义成变量名来使用。 (　　)
10. Python中sin(30)的值是0.5。 (　　)
11. 运行a=input()，输入123，那么a将得到一个整数123。 (　　)
12. Python中的变量需要先定义数据类型，再赋值使用。 (　　)
13. Python中同一变量可以先后赋予不同数据类型的值。 (　　)
14. Python中字符使用ASCII编码。 (　　)
15. random.uniform(10,99)可生成一个两位的随机整数。 (　　)
16. x=3+j，那么x是一个复数。 (　　)

五、程序填空题

1. 随机选择一个手机品牌并输出。请在画线处添加适当代码，将程序补充完整。

```
import (1)
brandlist=['华为','小米','OPPO','中信','魅族']
name= (2) (brandlist)
print(name)
```

2. 将商品总价去掉小数点后面的零头，取整收款。请在画线处添加适当代码，将程序补充完整。

```
import math
a,b,c=(1)(input('输入三件商品的价格：'))
price=a+b+c                    # 计算总价
total=(2)(price)               # 去掉小数点后面的零头
print('商品总价 =%.2f'%(price))
print('实付金额 =%d'%(total))
```

3. 商品价格有元角分，将商品求总价，将分四舍五入至角付款。请在画线处添加适当代码，将程序补充完整。

```
a,b,c=(1)(input('输入三件商品的价格：'))
price=a+b+c               # 计算总价
total=(2)                 # 取角
print('商品总价 =%.2f'%(price))
print('实付金额 =%d'%(total))
```

4. 输入一个十进制数，转换成二进制和十六进制数输出。请在画线处添加适当代码，将程序补充完整。

```
a=(1)(input('输入一个十进制数 :'))
print('二进制数是 ',bin(a))
print('十六进制数是 ',(2))
```

5. 用随机函数生成一个大写字母的ASCII码，将其转换成字母后输出，再转换成小写字母并输出。请在画线处添加适当代码，将程序补充完整。

```
import random
ch=random. (1)
print('ASCII=%d'%(ch))
print('大写字母 =%c'%( chr(ch)) )
print('小写字母 =%c'%(    (2)    )
```

6. 数位拆分。生成一个随机的三位整数，拆分出它的每一位并输出。请在画线处添加适当代码，将程序补充完整。

```
import random
num= (1)
ge= num%10
shi= (2)
bai=num//100
print ('num=',num)
print('个位是 %d, 十位是 %d, 百位是 %d'%(ge,shi,bai))
```

7. 给定球的半径值，求球的体积（$v=\frac{4}{3}\pi r^3$），并输出半径，输出体积。请在画线处添加适当代码，将程序补充完整。

```
# 求球体积
import (1)
r=float(input('请输入球的半径 ( 厘米 ) : '))
v=4/3*math.pi*(2)
print('球半径 =%.2f, 体积 =%.2f'%(r,v))
```

8. 运行以下代码，输出结果是___（1）___ ___（2）___。

```
a=80
print(False and a)          # 第一次输出结果（1）
print(True and a)           # 第二次输出结果（2）
```

9. 运行以下代码，输出结果是___（1）___ ___（2）___。

```
a=80
print(False or a)           # 第一次输出结果（1）
print(True or a)            # 第二次输出结果（2）
```

10. 有如下代码。运行输入：10，20，30，40，50，输出结果是___（1）___ ___（2）___。

```
data=eval(input())
print(sum(data))            # 第一次输出结果（1）
print(max(data))            # 第二次输出结果（2）
```

六、编程题

1. 给定矩形的长和宽，求其周长和面积。

2. 生成一个两位的随机数做摄氏温度C，求华氏温度F，已知$F=\frac{9}{5}C+32$。输出C、F的值。

3. 给定一个人的体重（kg）和身高（m），计算其BMI指数值。输出身高、体重，输出BMI的值。BMI的计算公式为：BMI=体重/身高^2。

4. 输入圆半径，计算圆的周长、面积。

5. 一个大圆内套一个小圆。分别输入圆半径，求两圆之间圆环的面积。

6. 给定数学、语文、英语三门课的成绩，计算平均值，小数点后保留2位有效数字。

7. 总成绩=作业成绩×20%+期中成绩×30%+期末考试成绩×50%，成绩可以有小数。
输入作业成绩、期中成绩、期末成绩，计算出总成绩，四舍五入取整。
输出作业成绩、期中成绩、期末成绩，输出总成绩。

8. 给定平面两点坐标(x_1,y_1)和(x_2,y_2)，求这两点之间的距离。

9. 生成两个100以内的随机整数，将两数交换。分别输出交换前后两数的值。

10. 给定两个整数，求它们的最大公约数和最小公倍数。

第3章

容器数据类型

3.1 知识点梳理

一、序列的操作

序列数据类型：字符串、列表、元组。它们有很多共同的操作。

例如，根据索引访问序列元素([ ])、切片([: :])，判断元素是否为序列成员（in）、连接合并（+）、序列的重复（*）、求序列中元素的个数（len）、求序列中的最大值（max）、最小值（min）、和（sum）、对序列元素进行排序（sort、sorted）、统计序列元素的个数（count）、在序列中寻找元素出现的位置（index、find）、删除序列（del）。

二、字符串

字符串是一个字符序列，可以通过两端加单引号（'）、双引号（"）、三个单引号（'''…'''）或三个双引号（"""…"""）来创建。

字符串属于不可变类型，因此无法直接修改字符串中的某个或某些成员，例如，通过赋值的方式修改字符串中指定位置的值、直接将字符串中的字符排序，但可以通过切片、连接等操作生成新的字符串。

字符串常用的操作有：字符串转换（str）、字符串的合并（join）和分离（split）、大小写转换（upper、lower）、判断是否大小写（isupper、islower）、判断字符串是否为数字（isnumeric）、替换字符串（replace）、匹配方法（find）。

三、列表

列表是使用方括号[ ]括起来的一组数据序列的集合。列表是可修改的序列，其长度和内容都可变，因此可以通过对列表切片赋值的操作修改列表元素。

列表常用的操作有：列表转换（list）、元素删除（del）、元素排序（sort、sorted）、添加元素（append、extend、insert）、移除元素（pop）、清空元素（clear）、反转元素（reverse）。

四、元组

元组是只读序列，用圆括号()括起，括号可省略。元组不可改变，因此元素不能使用append()、insert()、pop()、sort()等动态方法，其他静态方法如index()、find()、count()和列表一样。如需修改元组元素，可以像字符串一样，通过切片生成新的元组。

元组可以进行多变量赋值以及数值交换。

五、字典

整个字典用大括号{ }括起，字典的每个元素都是一对数据，称为键-值对。

键-值对中的键和值用冒号分开，每个键值对之间用逗号分开。

字典常用的操作有：字典求和（sum）、判断键是否存在（in/not in）、获取所有的键（keys）、获取所有的值（values）、获取所有的键值对（items）、修改或添加键值对（update）、复制字典（copy）、根据键访问对应的值（get）、删除键值对（pop、popitem）、清空键值对（clear）。

六、集合

可以使用大括号{ }、set()或frozenset()函数创建集合，是一个元素无序不重复的数据集合。

集合常用的操作有：并（|）、交（&）、差（-）、异或（^）、判断是否存在（in/not in）、判断是否相等（==、!=）、判断一个集合是否是另一个集合的子集（<=、>=）、真子集（<、>）、集合添加元素（add、update）、删除元素（remove、discard）、清空集合（clear）、复制集合（copy）、求集合元素个数（len）、判断集合是否相交（isdisjoint）。

3.2 习　题

一、单选题

1. 在Python中，如何获取序列的长度（　　）。

A. length()　　B. count()　　C. size()　　D. len()

2. 序列由有序排列的多个成员组成，以下类型不是序列的是（　　）。

A. 列表　　B. 集合　　C. 元组　　D. 字符串

3. 以下代码的输出结果是（　　）。

```
ls = [[1,2,3],'python',[[4, 5,'ABC'],6],[7,8]]
print(ls[2][1])
```

A. 'ABC'　　B. P　　C. 4　　D. 6

4. 以下描述中，正确的是（　　）。

A. 如果 s 是一个序列，s = [1, "kate ", True]，s[3] 返回 True

B. 如果 x 不是 s 的元素，x not in s 返回 True

C. 如果 x 是 s 的元素，x in s 返回 1

D. 如果 s 是一个序列，s = [1, "kate ", False]，s[-1] 返回 True

5. 以下程序的输出结果是（　　）。

```
t = "the World is so big,I want to see"
s = t[20:21] + ‘love’ + t[:9]
print(s)
```

A. Ilovethe　　B. IloveWorld

C. Ilovethe World　　D. I love the Worl

6. 以下程序的输出结果是（　　）。

```
lt = list(range(10))
print(5 in lt)
```

A. False　　B. True　　C. −1　　D. 0

7. 表达式[1,"24", [4,"567"], 89][2][-1][1]的计算结果是（　　）。

A. "4"　　B. "5"　　C. "6"　　D. "7"

8. 以下程序的输出结果是（　　）。

```
a=list('abc')
print("#".join(a+['1','2']))
```

A. abc#12　　B. abc#1#2　　C. a#b#c#112　　D. a#b#c#1#2

9. 给出如下代码。

```
s=list('I am a professional Python programmer')
```

能输出字符"a"出现次数的语句是（　　）。

A. print(s.index("a"))　　B. print(s.index("a",1))

C. print(s.index("a",1,len(s)))　　D. print(s.count("a"))

10. 以下程序的输出结果是（　　）。

```
x=(1, 2, 3)*3
print(x.index(2, 3))
```

A. 3　　B. 4　　C. 5　　D. 6

11. 以下程序的输出结果是（　　）。

```
L2 = [[1,2,3,4], [5,6,7,8]]
L2.sort(reverse = True)
print(L2)
```

A. [5, 6, 7, 8], [1, 2, 3, 4]　　B. [[8,7,6,5], [4,3,2,1]]

C. [8,7,6,5], [4,3,2,1]　　D. [[5, 6, 7, 8], [1, 2, 3, 4]]

12. 以下程序的输出结果是（　　）。

```
L1 =['abc', ['123','456']]
L2 = ['1','2','3']
print(L1 > L2)
```

A. True

B. TypeError: '>' not supported between instances of 'list' and 'str'

C. 1

D. False

13. 有一个字符串string="Hadoop is good"，现在需要将字符串里的"Hadoop"替换成"hadoop"，可以使用以下语句实现的是（　　）。

A. 'Hadoop'.replace('hadoop',string)　　B. 'hadoop'.replace('Hadoop',string)
C. 'Hadoop'.replace(string,'hadoop')　　D. string.replace('Hadoop','hadoop')

14. 有一个字符串string="Spark is fast\n"，该字符串的末尾有一个换行符，可以使用以下语句删除这个字符串末尾换行符的是（　　）。

A. string.strip()　　B. string.cut()　　C. string.cutoff()　　D. string.stripoff()

15. 以下哪条语句的输出结果是'□□□□□+3.14'（□表示空格）（　　）。

A. '%+10.2f'% 3.14　　B. '%-10.2f'%3.14
C. '%10.2f'% 3.14　　D. '%*10.2f'%3.14

16. 设str='python'，想把字符串的第一个字母大写，其他字母还是小写，正确的选项是（　　）。

A. print(str[0].upper()+str[1:])　　B. print(str[1].upper()+str[-1:1])
C. print(str[0].upper()+str[1:-1])　　D. print(str[1].upper()+str[2:])

17. str ="Python语言程序设计"，表达式 str.isnumeric() 的结果是（　　）。

A. True　　B. 1　　C. 0　　D. False

18. 以下程序的输出结果是（　　）。

```
s1 ="袋鼠"
print("{0}生活在主要由母{0}和小{0}组成的较小的群体里。".format(s1))
```

A. 袋鼠生活在主要由母袋鼠和小袋鼠组成的较小的群体里
B. {0} 生活在主要由母 {0} 和小 {0} 组成的较小的群体里
C. IndexError: tuple index out of range
D. TypeError: tuple index out of range

19. 以下关于字符串类型的操作的描述，错误的是（　　）。

A. str.replace(x,y) 方法把字符串 str 中所有的 x 子串都替换成 y
B. 想把一个字符串 str 所有的字符都大写，用 str.upper()
C. 想获取字符串 str 的长度，用字符串处理函数 str.len()
D. 设 x='aa'，则执行 x*3 的结果是 'aaaaaa'

20. 以下关于Python列表的描述中，正确的是（　　）。

A. 列表的长度和内容都可以改变，但元素类型必须相同
B. 不可以对列表进行成员运算操作、长度计算和分片
C. 列表的索引是从 1 开始的
D. 可以使用比较操作符（如 > 或 < 等）对列表进行比较

21. 以下关于列表操作的描述，错误的是（　　）。

A. 通过 add() 方法可以向列表添加元素
B. 通过 extend() 方法可以将另一个列表中的元素逐一添加到列表中
C. 通过 insert(index,object) 方法在指定位置 index 前插入元素 object
D. 通过 append() 方法可以向列表添加元素

22. 关于列表和字符串的说法，错误的是（　　）。

A. 可使用正向递增序号和反向递减序号进行索引
B. 可修改列表中的元素，但不能修改字符串中的单个字符

C. 字符和列表均支持成员关系操作符（in）

D. 字符串是字符的无序组合

23. 以下程序的执行结果是（　　）。

```
a=[1,2]
a.append(3)
a.insert(3,[4,5])
print(a)
```

A. [1,2, 3, [4, 5]]　B. [1, 2, 3, 4, 5]　C. [1, 2, [4,5], 3]　D. [1, 2, 3, 4, 5, 3]

24. 令list=[1,2,3]，则分别执行命令del list[1]和list.remove(1)后的list为（　　）。

A. [1,3],[1,3]　B. [1,3],[2,3]　C. [2,3],[1,3]　D. [2,3],[2,3]

25. 以下程序的输出结果是（　　）。

```
x = [90,87,93]
y = ["zhang","wang","zhao"]
print(list(zip(y,x)))
```

A. ('zhang', 90), ('wang', 87), ('zhao', 93)　B. [['zhang', 90], ['wang', 87], ['zhao', 93]]

C. ['zhang', 90], ['wang', 87], ['zhao', 93]　D. [('zhang', 90), ('wang', 87), ('zhao', 93)]

26. 以下关于字典的描述，错误的是（　　）。

A. 字典中元素以键信息为索引访问　B. 字典长度是可变的

C. 字典是键值对的集合　D. 字典中的键可以对应多个值信息

27. 以下选项中，不是建立字典的方式是（　　）。

A. d = {[1,2]:1, [3,4]:3}　B. d = {(1,2):1, (3,4):3}

C. d = {' 张三 ':1, ' 李四 ':2}　D. d = {1:[1,2], 3:[3,4]}

28. 字典d = {' abc' :123,' def' :456, ' ghi':789 }，len(d)的结果是（　　）。

A. 9　B. 12　C. 3　D. 6

29. 以下选项中不能生成一个空字典的是（　　）。

A. dict()　B. {[]}　C. {}　D. dict([])

30. 以下程序的输出结果是（　　）。

```
ls =list({'shandong':200,'hebei':300, 'beijing':400})
print(ls)
```

A. ['300','200','400']　B. ['shandong', 'hebei', 'beijing']

C. [300,200,400]　D. 'shandong', 'hebei', 'beijing'

31. 运行会出错的语句是（　　）。

A. d={[1,2]:1, [3,4]:3}　B. d={(1,2):1,(3,4):3}

C. d={'x:1, 'y':2}　D. d={1:[1,2],3:[3,4]}

32. 令dictl={'1': 'one', '0': 'zero'}，则dict1.get(0,"not found")的返回结果是（　　）。

A. 'one'　B. 'zero'　C. None　D. 'not found'

33. 给出如下代码：

```
DictColor = {"seashell":"海贝色","gold":"金色","pink":"粉红色","brown":"
棕色","purple":"紫色","tomato":"西红柿色"}
```

以下选项中能输出"海贝色"的是（　　）。

A. print(DictColor["seashell"])　　B. print(DictColor.keys())

C. print(DictColor.values())　　D. print(DictColor["海贝色"])

34. 以下程序的输出结果是（　　）。

```
d = {"zhang":"China", "Jone":"America", "Natan":"Japan"}
print(max(d), min(d))
```

A. Japan America　　B. zhang: China Jone: America

C. China America　　D. zhang Jone

35. 以下程序的输出结果是（　　）。

```
dict = {'Name': 'baby', 'Age': 7}
print(dict.items())
```

A. [('Age', 7), ('Name', 'baby')]

B. ('Age', 7), ('Name', 'baby')

C. 'Age':7, 'Name': 'baby'

D. dict_items([('Age', 7), ('Name', 'baby')])

36. 以下程序的输出结果是（　　）。

```
i = ['a','b','c']
l = [1,2,3]
b = dict(zip(i,l))
print(b)
```

A. 报出异常　　B. {'a': 1, 'b': 2,'c': 3}

C. 不确定　　D. {1:'a', 2: 'd', 3: 'c'}

37. 语句print(set('1223'))的输出结果是（　　）。

A. ('1223')　　B. ('1','2',2',3)　　C. 1223　　D. {'1','2','3'}

38. 以下程序的输出结果是（　　）。

```
a={1,2,3}
b={3,4,5}
print(a-b)
```

A. {-2, -2, -2]　　B. {1, 2}　　C. 1 2　　D. -2 -2 -2

39. 以下程序的输出结果是（　　）。

```
a={1,2,3}
a.remove(2)
print(a)
```

A. {2}　　B. {1,3}　　C. 1, 3　　D. 1 3

40. 以下表达式，正确定义了一个集合数据对象的是（　　）。

A. x = { 200, 'flg ', 20.3}　　B. x = (200, 'flg ', 20.3)

C. x = [200, 'flg ', 20.3]　　D. x = { 'flg ' : 20.3}

二、填空题

1. 已知x= [3, 7, 5]，那么执行语句 x.sort(reverse=True) 之后，x的值为________。

2. 已知x为非空列表，那么执行语句 y = x[:] 之后，id(x[0]) == id(y[0]) 的值为________。

3. 已知x= [1, 2, 3, 2, 3]，执行语句 x.remove(2) 之后，x 的值为________。

4. 已知 x = list(range(10))，则表达式 x[-4:] 的值为________。

5. 表达式 set([1,2, 2,3]) == {1, 2, 3} 的值为________。

6. 字典中多个元素之间使用逗号分隔开，每个元素的“键”与“值”之间使用________分隔开。

7. 字典对象的________方法可以获取指定“键”对应的“值”，并且可以在指定“键”不存在的时候返回指定值，如果不指定则返回None。

8. 字典对象的________方法返回字典的“键”列表。

9. 字典对象的________方法返回字典的“值”列表。

10. 已知 x = {1:2}，那么执行语句 x[2] = 3之后，x的值为________。

11. 语句print('%c，%c'%('a',98))执行后，显示的结果为________。该格式的含义是________。

12. 表达式'%10s'%('12345')的值为________。

13. 格式化输出，写出下面程序的输出结果________。

```
print("%7.2f " % 3.234)
```

三、判断题（正确打√，错误打 ×）

1. 已知x为非空列表，那么表达式 sorted(x, reverse=True) == list(reversed(x)) 的值一定是True。 (　　)

2. Python列表中所有元素必须为相同类型的数据。 (　　)

3. 使用Python列表的方法insert()为列表插入元素时会改变列表中插入位置之后元素的索引。 (　　)

4. 假设x为列表对象，那么x.pop()和x.pop(-1)的作用是一样的。 (　　)

5. 使用del命令或者列表对象的remove()方法删除列表中元素时会影响列表中部分元素的索引。 (　　)

6. 字典的“键”必须是不可变的。 (　　)

7. Python集合中的元素不允许重复。 (　　)

8. Python字典中的“键”不允许重复。 (　　)

9. Python字典中的“值”不允许重复。 (　　)

10. Python集合中的元素可以是元组。 (　　)

11. Python字典中的“键”可以是列表。 (　　)

12. Python字典中的“键”可以是元组。 (　　)

13. 已知A和B是两个集合，并且表达式A<B 的值为False，那么表达式A>B的值一定为True。 (　　)

14. Python 字典和集合属于无序序列。 (　　)

15. 当以指定“键”为下标给字典对象赋值时，若该“键”存在则表示修改该“键”对应的“值”，若不存在则表示为字典对象添加一个新的“键-值对”。 (　　)

16. Python字典和集合支持双向索引。 (　　)

四、程序填空题

1. 运行以下代码，输出结果是____（1）____ ____（2）____。

```
num = [1,2,3]
num.append(5)
print(num)                  #第一次输出结果（1）
num.insert(1,8)
print(num)                  #第二次输出结果（2）
```

2. 运行以下代码，输出结果是____（1）____ ____（2）____。

```
fruit = ['草莓','苹果','香蕉','芒果']
print(fruit[1])             #第一次输出结果（1）
fruit.remove('苹果')
print(fruit)                #第二次输出结果（2）
```

3. 运行以下代码，输出结果是____（1）____ ____（2）____。

```
L = [10,11,12,13,14,15,16,17,18]
print(L[0:9:2])             #第一次输出结果（1）
print(L[::-1])              #第二次输出结果（2）
```

4. 运行以下代码，输出结果是____（1）____ ____（2）____。

```
s = "Hello" + "World"
print(s)                    #第一次输出结果（1）
print(s*2)                  #第二次输出结果（2）
```

5. 运行以下代码，输出结果是____（1）____ ____（2）____。

```
s = "I have a dream"
print(s.upper())            #第一次输出结果（1）
print(s.split(" "))         #第二次输出结果（2）
```

6. 格式化输出，写出输出结果____（1）____ ____（2）____。

```
print("%7.2f " % 3.234)
print("最高分为{},最低分为{}".format(100,43))
```

7. 运行以下代码，输出结果是____（1）____ ____（2）____。

```
num = [1,2,3,4,5,1,2,3,6,1,2,2,1,2]
print(num.count(1))         #第一次输出结果（1）
tnum = tuple(num)
print(max(tnum))            #第二次输出结果（2）
```

8. 运行以下代码，输出结果是____（1）____ ____（2）____。

```
list = [4,5,6,8,7,9,1,2,4,5,8]
print(list[5:])             #第一次输出结果（1）
print(list[8:2:-2])         #第二次输出结果（2）
```

9. 运行以下代码，输出结果是____（1）____ ____（2）____。

```
tuple1 = (1,2,3)
tuple2 = (4,5,6)
tuple3 = tuple1+tuple2
print(tuple3)                          #第一次输出结果（1）
```

```
print(min(tuple3))                  # 第二次输出结果（2）
```

10. 运行以下代码，输出结果是___（1）___ ___（2）___。

```
list_1 = [1,2,3,6,1]
print(list_1.remove(2))             # 第一次输出结果（1）
print(list_1.reverse())             # 第二次输出结果（2）
```

11. 运行以下代码，输出结果是___（1）___ ___（2）___。

```
math_score = {'Madonna': 89, 'Cory': 99, 'Annie': 65, 'Nelly': 89}
math_score['Baade'] = 77
print(math_score)                                          # 第一次输出结果（1）
print(math_score.setdefault('Madonna', 22))                # 第二次输出结果（2）
```

12. 运行以下代码，输出结果是___（1）___ ___（2）___。

```
math_score = {'Madonna': 89, 'Cory': 99, 'Annie': 65, 'Nelly': 89}
print(math_score.get('Madonna'))       # 第一次输出结果（1）
print('Madonna' in math_score)         # 第二次输出结果（2）
```

13. 运行以下代码，输出结果是___（1）___ ___（2）___。

```
math_score = {'Madonna': 89, 'Cory': 99, 'Annie': 65, 'Nelly': 89}
math_score['Madonna'] = 100
print(math_score)                   # 第一次输出结果（1）
math_score['Madna'] = 88
print(math_score)                   # 第二次输出结果（2）
```

14. 运行以下代码，输出结果是___（1）___ ___（2）___。

```
math_score = {'Madonna': 89, 'Cory': 99, 'Annie': 65, 'Nelly': 89}
d = math_score.items()
print(d)                            # 第一次输出结果（1）
b = math_score.copy()
print(b)                            # 第二次输出结果（2）
```

15. 运行以下代码，输出结果是___（1）___ ___（2）___。

```
math_score = {'Madonna': 89, 'Cory': 99, 'Annie': 65, 'Nelly': 89}
for i in math_score:
    print(i)                        # 第一次输出结果（1）
for k, v in math_score.items():
    print(k, v)                     # 第二次输出结果（2）
```

16. 以下代码统计字符串中出现了哪些字符以及字符出现的次数。请在画线处添加适当代码，将程序补充完整。

```
st = input("请输入字符串：")
dict1 = dict()
for ch in st:
    if ch not in dict1:
        ___(1)___
    else:
        ___(2)___
print(dict1)
```

17. 运行以下代码，输出结果是___（1）___ ___（2）___。

```
list_1 = [1, 3, 4, 5, 6, 66, 3, 6]
set_1 = set(list_1)
print(set_1)                 # 第一次输出结果（1）
```

```
set_2 = {1, 3, 3, 4, 4, 77}
print(set_2)                # 第二次输出结果（2）
```

18. 运行以下代码，输出结果是___（1）___ ___（2）___。

```
list_1 = [1, 3, 4, 5, 6, 66, 3, 6]
set_1 = set(list_1)
set_1.add(66)
print(set_1)                # 第一次输出结果（1）
set_1.update([1, 222, 3333])
print(set_1)                # 第二次输出结果（2）
```

19. 运行以下代码，输出结果是___（1）___ ___（2）___。

```
set_1= {1, 3, 4, 5, 6, 66, 3, 6}
set_1.remove(1)
print(set_1)                # 第一次输出结果（1）
set_1.clear()
print(set_1)                # 第二次输出结果（2）
```

20. 运行以下代码，输出结果是___（1）___ ___（2）___。

```
set_1 = {1, 3, 5, 777}
set_2 = {1, 3}
print(set_1 < set_2)    # 第一次输出结果（1）
print(3 not in set_1)   # 第二次输出结果（2）
```

21. 下面的代码用输入的字符串创建列表，去除重复字符后，将字符按从小到大的顺序输出。请在画线处添加适当代码，将程序补充完整。

```
a=input('请输入一串字符：')
b=____(1)____               # 转换为列表
print('原列表：', b)
b=____(2)____               # 使用 set 集合去除重复字符，并转换成列表
b.sort()
print('排序后的字符：', end='')
for c in b:    print(c, end='')
```

22. 下面的代码用输入的多个数创建列表，并将数按从大到小的顺序输出。请在画线处添加适当代码，将程序补充完整。

```
a,*b=eval(input('请输入多个数（逗号分隔）:'))
____(1)____          # 将 a 和 b 的内容合并
print('原列表：', b)
____(2)____          # 从小到大排序
print('排序后：',b)
```

23. 下面的代码输入一个整数，在字典中查询其映射的值，如果字典的键包含该整数，则将其对应的键值对删除。请在画线处添加适当代码，将程序补充完整。

```
d={1:'one',2:'two',3:'three',4:'four',5:'five']
a=____(1)____               # 输入要查询的数
if____(2)____               # 判断是否在字典中
    b=____(3)____           # 从字典中删除对应键值对
    print('已从字典删除键值对 : {%s: "%s" }'%(a, b))
else:
    print(a, '不是字典中的键')
```

第 4 章

程序的控制结构

4.1 知识点梳理

一、选择结构

选择结构就是条件判断语句，常用的有：单分支结构（if）、双分支结构（if...else）、多分支结构(if...elif...else)，当需要判断的条件较为复杂时，可以嵌套的使用if语句。

二、循环结构

循环结构就是当满足条件时，重复多次的执行一组语句，主要有for循环和while循环。

当循环次数已知时，使用for循环；当循环次数未知，但循环结束条件已知时，使用while循环。在一定程度上for循环和while循环可以相互转换。

三、循环控制语句

当循环执行到一定程度时需要提前结束循环时，可以使用循环控制语句break和continue。

break用于强制跳出当前层的for或者while循环，即结束运行当前层的代码；continue用于结束for或者while的当前轮循环，直接进入for或者while的下一轮循环。

4.2 习　题

一、选择题

1. 关于Python的分支结构，以下选项中描述错误的是（　　）。

   A. 分支结构可以向已经执行过的语句部分跳转

   B. 分支结构使用 if 保留字

   C. Python 中 if…else 语句用来形成二分支结构

   D. Python 中 if…elif…else 语句描述多分支结构

2. 以下关于Python分支的描述中，错误的是（　　）。

   A. if…else 结构是可以嵌套的

   B. Python 分支结构使用保留字证、elif 和 else 来实现，每个 if 后面必须有 elif 或 else

   C. if 语句会判断 if 后面的逻辑表达式，当表达式为真时，执行 if 后续的语句块

D. 缩进是 Python 分支语句的语法部分，缩进不正确会影响分支功能

3. 实现多路分支的最佳控制结构是（　　）。

A. if　　B. try　　C. if…elif…else　　D. if…else

4. 下面的代码在运行时输入“12”，则输出结果是（　　）。

```
x=input('请输入一个数：')
if  x=='1':
    print('one')
ellf x=='2':
    print('Two')
elif x=='3':
    print('Three')
else:
    print('other')
```

A. One　　B. Two　　C. Three　　D. other

5. 以下语句执行后a、b、c的值是（　　）。

```
a = "watermelon"
b = "strawberry"
c = "cherry"
if a > b:
    c = a
    a = b
    b = c
```

A. strawberry watermelon watermelon　　B. watermelon cherry strawberry

C. strawberry cherry watermelon　　D. watermelon strawberry cherry

6. 以下程序的输出结果是（　　）。

```
t = "Python"
print(t if t>="python" else "None")
```

A. Python　　B. None　　C. t　　D. python

7. 以下程序的输出结果是（　　）。

```
a = 30
b = 1
if a >=10:
    a = 20
elif a>=20:
    a = 30
elif a>=30:
    b = a
else:
    b = 0
print('a={}, b={}'.format(a,b))
```

A. a=30, b=1　　B. a=30, b=30　　C. a=20, b=20　　D. a=20, b=1

8. 下列关于Python循环结构的说法中，错误的是（　　）。

A. 遍历循环中的遍历结构可以是字符串、文件、组合数据类型和 range 对象等

B. break 可用于跳出内层的 for 或者 while 循环

C. continue 语句可用于跳出当前层次的循环

D. while 可实现无限循环结构

9. 关于Python的无限循环，以下选项中描述错误的是（　　）。

A. 无限循环一直保持循环操作，直到循环条件不满足才结束

B. 无限循环也称为条件循环

C. 无限循环需要提前确定循环次数

D. 无限循环通过 while 保留字构建

10. 下面代码的输出结果是（　　）。

```
for s in "HelloWorld":
    if s=="W":
        continue
    print(s, end="")
```

A. Hello　　B. HelloWorld　　C. Helloorld　　D. World

11. 给出如下代码：

```
import random
num = random.randint(1, 10)
while True:
    guess = input()
    i = int(guess)
    if i == num:
        print("你猜对了")
        break
    elif i < num:
        print("小了")
    elif i > num:
        print("大了")
```

以下选项中描述错误的是（　　）。

A. random.randint(1,10) 生成 [1,10] 之间的整数

B. "import random" 这行代码是可以省略的

C. 这段代码实现了简单的猜数字游戏

D. "while True : " 创建了一个永远执行的 While 循环

12. 给出下面代码：

```
k=1024
while k>1:
    print(k)
k=k/2
```

上述程序的循环次数是（　　）。

A. 11　　B. 10　　C. 12　　D. 13

13. 以下程序的输出结果是（　　）。

```
d = {}
for i in range(26):
    d[chr(i + ord("A"))] = chr((i+13) % 26 + ord("A"))
for c in "Python":
    print(d.get(c, c), end=" ")
```

A. Plguba　　B. Cabugl　　C. Python　　D. Cython

14. 以下程序的输出结果是（　　）。

```
for s in "PythonNCRE ":
    if s == "N":
        break
    print(s, end = " ")
```

A. PythonCRE　　B. N　　C. Python　　D. PythonNCRE

15. 以下程序的输出结果是（　　）。

```
S = 'Pame'
for i in range(len(S)):
    print(S[-i], end= " ")
```

A. Pame　　B. emaP　　C. ameP　　D. Pema

16. 以下程序的输出结果是（　　）。

```
for i in "miss":
    for j in range(3):
        print(i, end=' ' )
    if i == "i":
        break
```

A. missmissmiss　　B. mmmissssss　　C. mmmiiissssss　　D. mmmssssss

17. 以下程序的输出结果是（　　）。

```
a = []
for i in range(2,10):
    count = 0
    for x in range(2,i-1):
        ifi % x == 0:
            count += 1
    if count == 0:
        a.append(i)
print(a)
```

A. [3 ,5 ,7 ,9]　　B. [2, 3, 5, 7]　　C. [4, 6 ,8 ,9 ,10]　　D. [2 ,4 ,6 ,8]

18. 以下程序的输出结果是（　　）。

```
letter = ['A', 'B', 'C', 'D', 'D', 'D']
for i in letter:
    if i == 'D':
        letter.remove(i)
print(letter)
```

A. ['A', 'B', 'C']　　B. ['A', 'B', 'C', 'D', 'D']

C. ['A', 'B', 'C', 'D', 'D', 'D']　　D. ['A', 'B', 'C', 'D']

19. 以下程序的输出结果为（　　）。

```
s,t,u=0,0,0
for i in range(1,4):
    for j in range(1,i+1):
        for k in range(j,4):
            s+=1
        t+=1
    u+=1
```

```
print(s,t,u)
```

A. 3 6 14　　B. 14 6 3　　C. 14 3 6　　D. 16 4 3

20. 以下程序的输出结果是（　　）。

```
for x in range(10, 1, -2):
    print(x)
```

A. 10 8 6 4 2　　B. 10 9 8 7 6 5 4 3 2 1

C. 10 6 2　　D. 10 9 8 7 6 5 4 3 2 1 -1 -2

21. ls = [1,2,3,4,5,6], 以下关于循环结构的描述，错误的是（　　）。

A. 表达式 for i in range(len(ls)) 的循环次数跟 for i in ls 的循环次数是一样的

B. 表达式 for i in range(len(ls)) 的循环次数跟 for i in range(0,len(ls)) 的循环次数一样

C. 表达式 for i in range(len(ls)) 的循环次数跟 for i in range(1,len(ls)+1) 的循环次数一样

D. 表达式 for i in range(len(ls)) 跟 for i in ls 的循环中，i 的值是一样的

22. 以下程序的输出结果是（　　）。

```
a=['123','456','789']
s=''
n=0
for b in a:
    s += a[n][n]
    n+=1
print(s
```

A. 0　　B. 15　　C. 159　　D. 程序运行出错

23. 以下程序的输出结果是（　　）。

```
s=0
n=1
while n%4!=0:
    s=s+n
    n=n+1
print(s)
```

A. 3　　B. 6　　C. 10　　D. 15

24. 以下程序的输出结果是（　　）。

```
a = [[1,2,3], [4,5,6], [7,8,9]]
s = 0
for c in a:
   for j in range(3):
      s += c[j]
print(s)
```

A. 0　　B. 45　　C. 以上答案都不对　　D. 24

25. 给出如下代码。

```
import random
num = random.randint(1,10)
while True:
    if num >= 9:
        break
else:
```

```
num = random.randint(1,10)
```

以下选项中描述错误的是（　　）。

A. 这段代码的功能是程序自动猜数字

B. import random 代码是可以省略的

C. while True: 创建了一个永远执行的循环

D. random.randint(1,10) 生成 [1,10] 之间的整数

26. 以下程序的输出结果是（　　）。

```
ls = ["石山羊","一角鲸","南极雪海燕","竖琴海豹","山蛙"]
ls.remove("山蛙")
str = ""
print("极地动物有",end="")
for s in ls:
    str = str + s + ","
print(str[:-1],end="。")
```

A. 极地动物有石山羊，一角鲸，南极雪海燕，竖琴海豹，山蛙

B. 极地动物有石山羊，一角鲸，竖琴海豹，山蛙。

C. 极地动物有石山羊，一角鲸，竖琴海豹

D. 极地动物有石山羊，一角鲸，南极雪海燕，竖琴海豹。

27. 以下代码段，不会输出“A，B，C，”的选项是（　　）。

A.
```
i = 0
while i < 3:
        print(chr(i+65),end= ",")
        break
        i += 1
```
B.
```
for i in [0,1,2]:
        print(chr(65+i),end=",")
```
C.
```
i = 0
while i < 3:
        print(chr(i+65),end=",")
        i += 1
        continue
```
D.
```
for i in range(3):
        print(chr(65+i),end=",")
```

28. 设 x = 10; y = 20，下列语句能正确运行结束的是（　　）。

A. max = x >y ? x : y　　B. min = x if x < y else y

C. while True: pass　　D. if(x>y) print(x)

29. 以下程序的输出结果是（　　）。

```
x= 10
while x:
    x -= 1
    if not x%2:
        print(x, end = '')
else:
    print(x)
```

A. 86420　　B. 975311　　C. 97531　　D. 864200

30. 以下程序的输出结果是（　　）。

```
ls1 = [1,2,3,4,5]
ls2 = [3,4,5,6,7,8]
cha1 = []
for i in ls2:
    if i not in ls1:
        cha1.append(i)
print(cha1)
```

A. [6, 7, 8]　　B. (1,2,6, 7, 8)　　C. [1,2,6,7,8]　　D. (6, 7, 8)

二、填空题

1. 表达式5 if 5>6 else (6 if 3>2 else 5) 的值为________。

2. 表达式[x for x in [1,2,3,4,5] if x<3] 的值为________。

3. 已知x =[3,5,3,7]，那么表达式 [x.index(i) for i in x if i==3] 的值为________。

4. 已知vec = [[1,2], [3,4]]，则表达式[col for row in vec for col in row]的值为________。

5. 已知vec = [[1,2], [3,4]]，则表达式 [[row[i] for row in vec] for i in range(len(vec[0]))]的值为________。

6. 已知 x = [3, 7, 5]，那么执行语句 x.sort(reverse=True) 之后，x的值为________。

7. 对于带有 else 子句的 for 循环和 while 循环，当循环因循环条件不成立而自然结束时________(会/不会)执行 else

8. 在循环语句中，________语句的作用是提前结束本层循环。

9. 在循环语句中，________语句的作用是提前进入下一次循环。

10. Python 关键字elif表示________和________两个单词的缩写。

三、判断题（正确打√，错误打 ×）

1. 带有else子句的循环如果因为执行了 break 语句而退出的话，则会执行 else 子句中的代码。（　　）

2. 对于带有else子句的循环语句，如果是因为循环条件表达式不成立而自然结束循环，则执行else子句中的代码。（　　）

3. 如果仅仅是用于控制循环次数，那么使用 for i in range(20)和 for i in range(20, 40)的作用是等价的。（　　）

4. 在循环中continue语句的作用是跳出当前循环。（　　）

5. 循环语句 for i in range(-3，21，4)的循环次数为6次。（　　）

6. 在Python无穷循环 while True:的循环体中可以使用continue语句退出循环。（　　）

7. 在循环中 break语句的作用是跳出所有循环。（　　）

8. 表达式(i**2 for i in range(100))的结果是个元组。（　　）

9. 死循环对程序没有任何益处。（　　）

10. print(True if 2>=0 else False)语句的输出结果是True。（　　）

四、程序填空题

1. 打印输出1～1 000中6的倍数的最大值，通过键盘输入。请在画线处添加适当代码，将程序补充完整。

```
k =1000
while k > 0:
```

```
if__(1)__:
    print(k)
    break
    __(2)__
```

2. 打印四个数字（1、2、3、4）组成的互不相同且无重复数字的三位数。请在画线处添加适当代码，将程序补充完整。

```
for i in range(1,5):
    for j in range(1,5):
        for k in range(1,5):
            if__(1)__:
                print(__(2)__)
```

3. 找出1 000以内各位数字的平方和是3的倍数的数（例如，112,1×1 + 1×1 +2×2 = 6,6是3的倍数，所以112是符合条件的数）。请在画线处添加适当代码，请将程序补充完整。

```
L = []
for i in range(1,1001):
    istr = str(i)
    _____(1)_____
    for ch in istr:
        _____(2)_____
    if isum % 3 == 0:
        L+= [i]
print(L)
```

4. 根据成绩返回结果，大于等于90分则返回分数并显示“优秀”；小于90但大于等于60分，则返回分数并显示“通过”；若低于60分，则返回分数并显示“未通过”。请在画线处添加适当代码，将程序补充完整。

```
score = int(input("请输入分数："))
__(1)__:
    print("您的考试成绩为{}，优秀！".format(score))
__(2)__:
print("您的考试成绩为{}，通过！ ".format(score))
else:
    print("您的考试成绩为{}，未通过！ ".format(score))
```

5. 求自然数1～100的和。请在画线处添加适当代码，将程序补充完整。

```
sum = 0
for i in__(1)__:
    sum =__(2)__
print("1+2+3+…+100 = {}".format(sum))
```

6. 在给定的数据范围内找出第一个符合要求的数据，若找不到符合要求的数，则返回“该范围内找不到符合要求的数”。请在画线处添加适当代码，将程序补充完整。

```
startnum = int(input("请输入查找数据的起始值："))
endnum = int(input("请输入查找数据的终止值："))
for i in range(startnum, endnum + 1):
    if  i % 7 == 0:
        print("找到数值{}符合要求".format(i))
_____(1)_____
_____(2)_____
```

```
    print("该范围内找不到符合要求的数")
```

7. 2016年国家总人口为13.8亿，增长率为5.9‰，估算多少年后国家总人口达到20亿。请在画线处添加适当代码，将程序补充完整。

```
population = 13.8
years = 0
____(1)____
____(2)____
    population *= 1 + 0.0059
print("{}年后，国家总人口达到20亿".format(years))
```

8. 重复判断输入年份是否是闰年。请在画线处添加适当代码，将程序补充完整。

```
while____(1)____:
    year = int(input("请输入需要查询的年份："))
    if____(2)____:
        print("{}年是闰年".format(year))
    else :
        print("{}年不是闰年".format(year))
```

9. 打印输出100以内所有的素数。素数即符合以下条件的数：除了1和自身，没有其他因子；该数是大于1的自然数。请在画线处添加适当代码，将程序补充完整。

```
primelist = []
for i in range(2,101):
    ___(1)___:
    if i % j == 0:
            break
    else:
        ___(2)___
print(primelist)
```

10. 采用顺序查找法在序列seq中，查找给定值x所在的位置。请在画线处添加适当代码，将程序补充完整。

```
import random
#生成随机序列searchseq
____(1)____
for i in range(20):
    searchseq += [random.randint(1,100)]
print("查找序列：{}".format(searchseq))
#在序列searchseq中查找x的位置
x = int(input("请输入待查找数值："))
for i in range(___(2)___):
    if searchseq[i] == x:
        print("{}在查找序列中的下标为{}".format(x,i))
        break
else:
    print("查无此数")
```

11. 采用选择排序法对随机序列进行升序排列。请在画线处添加适当代码，将程序补充完整。

```
import random
#生成随机序列sortseq
sortseq = []
```

```
for i in range(5):
    sortseq += [random.randint(10,99)]
print("初始序列:{}".format(sortseq))
#对序列sortseq进行升序排序
for i in range(4):
    min = i
    for j in range(i + 1,5):
        if  (1)  :
            min = j
    if min != i:
          (2)
print("排序后:{}".format(sortseq))
```

五、编程题

1. 编写程序，输入x，根据如下公式计算分段函数y的值。请分别利用单分支语句、双分支结构以及条件运算语句等方法实现。运行结果样例x=-1.0时，y=46.347938。

$$y=\begin{cases}\dfrac{x^2-3x}{x+1}+2\pi+\sin x & x\geqslant 0\\ \ln(-5x)+6\sqrt{|x|+e^4}-(x+1)^3 & x<0\end{cases}$$

2. BMI指身体质量指数，BMI的计算公式为：BMI=体重/身高^2。BMI指数小于18.5为体重过轻，在18.5～25为正常，在25～28为超重，大于等于28的为肥胖。给定一个人的体重（kg）和身高（m），计算其BMI指数值，并指明对应的身体情况。

3. 通过键盘输入如下一组水果名称并以空格分隔，输入内容共一行。示例格式如下：

```
苹果 芒果 草莓 芒果 苹果 草莓 芒果 香蕉 芒果 草莓
```

统计各词汇重复出现的次数，按次数的降序输出词汇及对应次数，以英文冒号分隔。输出格式如下：

```
芒果:4
草莓:3
苹果:2
香蕉:1
```

4. 编写程序，实现将列表ls = [51,33,54,56,67,88,431,111,141,72,45,2,78,13,15,5,69]中的素数去除，并输出去除素数后列表的元素个数。

5. 键盘输入两个大于0的整数，按要求输出这两个整数之间（不包括这两个整数）的所有素数。素数又称质数，是指除了1和它本身以外不能被其他整数整除的数。

6. 现有一个集合{10,3,4,23,43,12,5,33,19,38}，请编写程序将所有大于等于20的值保存在字典的第一个键key1的值中，将小于20的值保存在第二个键key2的值中。

7. 随机产生5个两位正整数构成的序列，并采用冒泡排序法进行升序排列。

8. 猴子吃桃问题：猴子第一天摘下若干个桃子，当即吃了一半，还不过瘾，又多吃了一个，第二天早上又将剩下的桃子吃掉一半，又多吃了一个。以后每天早上都吃了前一天剩下的一半零一个。到第10天早上想再吃时，只剩下一个桃子了。求第一天共摘了多少个桃子。

第5章 函　数

5.1 知识点梳理

Python函数是一种组织好的、可重用的、用来执行特定任务的代码块。它们是编程中的基本组成部分，可以提高代码的模块性和代码复用率。函数通过定义一次，然后在需要的地方多次调用，来减少重复代码。这里梳理一下Python函数的一些基础知识点：

一、定义函数

函数必须“先定义，后使用”。对函数进行定义，指定它的名字、函数返回值类型、函数实现的功能以及参数的个数与类型。

python使用def保留字定义一个函数，语法形式如下：

```
def <函数名>(<形参列表>):
<函数体>
return <返回值>
```

二、函数的调用

函数的调用的格式如下：

```
函数名([<实参列表>])
```

三、形参与实参

形式参数是在函数（也称为被调函数）定义时声明的变量，用于接收函数（也称为主调函数）调用时传递的值，简称“形参”。形参的作用是定义函数需要接收的数据类型和数量，以及参数的名称。

实际参数是在函数调用时实际传递的值，用于给形参赋值，简称“实参”。实参的作用是提供给函数执行所需的具体数据。

四、返回值

返回值指的是被调函数在执行完毕后通过return语句返回的值。在Python函数中，返回值分为有返回值和无返回值两种情况。有返回值，返回值可以是任意类型的对象，包括数字、字符串、布尔值、列表、字典、元组等。无返回值，完成某项任务后就结束。

五、参数类型

Python中可使用不同的参数类型来调用函数。参数类型包括：位置参数，关键字参数，默认值参数和可变长度参数。

1. 位置参数

函数调用时的参数一般采用按位置匹配的方式，即在函数调用时，实参按顺序传递给函数定义时相应位置的形参，两者的数目和顺序必须完全一致。

2. 默认值参数

默认参数是指在函数定义时给参数设置一个默认值，执行函数时如果没有传入该参数的值，则使用默认值。默认参数的定义方式是在函数定义时，使用赋值操作符“=”为参数设置默认值。

3. 关键字参数

关键字参数的形式如下：

```
形参名 = 实参值
```

关键字参数是指通过参数名来传递参数值，而不是通过顺序来传递参数值。关键字参数的优点是可以不按照函数定义时的参数顺序进行传值，而是通过参数名来指定传值的参数，因此可以跳过某些参数或脱离参数的顺序。

4. 可变长度参数

在程序设计中，可能会遇到函数的参数个数不固定的情况，这时就需要用到可变长度的参数来实现预定功能。

可变长参数函数允许在函数定义中使用不定数量的参数。这意味着可以在调用函数时传递任意数量的参数，函数会将这些参数收集到一个可迭代对象中进行处理。

Python提供了两种类型的可变长参数：分别是元组（非关键字参数）*args和字典（关键字参数）**kwargs。

（1）*args用于传递不确定数量的非关键字参数，它将参数打包成一个元组（tuple）的形式，在函数体内可以使用这个元组进行迭代或操作。

（2）**kwargs用于传递不确定数量的关键字参数，它将参数打包成一个字典（dict）的形式，在函数体内可以使用这个字典进行访问或操作。

六、匿名函数 lambda

在Python中，还有一种更简洁的方法定义一些简单的函数，称为匿名函数或lambda()函数。匿名函数并非没有名字，而是将函数名作为函数结果返回。

语法格式如下：

```
<函数名> = lambda <参数列表>: <函数操作表达式>
```

等价于：

```
def <函数名>(<参数列表>) :
    return <函数操作表达式>
```

七、变量的作用域

Python变量的作用域是由变量被定义的位置决定的。变量根据其作用范围可以分为局部变量和全局变量。

1. 局部变量

函数内部定义的变量称为内部变量，也称为局部变量，只能在函数内部访问。当函数执行结束后，局部变量的作用域也就结束了，变量的生命周期也随之结束。

2. 全局变量

全局变量是在函数外部定义的变量，在整个程序中都可以访问。全局变量在任何地方都可以引用。

3. global 关键字

在Python中，使用 global 关键字可以在函数内部声明使用全局变量。通常情况下，在函数中只能访问函数内部定义的变量（局部变量），无法直接修改外部的全局变量。但是，使用 global 关键字可以在函数内部修改全局变量的值。

4. 同名变量

当局部变量和全局变量的变量名一样时，以作用域小的（即局部变量）为优先。

八、递归

一个函数内部可以调用其他函数，以实现较为复杂的功能。如果在一个函数中，直接或间接的调用函数自身，这个函数就称为递归函数。递归函数是一种非常实用的程序设计技术。许多问题都具有递归的特性，在某些情况下，使用其他方法很难解决的问题，利用递归可以很轻松解决。

5.2 习 题

一、单选题

1. 下列不是使用函数的优点的是（　　）。

A. 减少代码重复　　B. 使程序更加模块化

C. 方便阅读　　D. 展现智力优势

2. 以下选项不是函数作用的是（　　）。

A. 提高代码执行速度　　B. 增强代码可读性

C. 降低编码复杂度　　D. 复用代码

3. 以下关于函数说法错误的是（　　）。

A. 函数可以看作是一段具有名字的子程序

B. 函数通过函数名来调用

C. 函数是一段具有特定功能的、可重用的语句组

D. 对函数的使用必须了解其内部实现原理

4. 以下关于函数调用描述正确的是（　　）。

A. 自定义函数调用前必须定义

B. 函数在调用前不需要定义，拿来即用就好

C. Python 内置函数调用前需要引用相应的库

D. 函数和调用只能发生在同一个文件中

5. 下面说法错误的是（　　）。

A. 函数将一系列代码组织起来通过命名供其他程序使用
B. 函数封装的直接好处是代码复用，任何其他代码只要输入参数即可调用函数
C. 使用函数可以避免相同功能代码在被调用处重复编写
D. 当更新函数功能时，有的被调用处的功能会更新

6. 下面说法正确的是（　　）。
A. 使用函数的两个主要目的是降低编程难度和代码复用
B. 函数必须有参数
C. 使用函数一定能够简化程序理解，没有什么弊端
D. 函数封装的弊端是代码复用

7. 下面关于函数的说法正确的是（　　）。
A. Python 语言是解释执行，只要在真正调用函数之前定义函数就可以进行合法调用
B. 函数在调用前不需要定义，拿来用就好
C. 函数可以定义可选参数，但只能使用参数的位置传递参数值
D. 函数可以定义可选参数，但只能使用参数的名称传递参数值

8. 在Python中，下面关键字用于定义函数的是（　　）。
A. var　　B. function　　C. def　　D. lambda

9. 下列关于Python函数定义的说法正确的是（　　）。
A. 函数体内部的变量为全局变量　　B. 函数必须包含 return 语句
C. 函数定义时的参数称为形式参数　　D. 函数名称可以与变量名称相同

10. 下面函数定义正确的是（　　）。
A. def someFunction(a, b, c=5): pass　　B. def someFunction(a=5, b, c): pass
C. def someFunction(a, b=5, c): pass　　D. def someFunction(a=5, b, c=5): pass

11. 以下不是Python函数定义的正确格式的是（　　）。
A. def function_name(parameter):　　B. function function_name(parameter):
C. def function_name(parameter):　　D. def function_name(parameter):

12. 关于函数调用的描述，下列选项错误的是（　　）。
A. 函数调用时可以使用关键字参数　　B. 函数调用时实参的数量必须与形参一致
C. 函数可以调用自己，称为递归　　D. 函数调用后可以不接收返回值

13. Python中，如果函数没有return语句，函数会返回（　　）值。
A. None　　B. False　　C. 0　　D. 空字符串

14. 如果想要一个函数能够接收任意数量的位置参数，应该使用的符号是（　　）。
A. &　　B. #　　C. @　　D. *

15. 关于全局变量和局部变量，以下选项描述错误的是（　　）。
A. 全局变量在函数外定义，可以在函数内外使用
B. 局部变量在函数内定义，只能在函数内使用
C. 函数内可以使用 global 关键字声明全局变量
D. 函数内部定义的变量，默认情况下都是全局变量

16. Python函数中用于结束函数并返回一个值的关键字是（　　）。

A. stop B. exit C. return D. break

17. 在Python中，（ ）定义一个接受不定数量关键字参数的函数。

A. 使用 $args B. 使用 **kwargs C. 使用 &kwargs D. 使用 _args_

18. 如果函数需要返回多个值，应该使用的方式是（ ）。

A. 列表 B. 元组 C. 字典 D. 任何上述方法都行

19. 关于Python函数参数，下列描述错误的是（ ）。

A. 默认参数值只在函数定义时计算一次

B. 可变对象作为默认参数可能会导致意外的行为

C. 关键字参数可以确保调用时参数的正确性

D. 所有函数参数都必须使用明确的默认值

20. 在Python中，不接受任何位置参数也不接受任何关键字参数的函数是（ ）。

A. def function(): B. def function(*args):

C. def function(**kwargs): D. def function(*args, **kwargs):

21. 在Python中，用于在函数内部引用全局变量的关键字是（ ）。

A. global B. nonlocal C. external D. public

22. 以下选项是Python中匿名函数的是（ ）。

A. def f(x): return x + 1 B. lambda x: x + 1

C. function(x) { return x + 1; } D. (function(x) { return x + 1; })

23. 关于Python的lambda()函数，以下选项中描述错误的是（ ）。

A. lambda() 函数将函数名作为函数结果返回

B. f = lambda x,y:x+y 执行后，f 的类型为数字类型

C. lambda 用于定义简单的、能够在一行内表示的函数

D. 可以使用 lambda() 函数定义列表的排序原则

24. 下面说法错误的是（ ）。

A. f = lambda x,y:x + y 的返回类型为函数类型

B. f = lambda x,y:x + y 的返回类型为数字类型

C. 可变参数在调用时被当作元组类型传递到函数

D. return 语句可以同时将 0 个、1 个或多个函数运算后的结果返回给函数被调用处的变量

25. 下面说法错误的是（ ）。

A. for 语句均能用于 lambda 和 def 创建的函数中

B. def 和 lambda 创建的函数是都是有名称的

C. lambda 函数返回一个函数类型

D. lambda 函数又称匿名函

二、填空题

1. 在Python中，定义函数使用________关键字。
2. 函数可以有多个参数，参数之间用________分隔。
3. 函数如果没有明确的返回值，默认返回________。
4. 调用函数时，传入的实际参数数量必须与函数定义中的形式参数数量________。
5. Python 函数可以使用________语句返回多个值。

6. 函数内部定义的变量称为________变量。

7. 函数外部定义的变量可以在函数内部通过关键字________来访问。

8. 在函数内部修改全局变量的值，需要先用________关键字声明。

9. 函数的参数可以有默认值，当调用函数时没有传入该参数时，将使用________。

10. Python 中的内置函数________可以用来获取函数的帮助文档。

11. 函数名本质上是一个指向函数对象的________。

12. 函数的参数传递方式有值传递和________传递。

13. 如果一个函数在内部调用自身，这样的函数称为________函数。

14. 递归函数必须有一个________条件，以防止无限递归。

15. 函数的________可以使用星号（*）和双星号（**）来接收任意数量的位置参数和关键字参数。

16. 使用 lambda 关键字可以创建________函数。

17. 匿名函数通常用于作为其他函数的________。

三、判断题（正确打√，错误打 ×）

1. 在Python中定义一个函数时，函数体内部的代码在定义时就会被执行。（　　）

2. 使用def关键字可以定义一个匿名函数。（　　）

3. 一个函数如果带有默认值参数，那么必须所有参数都设置默认值。（　　）

4. Python允许在一个函数内定义另一个函数。（　　）

5. 定义 Python 函数时必须指定函数返回值类型。（　　）

6. Python的函数可以没有返回值，这时函数默认返回None。（　　）

7. 在Python中，所有函数都必须有一个明确的return语句，否则函数将不会返回任何结果。（　　）

8. Python的函数可以返回多个值，这里其实是返回了一个元组。（　　）

9. 在Python中，函数的参数列表中可以包含默认参数和必需参数，但所有的默认参数都要位于必需参数之后。（　　）

10. 不同作用域中的同名变量之间互相不影响，也就是说，在不同的作用域内可以定义同名的变量。（　　）

11. 函数在定义时可以为某些参数指定名称，调用时可以通过这些名称来指定对应的参数值，这称为关键字参数。（　　）

12. 函数参数的默认值是在函数被调用时计算的，而不是在函数定义时计算。（　　）

13. 在Python中，函数参数列表中的“*”是用来指示位置参数的结束和仅关键字参数的开始。（　　）

14. 在Python中，*args和**kwargs用于在函数定义中处理可变数量的参数。*args表示任意多个无名参数，**kwargs表示任意多个关键字参数。（　　）

15. 函数中的 return 语句一定能够得到执行。（　　）

16. 在函数内部没有办法定义全局变量。（　　）

17. 函数的参数名在函数内部和外部都必须相同。（　　）

18. 在Python中，可以使用global关键字在函数内部修改全局变量的值。（　　）

19. 在函数内部直接修改形参的值并不影响外部实参的值。（　　）

20. 在同一个作用域内，局部变量会隐藏同名的全局变量。 （ ）

21. 函数中必须包含 return 语句。 （ ）

22. 编写函数时，一般建议先对参数进行合法性检查，然后再编写正常的功能代码。（ ）

23. 在函数内部，既可以使用 global 来声明使用外部全局变量，也可以使用 global 直接定义全局变量。 （ ）

24. lambda表达式是一个可以接收任意数量参数的匿名函数。 （ ）

25. 在Python中，递归函数能够调用自身无限次而不会出现任何问题。 （ ）

四、程序填空题

1. 阅读程序并填空，输出结果是____(1)____。

```
def____(2)____:
    a,b = b,a
    return (a,b)
x = 10
y = 20
x,y = exchange(x,y)
print(x,y)
```

2. 编写一个函数cacluate()，可以接收任意多个数，返回的是一个元组。元组的第一个值为所有参数的平均值，第二个值是大于平均值的所有数。请在画线处添加适当代码，将程序补充完整。

```
def cacluate(____(1)____):
    avg = sum(args) / len(args)
    up_avg = []
    for item in args:
        if item > avg:
            up_avg.append(item)
    return____(2)____
print(cacluate(1,2,3,4,5))
```

3. 为了使下列代码更加简洁，提高可读性，可将其进行改写。

```
def  add(x,y):
    return x+y
```

请在画线处添加适当代码，将程序补充完整。

```
F=____(1)____ x,y____(2)____
```

4. 程序输出结果为____(1)____ ____(2)____。

```
def people(arg,*p):
   print(arg)            #第一次输出结果（1）
   for num in p:
      print( “num” )    #第二次输出结果（2）
people('rose',23,'杭州')
```

5. 程序执行后，s的值为____(1)____n的值为____(2)____。

```
n=1
def calc(a,b):
```

```
    n=b
    return a+b
s=calc(5,4)
print(s,n)
```

6. 程序执行后，s的值为____(1)____n的值为____(2)____。

```
n=1
def calc(a,b):
    global n
    n=b
    return a+b
s=calc(5,4)
print(s,n)
```

7. 编写函数area(r)，该函数可以根据半径r求出一个圆的面积。请在画线处添加适当代码，将程序补充完整。

```
import____(1)____
def area(r):
    return____(2)____*r*r
```

8. 程序执行后，调用calc()函数后输出结果为____(1)____，程序最后一句执行print(b)是否会报错，若报错指出报错原因，若不报错给出正确结果____(2)____。

```
def calc(a,b):
    b=a+3
    print(b)
calc(1,2)
print(b)
```

9. 第一次调用test()函数的输出结果为____(1)____第二次调用test()函数的输出结果为____(2)____。

```
def test(a,b,c=1,*p,**k):
    print('a=',a, 'b=',b, 'c=',c, 'p=',p, 'k=',k)
test(3,4,5, 'A', 'B')
test(3,4,5, 'AB',x=7,y=8)
```

10. 要求利用递归函数调用的方式，将获取到所输入的5个字符，以相反顺序分别输出来。请在画线处添加适当代码，将程序补充完整。

```
def output(s,l):
    if l==0:
       return
    print (_(1)_)
    ___(2)_
s = raw_input('Input a string:')
l = len(s)
output(s,l)
```

11. 运行下方代码段，输出的结果是____(1)，(2)____。

```
def people(name,gender="女",age=18):
    print(name,age)              #第一次输出结果(1)
    print(gender)                #第二次输出结果(2)
```

```
people(" 张力 ",20))
```

12. 运行下方代码段，输出的结果是____(1)____。

```
f = __(2)__x, y: (x > y) * x + (x < y) * y
a = 10
b = 20
print(f (a, b))
```

13. 运行下列代码，其中b的值为____(1)____输出结果为____(2)____。

```
def multiply(a,b=3):
    print(a,b)
    a*b
s=multiply(4,2)
print(s)
```

14. 补全代码，计算两个变量的和与差，其中s的值为（1）。

```
def multiply(a,b):
   return__(2)__
s=multiply(2,5)
print(s)
```

15. 下列代码，当输入的数是1时，是否会报错，若报错说明理由，若不报错写出结果____(1)____，当输入的数不是1时，是否会报错，若报错说明理由，若不报错写出结果____(2)____。

```
def func(x):
    if x==1:
        return [1,2,3]
    return { "name" :" span" }
m=int(input())
a,b,c = func(m)
print(a,b,c)
```

16. 求两数的某函数操作之和（本题是求绝对值之和）请在画线处添加适当代码，将程序补充完整。

```
def add(a, b, f):
    return__(1)__+__(2)__
res = add(3, -6, abs)
print(res)
```

17. 为了使得在调用granpa()时使得dad()和son()中的2和3最后输出，请在画线处添加适当代码，将程序补充完整。

```
def granpa():
    def dad():
        x = 2
        print(x)
        def son():
            x = 3
            print(x)
        __(1)__
    __(2)__
granpa()
```

18. 写函数，接收n个数字，返回这些数字的和。请在画线处添加适当代码，将程序补充完整。

```
def func( (1) ):
    sum = 0
    for el in  (2) :
        sum += el
    return sum
print(func(1,2,3,4,5,6,4,4,3))
```

19. 执行下列代码，第一个输出语句结果是____(1)____第二个输出语句结果是____(2)____。

```
def times(x,y):
    return x*y
print(3,4)
print(times( 'Python' ,4))
```

五、编程题

1. 实现isOdd()函数，参数为整数，如果整数是奇数，返回True，否则返回False。

2. 实现isPrime()函数，参数为整数，如果整数是质数，返回True，否则返回False。

3. 实现convert_string()函数，参数为字符串，将字符串中的大写字母转换为小写字母，小写字母转换为大写字母，返回处理后的字符串。

4. 定义一个average()函数，参数为数值列表，计算列表中所有元素的平均值，返回平均值。

5. 定义一个gcd()函数，参数为两个整数a和b，返回它们的最大公约数。

6. 编写一个joinStr()函数，参数为字符串列表，将字符串列表拼接为1个新的字符串，字符串之间用逗号隔开，返回拼接后的结果。

7. 实现一个square()函数，参数为整数列表，返回一个新列表，新列表中的元素是原列表中每个元素的平方。

8. 实现pyramid()函数，参数为整数n，打印出如下所示的金字塔图案（n控制行数和每行星号数量）。

9. 青蛙跳台阶问题，一只青蛙可以一次跳 1 级台阶或一次跳 2 级台阶，问要跳上第n级台阶有多少种跳法。请编写jump()函数，用递归的方式实现，参数为整数，返回多少种跳法。

第6章 文件

6.1 知识点梳理

一、文件

1. 文本文件和二进制文件

文件按照读写方式区分，分为顺序文件和随机文件；按照存储的方式区分，分为文本文件和二进制文件。文本文件是基于单一特定字符编码（如ASCII，UTF-8）的文件。二进制文件是基于值编码的文件。

2. 文件的打开和关闭

文件的打开语句格式如下：

```
file= open(filename[,mode='r'] [,buffering=-1] [,encoding=None])
```

file为返回的文件对象，filename为待打开的文件名，文件名可以使用相对路径，也可使用绝对路径。

mode为打开文件模式，buffering为缓存策略，encoding为编码方式，一般设置为UTF-8。参数mode取值见表6-1。

表 6-1 文件打开模式

mode	含 义
'r'	读文件，不存在出错，默认值
'w'	写文件，不存在新建，存在则清空原内容
'a'	追加写，指针定位至文件末尾，不存在则新建
'x'	写文件，存在出错
'b'	以二进制模式打开文件
't'	以文本模式打开文件，默认模式
'+'	以读写模式打开

注意：'r'、'w'、'a'、'x' 可以与 'b'、't'、'x' 组合使用，例如，要修改文件的部分内容，可以使用 'r+' 模式打开文本文件或者 'rb+' 打开二进制文件。

buffering参数取值见表6-2。

表 6-2　buffering 缓存策略

buffering	含　义
-1	设置缓冲区大小为 io.DEFAULT_BUFFER_SIZE
0	二进制文件禁止缓存，文本文件不可以禁止缓存
1	行缓冲
>1	设置缓冲区大小，以字节为单位

文件读写结束需要关闭文件。Python写入文件是将字符串写入缓冲区，当写入字节数小于缓冲区大小时，字节存入缓冲区，待文件关闭时会将缓冲区内容写入文件，当写入字节数大于缓冲区大小时，自动写入文件。

关闭文件语句格式如下：

```
file.close()
```

通过文件的close()方法实现文件处理结束关闭文件将缓冲区内容写入文件。若没有关闭文件，缓冲区内容无法写入文件。

3. 读取文件

打开文件之后需要进行文件的读写操作，文件读取方法有read()、readline()、readlines()方法。

文件的读取方法read()格式如下：

```
file.read(size)
```

通过read()方法实现从文件中读取指定size大小的字符串或字节流，若不指定size大小，则读取文件中所有内容，适用于文件较小的情况。

文件的读取方法readline()格式如下：

```
file.readline(size)
```

当文件较大时，通过readline()方法实现从文件指针所在位置开始读取，直至遇到换行符。参数size可选，若使用参数size则等价于read(size)，若不使用size，则读取文件所有内容。

文件的读取方法readlines()格式如下：

```
file.readlines(size)
```

当文件较大时，通过readlines()方法实现读入所有行内容，每一行为内容作为元素构成一个列表，即列表里面的元素为文件的每一行的内容构成的字符串。参数size可选，若使用参数size则读取指定size个字节，返回列表。一次读取所有内容占用内存较大，一般可选一次读取一行内容。

4. 写入文件

打开文件之后需要进行文件的写操作，通过写操作向文件中保存数据，实现数据的长期存储。文件写入方法有write()，writelines()方法。

文件的写入方法write()格式如下：

```
file.write(str)
```

向文件file中写入一个字符串或字节流str，返回写入的字节数。

文件的写入方法writelines()格式如下：

```
file.writelines(strlist)
```

向文件file中写入字符串列表strlist，将由若干字符串构成的列表中的每个元素写入文件，与readlines()方法互为逆操作，若需换行则手动添加换行符 \n。

5. 文件定位

在文件的读写过程中离不开文件指针的作用。文件指针一般指向将要读写的位置，将要读写位置一般总是在上一次操作结束后的位置进行读写，有时需要在文件的指定位置进行读写，可以使用tell()方法和seek()方法。

文件的tell()方法返回当前指针的位置。

```
file.tell()
```

文件的seek()方法返回当前指针的位置。

```
file.seek(offset, whence)
```

whence为参考点，可选值有0、1、2。0表示从文件开头开始偏移，1表示从文件当前位置开始偏移，2表示从文件末尾开始偏移，offset为偏移量，是以字节为单位。注意：若以文本文件方式打开文件，则只允许从文件头（参考点为0）开始偏移，若以二进制方式打开文件，则三种偏移方式都可以。

二、库函数

1. os 库

os模块提供了很多与系统交互的功能。

（1）os.mkdir (dirpath)：创建文件夹，返回当前文件下所有文件等。

（2）os.getcwd()：返回当前的工作目录路径。

（3）os.chdir(dirpath)：改变工作目录为dirpath。

（4）os.listdir (dirpath)：获取dirpath路径下所有的文件，返回该路径下所有文件的文件名构成的列表。

（5）os.remove (filename)：删除文件filename。

（6）os.rmdir (dirpath)：删除dirpath指定的空目录。

（7）os.rename (old,new)：将old文件重命名为new。

（8）os.system (command)：执行command给出的shell命令。若command参数值为“calc”，则打开计算器，若command参数值为“cmd”，则打开command命令窗口。

os.path模块提供了很多与文件路径相关的操作方法。

（1）os.path.abspath (filename)：获取文件filename完整的路径，即绝对路径。

（2）os.path.basename (path)：获取path里的文件名。

（3）os.path.dirname (path)：获取path里的目录部分。

（4）os.path.exists (path)：判断path路径是否存在，若存在则返回True，否则返回False。

（5）os.path.getsize (path)：返回文件或者目录的大小，单位为字节。

（6）os.path.split (path)：将path里的路径和名称分开，返回（路径，文件名）构成的元组。

（7）os.path.isfile(path)：判断给出的路径是否是文件，文件不存在返回False。

（8）os.path.isdir(path)：判断给出的路径是否是目录，目录不存在返回False。

（9）os.path.join(path，filename)：连接path路径和filename文件。

2. time 库

time库是提供处理时间的标准库，包括时间的获取，时间的格式化，系统级精确计时功能。

（1）time.time()：获取当前时间戳，返回值为浮点数，计算从世界标准时间到当前时间之间的总秒数。

（2）time.ctime()：获取当前时间并以易读方式显示。

（3）time.gmtime()：获取当前时间并表示为计算机可以处理的格式。返回值如下：

```
import time
time.gmtime()
```

运行结果如下：

```
    time.strucr_time(tm_year=2023,tm_mon=5,tm_mday=23,tm_hour=6,tm_min=13,
tm_se
    c=6, tm_wday=1, tm_yday=143, tm_isdst=0)
```

其中参数tm_year表示四位数的年份，参数tm_month表示月份，取值范围1～12，参数tm__mday表示日，取值范围1～31，tm_hour表示小时，取值范围0～23，tm_min表示分钟，取值范围0～59，tm_sec表示秒，取值范围0～61，tm_wday表示一周第几天，注意0是周一，tm_yday表示一年第几日，取值范围0～366，tm_isdst表示是否为夏令时的旗帜，1表示是夏令时，0表示非夏令时，-1表示不确定是否为夏令时。

（4）time.strftime(tpl,ts)：借助时间格式控制符来输出格式化的时间字符串。其中tpl表示格式化的模板字符串参数，ts表示计算机内部时间类型变量，取值含义见表6-3。

表 6-3　时间格式控制符取值含义

时间控制格式符	含　义
%Y	表示四位数的年份，取值范围为 0001 ～ 9999，如 1900
%m	表示月份（01 ～ 12），如 10
%d	表示月中的一天（01 ～ 31），如 23
%H	表示 24 小时制小时数（00 ～ 23），如 14
%M	表示分钟数（00 ～ 59），如 46
%S	表示秒（00 ～ 59），如 26
%B	表示本地完整的月份名称，如 January
%b	表示本地简化的月份名称，如 Jan
%a	表示本地简化的周日期，Mon ～ Sun，如 Wed
%A	表示本地完整周日期，Monday ～ Sunday，如 Wednesday
%p	表示上下午，取值为 AM 或 PM

```
import time
print(time.strftime("%Y-%m-%d %H:%M:%S",t))
```

运行结果如下：

```
2023-05-23  07:12:37
```

（5）time.strptime(str,tpl)：通过tpl模板定义的参数逐一解析字符串中对应的每一个值，形成一个时间变量。转化成一个计算机内部可以操作的一个时间。输出格式为struct_time。其中tpl表示格式化的模板字符串参数，str表示字符串形式的时间。

```
import time
print(time.strptime("2023-5-23 15:22:20",'%Y-%m-%d %H:%M:%S'))
```

运行结果如下：

```
time.struct_time(tm_year=2023, tm_mon=5, tm_mday=23, tm_hour=15, tm_min=22, tm_s
ec=20, tm_wday=1, tm_yday=143, tm_isdst=-1)
```

（6）time.perf_counter()：返回一个CPU级别的精确时间计数值，单位为秒，由于这个计数值起点不确定，连续调用差值才有意义，通常用于测量时间差。

```
import time
start=time.perf_counter()
end=time.perf_counter()
print(end-start)
```

运行结果如下：

```
1. 000240445137024e-06
```

（7）time.sleep(s)：s表示拟休眠的时间，单位是秒，可以是浮点数。

三、格式文件

1. CSV 格式文件

CSV（comma separated values），即逗号分隔值（也称字符分隔值），是一种常用的文本格式，用以存储表格数据，包括数字或者字符。在处理数据时通常会使用CSV格式的文件。CSV文件可以通过Excel或者记事本打开，也可以使用文本编辑工具打开。一般的表格处理工具（如Excel）都可以将数据另存为或者导出为CSV格式。CSV文件特点如下：

（1）读取的数据一般为字符类型，若要得到数据类型，需要进行转换；

（2）以行为单位读取文件；

（3）列之间以逗号或者制表符分隔，通常为半角逗号。

CSV模块是Python处理CSV格式数据的标准库。CSV模块提供了处理CSV格式数据的函数。

① csv.reader()函数实现读取CSV数据格式的文件。

```
csv.reader(file, dialect='excel')
```

参数file是可迭代（Iterator）的对象，可以是文件（file）对象或者列表（list）对象，参数dialect，编码风格，默认为excel，也就是用逗号（，）分隔，dialect方式也支持自定义，通过调用register_dialect方法来注册。

② csv.writer()函数实现向CSV数据格式的文件写入数据。

```
csv.writer(file, dialect='excel')
```

参数意义和reader()函数相同。

2. JSON 格式文件

JSON模块是Python处理JSON格式数据的标准库。JSON格式是一种数据交换格式，采用文本存储数据对象的格式。JSON模块提供了处理JSON格式数据的函数。

json.dump()方法实现将Python数据格式转换为JSON格式字符串，并返回结果至指定的文件。

```
json.dump(obj,fp)
```

参数obj为待转为JSON字符串格式的数据，fp为转换后结果记录文件。

json.load()方法实现将JSON字符串转换为Python格式数据，与json.dump()函数互为逆操作。

```
json.load(fp)
```

参数fp为待读出JSON字符串的文件。通过该函数，将读出的JSON格式字符串转换为Python数据格式。

```
json.dumps(obj)
```

json.dumps()方法实现将Python数据格式转换为JSON格式字符串，并直接返回JSON格式字符串。通过dumps()将Python数据格式转换为JSON数据格式，区别于dump()函数，dump()函数将数据写入对应的json文件中。

```
json.loads(str)
```

参数str为待转换的JSON格式的字符串。json.loads()方法实现将JSON格式字符串转换为Python数据格式，功能与json.load()函数相似，与json.dumps()函数互为逆操作。

6.2 习　题

一、选择题

1. 设a.txt的内容是：a,b,c,d。

以下代码执行结果是（　　）。

```
with open('a.txt','r') as f:
print(f.read().split(','))
```

A. ['a', 'b', 'c', 'd']　　B. [a, b, c, d]

C. 'a', 'b', 'c', 'd'　　D. a, b, c, d

2. 执行以下代码，output.txt文件中的内容是（　　）。

```
aaa =[8, 5, 2, 2]
with open('output.txt', 'w') as f:
    for aa in aaa:
        f.write(';'.join(str(aa)))
```

A. 8;5;2;2　　B. 8522　　C. 8,5,2,2　　D. 8 5 2 2

3. 关于打开文件函数open(<文件路径名>,<打开模式>)中打开模式的描述，正确的选项是（　　）。

A. 'a' 表示追加模式打开文件，如果文件不存在，就返回异常

B. 'w' 表示写模式打开文件，如果文件存在，就会在文件尾继续写

C. 'r' 表示只读模式打开文件，如果文件不存在，就会返回异常

D. 'b' 表示二进制文件模式打开文件，可以单独作为 open() 函数的参数

4. os.path模块检查文件是否存在的函数是（　　）。

A. splitext(path)　　B. isdir(path)　　C. exists(path)　　D. isfile(path)

5. 假设单词保存在word中，使用一个字典类型counts={ }，统计单词出现的次数可采用（　　）。

A. counts[word]= count[word]+1　　B. counts[word]=1

C. counts[word]=count.get(word,0)+1　　D. counts[word]=count.get(word,1)+1

6. 以下选项中，不是Python对文件的写操作方法的是（　　）。

A. writelines()　　B. write()

C. write() 和 seek()　　D. writetext()

7. 以下程序输出到文件 text.txt 里的结果是（　　）。

```
with open("text.txt",'w') as f:
x = [90,87,93]
f. write(",".join(str(x)))
```

A. [90,87,93]　　B. 90,87,93

C. [,9,0,, ,8,7,, ,9,3,]　　D. [,9,0, ,8,7, ,9,3,]

8. 以下程序的输出结果是（　　）。

```
import time
t = time.gmtime()
print(time.strftime("%Y-%m-%d %H:%M:%S",t))
```

A. 系统当前的日期　　B. 系统当前的时间

C. 系统出错　　D. 系统当前的日期与时间

9. 如果当前时间是 2018年5月1日10点10分9秒，则下面代码的输出结果是（　　）。

```
import time
print(time.strftime("%Y=%m-%d@%H>%M>%S", time.gmtime()))
```

A. 2018=05-01@10>10>09　　B. 2018=5-1 10>10>9

C. True@True　　D. 2018=5-1@10>10>9

10. 关于time库的描述，以下选项中错误的是（　　）。

A. time 库提供获取系统时间并格式化输出功能

B. time.sleep(s) 的作用是休眠 s 秒

C. time.perf_counter() 返回一个固定的时间计数值

D. time 库是 Python 中处理时间的标准库

11. 在python 文件和目录操作中，（　　）方法获得当前工作目录。

A. listdir()　　B. mkdir()　　C. removedir()　　D. getcwd()

12. Python 文件只读打开模式是（　　）。

A. 'r'　　B. 'w'　　C. 'x'　　D. 'b'

13. 以下选项中，不是Python对文件的打开模式的是（　　）。

A. 'c'　　B. 'r'　　C. 'w'　　D. '+'

二、填空题

1. 文件的追加打开方式为________。
2. 将文件全部按行读入到列表的方法为________。
3. 下面程序逐行打印"d:\鸟鸣涧.txt"，完善程序。

```
with open("d:\\ 鸟鸣涧 .txt", 'r') as f:
    for _____ in f:
        print(line)
```

4. Python内置函数________用来打开或创建文件并返回文件对象。
5. 关键字________可以自动管理文件对象，只要结束其中的语句块，文件就能正确关闭。
6. Python中实现读取CSV数据格式的文件的方法是________。
7. Python中实现向CSV数据格式的文件写入数据的方法是________。
8. json.dumps()方法实现功能是________。
9. Python标准库os.path中用来判断是否是文件的方法是________。
10. Python标准库os中用来列出指定文件夹中的文件和子文件夹列表的方法是________。
11. time模块获取当前时间，并以易读方式显示的方法是________。
12. 返回文件指针位置的方法为________。
13. ________方法可以将缓冲区内容写入文件。
14. readlines() 函数读入文件内容后返回________，元素划分依据是文本文件中的换行符。
15. read() 一次性读入文本文件的全部内容后，返回________。
16. readline() 函数的功能是________，返回一个字符串。
17. writelines(ls)功能是________。
18. write(str)功能是________。
19. tell() 方法返回________。
20. seek(0,2)表示________。

三、判断题（正确打√，错误打 ×）

1. Python打开文件模式可以采用创建写模式'n'。（　　）
2. Python实现对文件的写操作的方法有write()、writelines()、writetext()。（　　）
3. 文本文件不能采用二进制文件方式读入。（　　）
4. os.path模块检查文件是否存在的函数为isfile(path)。（　　）
5. time模块获取当前时间，并以易读方式显示的方法是ctime()。（　　）
6. Python文件读取方法read(size)的含义是从文件读取一行数据。（　　）
7. Python标准库os.path中用来分割指定路径中的文件扩展名的方法是splitext()。（　　）
8. f.seek(10,2)表示定位至从文件末尾向前偏移10个字节的位置。（　　）
9. 文本文件不能用二进制文件方式读入。（　　）
10. Python中文分词第三方库是jieba。（　　）
11. 文件中可以包含任何数据内容。（　　）

12. Python对文件的打开模式有'w'、'+'、'c'、'r'。（　　）

13. 代码的主要功能是向文件写入一个列表类型，并打印输出结果。（　　）

四、编程题

1. 在D:\\log文件夹下创建一个以今天日期命名的日志文件，文件内容记录当前的时间。如果D:\\log不存在，创建该目录。如果当天的日志文件不存在则新建文件，文件存在则在文件结尾以当前时间写入一条信息“log”。

2. 请随机生成20个10~50的数字，写入到1.txt中，然后统计其中第10~15个数的和。

3. 将d:\1.txt文件中的随机生成的0～20的30个整数进行统计，统计其中个位数为5的数字的个数。

4. 将d:\1.txt文件中的随机生成的30之间的10～20个整数中的第5，10，15，20，25，30个数加1。

5. 复制文件1.jpg为2.jpg，图1.jpg如图6-1所示。

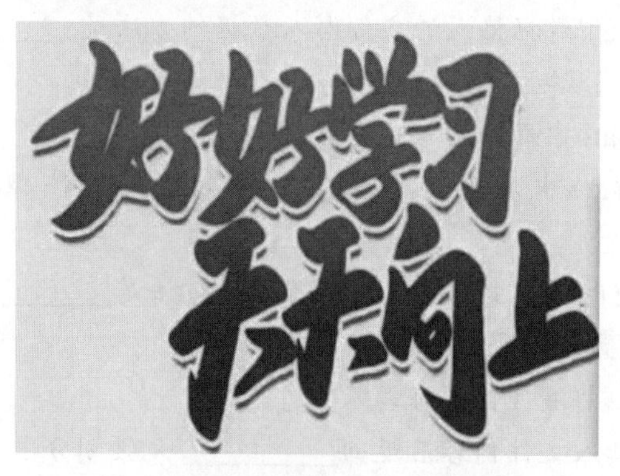

图 6-1　编程题 5 jpg 文件

6. 截取2.txt文件的前18个字节，文件如图6-2所示。

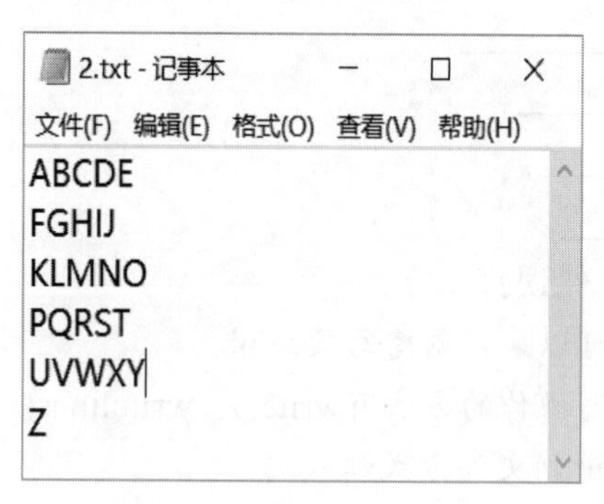

图 6-2　编程题 6 txt 文件

7. 进度条常用于计算机处理任务，它能够实时显示任务或软件的执行进度。编写程序实现带刷新的文本进度条功能。

8. 编写一个程序，使用Python的time库实现一个简单的计时器，当计时器达到指定时间时，打印一条提示信息。

9. 查找文件1.txt中“P”出现的位置，并将其替换为“C”。1.txt中的内容为“Python is a programming language,welcome to Python!”。

10. 遍历指定路径找到相应的文件，并将路径下的所有文件作为列表内容进行输出。

第7章 程序的异常处理

7.1 知识点梳理

一、程序的错误和异常

程序运行过程中经常会出现错误或者遇到意外情况，即异常。引发异常的原因有很多，例如，除数为0、下标越界、数据类型错误、命名错误、关键字拼写错误，中英文符号错误等。一个好的程序，除了能够完成程序的基本功能外，在遇到各种异常的情况下，也能够做出合适的处理。如果这些异常得不到有效的处理，会导致程序终止运行。一个好的程序，应具备较强的容错能力，也就是说，除了在正常情况能够完成所预想的功能外，在遇到各种异常的情况下，也能够做出合适的处理。这种对异常情况给予适当处理的技术就是异常处理。

Python提供了一套完整的异常处理方法，在一定程度上可以提高程序的健壮性，即程序在非正常环境下仍能正常运行，并能把Python晦涩难懂的错误信息转换为友好的提示呈现给最终用户。

编程时常常会出现三种错误包括语法错误、运行时错误、逻辑错误。

（1）语法错误：是指不遵循语言的语法结构引起的错误，程序无法正常编译/运行。

•遗漏了某些必要的符号（冒号、逗号或括号）。

•关键字拼写错误。

•缩进不正确。

（2）运行时错误：是指程序在运行过程中遇到错误，导致意外退出。

•尝试访问一个没有声明的变量。

（3）逻辑错误：是指程序的执行结果与预期不符表达式可能不会按照期望的顺序进行运算，从而产生不正确的结果。

•表达式可能不会按照期望的顺序进行运算，从而产生不正确的结果。

常见的错误类型见表7-1。

表 7-1　常见的错误类型

异　常	含　义	类　型
SyntaxError	使用关键词作为变量名，会抛出该异常 在 if、for、while 等语句的头语句后面忘记写冒号，会抛出该异常 字符串缺引号，会抛出该异常 开放操作符 (、{ 或 [没有关闭，使 Python 继续将下一行作为当前语句的一部分，会抛出该异常 在判断条件中使用 = 代替 ==，会抛出该异常 混合使用 tabs 和空格键作为缩进，会抛出该异常	语法错误
NameError	使用当前环境中不存在的变量。另外，局部变量是本地的，不能被在定义的函数之外引用，会抛出该异常	运行时错误
TypeError	数据类型不匹配，例如，对字符串，列表或元组使用非整数索引，会抛出该异常 格式字符串中的项目与输出值之间存在不匹配，数量的不匹配和无效的转换，会抛出该异常 传递给函数或方法的参数数量错误，会抛出该异常	
KeyError	请求一个不存在的字典关键字，会抛出该异常	
AttributeError	尝试访问未知的对象属性，会抛出该异常	
ZeroDivisionError	除数为 0，会抛出该异常	
FileNotFoundError	打开的文件不存在，会抛出该异常	
IOError	输入输出错误（如你要读的文件不存在），会抛出该异常	
解释器没有输出错误信息	运算符优先级考虑不周，会抛出该异常 变量名使用不正确，会抛出该异常 语句块缩进层次不对，会抛出该异常 布尔表达式出错，会抛出该异常	逻辑错误

为什么需要异常处理机制？

当程序执行到有错误的代码时，会报错并立即停止运行下面的代码。但是当拥有异常处理机制时，编译器能够提示报错信息，并根据异常处理的操作继续往下执行代码。

二、捕获异常

Python提供了一套完整的异常处理方法，在一定程度上可以提高程序的健壮性，即程序在非正常环境下仍能正常运行，并能把Python晦涩难懂的错误信息转换为友好的提示呈现给最终用户。针对异常的处理方法如下：

```
try:
        <执行语句 1>   #运行 try 语句块，并试图捕获异常
except <异常 1>:
        <执行语句 2>
```

运行执行语句1，尝试捕获异常；如果语句1发生异常1，则运行执行语句2；语句结束。

当可能发生多种异常时，可以使用多个except语句捕获异常。

```
try:
        <执行语句 1>      #运行 try 语句块，并试图捕获异常
except < 异常 1>:
        <执行语句 2>      #如果 name1 异常发生，那么执行该语句块
except < 异常 2> as <variable>:
        <执行语句 3>      #如果 name2 异常发生，那么执行该语句块，并把异常实例命名为
variable
```

```
except:
        <执行语句 4>            # 发生了以上所有列出的异常之外的异常，执行该语句块
```

Python制定了专门的try...except...finally异常处理语句。其语法如下：

```
try:
        <执行语句 1>      # 运行 try 语句块，并试图捕获异常
except <异常 1>:
        <执行语句 2>      # 如果异常 1 发生，那么执行该语句块
except <异常 2> as <variable>:
        <执行语句 3>      # 如果异常 2 发生，那么执行该语句块，并把异常实例命名为 variable
except:
        <执行语句 4>      # 发生了以上所有列出的异常之外的异常，执行该语句块
else:
        <执行语句 5>      # 如果没有异常发生，那么执行该语句块
finally:
        <执行语句 6>      # 无论是否有异常发生，均会执行该语句块
```

运行执行语句1，尝试捕获异常；如果语句1发生异常1，则运行执行语句2；如果语句1发生异常2，就运行执行语句3，并把异常2命名为variable；如果发生的异常是上述异常之外的，就运行执行语句4；如果语句1无异常，就运行执行语句5；无论是否有异常发生，finally之后的执行语句6均会运行。except语句不是必须的，finally语句也不是必须的，但是二者必须要有一个，否则就没有try的意义了。else和finally是可选的，可能会有0个或多个except，但是，如果出现一个else的话，必须有至少一个except。except语句可以有多个，Python会按except语句的顺序依次匹配指定的异常，如果异常已经处理就不会再进入后面的except语句。

7.2 习　题

一、单选题

1. 关于程序的异常处理，以下选项中描述错误的是（　　）。
   A. 程序异常发生经过妥善处理可以继续执行
   B. 异常语句可以与 else 和 finally 保留字配合使用
   C. 编程语言中的异常和错误是完全相同的概念
   D. Python 通过 try、except 等保留字提供异常处理功能
2. 以下代码运行时会出现什么类型的异常（　　）。

```
s=[1,2,3,4,5]
a=s[5]
```

   A. KeyError　　B. IOError　　C. NameError　　D. IndexError
3. 有关异常说法正确的是（　　）。
   A. 程序中抛出异常终止程序　　B. 程序中抛出异常不一定终止程序
   C. 拼写错误会导致程序终止　　D. 缩进错误会导致程序终止
4. 对以下程序描述错误的是（　　）。

```
try:
    #语句块 1
  except  IndexError as i:
```

```
        #语句块 2
```

A. 该程序对异常处理了，因此一定不会终止程序

B. 该程序对异常处理了，不一定不会因异常引发终止

C. 语句块 1，如果抛出 IndexError 异常，不会因为异常终止程序

D. 语句块 2 不一定会执行

5. 下列Python保留字中，用于异常处理结构中用来捕获特定类型异常的是（　　）。

A. def　　B. except　　C. while　　D. pass

6. Python异常处理中不会用到的关键字是（　　）。

A. finally　　B. else　　C. try　　D. if

7. 异常处理的作用是不想让程序终止，如果出错了需要特殊处理。下列实现异常处理的语句是（　　）。

A. if...else　　B. try...except　　C. waring　　D. Error

8. 异常是指（　　）。

A. 程序设计时的错误　　B. 程序编写时的错误

C. 程序编译时的错误　　D. 程序运行时的错误

9. 当try子句中没有任何错误时，一定不会执行语句（　　）。

A. try　　B. else　　C. except　　D. finally

10. 语句float('something')抛出异常名称为（　　）。

A. ValueError　　B. ImportError

C. IndexError　　D. FileNotFoundError

二、填空题

1. 在Python中，使用try关键字后跟一个代码块，然后使用________关键字来定义异常处理代码。

2. 如果你想在发生任何异常时都执行某些代码，无论是否发生异常，应该使用________关键字。

3. else子句作用是________。

4. 在Python中，可以使用try...except...else...finally结构来确保即使在发生异常的情况下，也可以执行一些必要的清理工作。这种结构允许你优雅地处理异常，并保持代码的________。

5. 在Python中，________类型异常会在尝试除以零时引发。

6. ________是当尝试打开一个不存在的文件时引发的异常类型。

7. 当尝试使用错误的语法构建正则表达式时，Python会引发________异常。

8. 在Python中，如果尝试使用del删除一个只读的属性或方法，会引发________异常。

9. 使用not in操作符检查一个元素是否存在于一个不存在的集合中时，会引发________异常。

10. 如果尝试在不支持的类型上使用幂运算符**，会引发________异常。

三、判断题（正确打√，错误打 ×）

1. 程序运行出现的异常无须捕获，程序能正常运行。（　　）

2. 异常处理让程序不会被意外终止，而是按照设计以不同的方式结束运行。（　　）

3. 在try...except...else结构中，如果try块的语句引发了异常则会执行else块中的代码。

（　　）

4. 异常处理结构中的finally块中代码仍然有可能出错从而再次引发异常。（　　）

5. 程序中异常处理结构在大多数情况下是没必要的。（　　）

6. 带有else子句的异常处理结构，如果不发生异常则执行else子句中的代码。（　　）

7. 异常处理结构也不是万能的，处理异常的代码也有引发异常的可能。（　　）

8. 在异常处理结构中，不论是否发生异常，finally子句中的代码总是会执行的。（　　）

9. 由于异常处理结构try…except…finally中finally里的语句块总是被执行的，所以把关闭文件的代码放到finally块里肯定是万无一失，一定能保证文件被正确关闭并且不会引发任何异常。（　　）

10. 异常处理的语法是：try…except语句，有的后面也会加else，但前提必须有if与之配对。（　　）

四、程序填空题

1. 请在画线处添加适当代码，将程序补充完整。

```
while True:
    (1)   :
        x = int(input("请输入一个数字："))
        print(x)
        break
    (2)  ValueError:
        print('您输入的不是数字，请再次尝试输入！')
```

2. 请在画线处添加适当代码，将程序补充完整。

```
try:
    n = eval(input('请输入一个整数：'))
    s = 100/n
except   (1) :
    print('除数为0')
except NameError:
    print('输入的不是数字')
(2)   :
   print(s)
```

3. 打开一个文件，在该文件中写入内容。请在画线处添加适当代码，将程序补充完整。

```
   (1) :
    fh = open("testfile", "w")
    try:
        fh.write("这是一个测试文件，用于测试异常！！")
      (2)   :
        print( "关闭文件")
        fh.close()
except IOError:
    print  "Error：没有找到文件或读取文件失败"
```

4. 请在画线处添加适当代码，将程序补充完整。若下标越界则提示 。

```
list_1 = [1,2,3,4]
 (1) :
   print(list_1[20])
 (2)   :
```

```
    print('index out of bound!')
```

5. 运算a/b，如果b等于零，输出分母为零异常，否则输出a/b的值。请在画线处添加适当代码，将程序补充完整。

```
(1):
    a,b = eval(input('请输入两个整数:'))
    s = a/b
except ZeroDivisionError:
    print('分母为零异常')
(2):
    print(s)
```

6. 请在画线处添加适当代码，将程序补充完整。

```
try:
s=eval(input('s='))
    if s>0:
        s = s+1
        print(s)
except ___(1)___ as e:
    print("语法错误")
except NameError   as e:
    print("变量未赋值")
___(2)___:
    print("出现未知错误")
```

7. 捕获数据类型转换异常，当捕获到异常时，输出“元素x不能转换为整数”。请在画线处添加适当代码，将程序补充完整。

```
str1 = input()
list1 = str1.split("-")
for x in list1:
    try:
        value = ___(1)___
    except:
        print("元素%s不能转换为整数"%x)
     ___(2)___:
        print(x)
```

8. 给定一个数a，判断一个数字是否为奇数或偶数。请在画线处添加适当代码，将程序补充完整。

```
while True:
    ___(1)___:
        # 判断输入是否为整数
        num = int(input('输入一个整数:'))
    # 不是纯数字需要重新输入
    except ___(2)___:
        print("输入的不是整数! ")
        continue
    if num % 2 == 0:
        print('偶数')
    else:
        print('奇数')
    break
```

9. 给一个不多于5位的正整数（如a=12346），求它是几位数。请在画线处添加适当代码，将程序补充完整。

```
def flen(num):
try:
            length = 0
            while num != 0:
                length += 1
                num = int(num) // 10
            if length > 5:
                return （“请输入正确的数字”）
            return____(1)__
except ___(2)_:
    return "请输入正确的数字"
```

10. 打开一个文件a.txt，如果该文件不存在则创建，存在则产生异常并报警。请在画线处添加适当代码，将程序补充完整。

```
try:
f=open('a.txt',_(1)_)
except:
print("文件存在，请小心读取！")
finally
f._(2)_
```

五、编程题

1. 编写程序，实现若列表下标越界则给予提示 。

2. 编写程序，打开一个文件，在该文件中的内容写入内容，判断可能出现的异常。

3. 编写一个程序，计算a/b，如果b等于零，输出分母为零异常，否则输出a/b的值。

4. 编写一个程序，给定一个数a，若输入的数不是整数则抛出异常，并重新进行数字的输入，再判断输入的数是否为奇数或偶数。

5. 编写程序，捕获数据类型转换异常，当捕获到异常时，输出“元素x不能转换为整数”。

6. 编写程序尝试逐行读取一个文件，如果读取过程中出现错误则捕获异常并打印错误信息。

7. 编写程序尝试读取一个二进制文件，如果文件不存在或读取错误则捕获异常并打印错误信息。

8. 编写程序尝试打开一个文件并检查其大小，如果文件不存在或大小获取失败则捕获异常并打印错误信息。

9. 编写程序尝试复制一个文件，如果源文件无法读取或目标文件无法创建则捕获异常并打印错误信息。

10. 编写程序尝试打开一个文件并将其内容转换为大写后写入另一个文件，如果任何操作出现错误则捕获异常并打印错误信息。

turtle 绘图

8.1 知识点梳理

一、turtle 库的引用

turtle（海龟）是Python常用的标准库之一，它能够进行基本的图形绘制。

turtle库绘制图形有一个基本框架：一个小海龟（即画笔）在坐标系中爬行，其爬行轨迹形成了绘制图形。对于小海龟来说，有“前进”“后退”“旋转”等爬行行为，对坐标系的探索也通过“前进方向”“后退方向”“左侧方向”和“右侧方向”等小海龟自身角度方位来完成。

使用import保留字对turtle库的引用有如下三种方式：

（1）第一种，import turtle，则对turtle库中函数调用采用turtle.<函数名>()形式。

```
import turtle
turtle.circle (200)
```

（2）第二种，import turtle as t，则对turtle库中函数调用采用更简洁的t.<函数名>()形式，保留字as的作用是将turtle库给予别名t。

```
import turtle as t
t.circle (200)
```

（3）第三种，from turtle import *，则对turtle库中函数调用直接采用<函数名>()形式，不再使用turtle.作为前导。

```
from turtle import *
circle(200)
```

turtle库包含100多个功能函数，主要包括窗体函数、画笔状态函数、画笔运动函数等三类。

二、窗体函数

```
turtle.setup(width, height, startx, starty)
```

作用：设置主窗体的大小和位置

参数说明：

width：窗体宽度，如果值是整数，表示的像素值；如果值是小数，表示窗体宽度与屏幕的比例；

height：窗体高度，如果值是整数，表示的像素值；如果值是小数，表示窗体高度与屏幕的比例；

startx：窗体左侧与屏幕左侧的像素距离，如果值是None，窗体位于屏幕水平中央；

starty：窗体顶部与屏幕顶部的像素距离，如果值是None，窗体位于屏幕垂直中央；

参数位置示意图如图8-1所示。

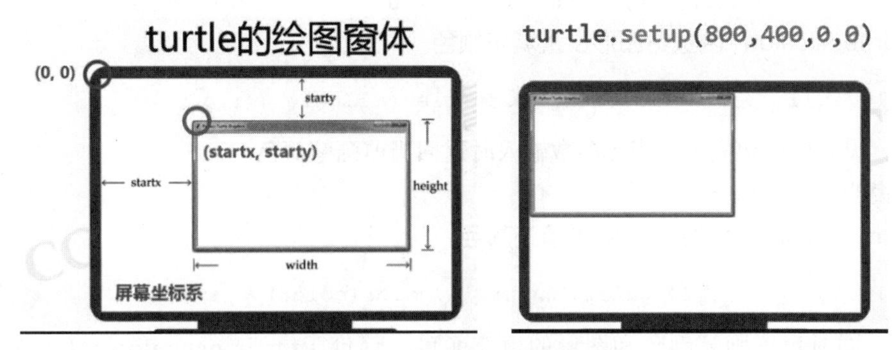

图 8-1　turtle 窗体参数示意图

三、画笔状态函数

画笔控制函数，全局控制函数也称为画笔状态函数，常用的画笔状态函数见表8-1。

表 8-1　常用的画笔状态函数

命　　令	说　　明
pensize(width), width(n)	设置画笔的尺寸，即小海龟的腰围
pencolor(colorstring)	设置画笔的颜色
fillcolor(colorstring)	绘制图形的填充颜色
color(color1, color2)	同时设置 pencolor=color1, fillcolor=color2
filling()	返回当前是否在填充状态
begin_fill()	准备开始填充图形
end_fill()	填充完成
hideturtle()	隐藏画笔的 turtle 形状
showturtle()	显示画笔的 turtle 形状
clear( )	清空 turtle 窗体，turtle 的位置和状态不变
reset()	清空窗体，重置 turtle 为起始状态
isvisible()	返回当前 turtle 是否可见
stamp( )	复制当前图形

1. turtle.pensize() 函数用来设置画笔尺寸（即小海龟的腰围）

```
turtle.pensize(width) 或 turtle.width()
```

作用：设置画笔宽度，当无参数输入时返回当前画笔宽度参数说明：

width：设置的画笔线条宽度，如果为None或者为空，函数则返回当前画笔宽度。

2. turtle.pencolor() 函数给画笔设置颜色

```
turtle.pencolor(colorstring) 或 turtle.pencolor((r,g,b))
```

作用：设置画笔颜色，当无参数输入时返回当前画笔颜色。

参数说明：

colorstring：表示颜色的字符串，例如，"purple"、"red"、"blue"等。

(r,g,b): 对应RGB的颜色数值，例如，1、0.65、0。

3. turtle.fillcolor() 函数给图形设置填充颜色

```
turtle.fillcolor(colorstring) 或 turtle.fillcolor((r,g,b))
```

作用：设置图形填充色，当无参数输入时返回当前画笔颜色。

参数说明：同turtle.pencolor()

4. turtle.color() 函数给图形设置填充颜色

```
turtle.color(color1,color2) 或 turtle.color(color)
```

作用：同时设置画笔颜色和图形的填充颜色。等价于turtle.pencolor(color1)；turtle.fillcolor(color2)两条语句的功能。turtle.color(color)表明画笔和填充色一致。

参数说明：color1是画笔颜色，color2是图形的填充颜色。

5. turtle.colormode(mode)

mode=1，颜色用0～1的小数表示，默认。

mode=255，颜色用0～255的整数表示。

一些常用的颜色见表8-2。

表 8-2 常用的颜色

英 文 名 称	RGB 整数值	RGB 小数值	中 文 名 称
white	255,255,255,	1,1,1	白色
yellow	255,255,0	1,1,0	黄色
magenta	255,0,255	1,0,1	洋红
cyan	0,255,255	0,1,1	青色
blue	0,0,255	0,0,1	蓝色
black	0,0,0	0,0,0	黑色
seashell	255,245,238	1,0.96,0.93	海贝色
gold	255,215,0	1,0.84,0	金色
pink	255,192,203	1,0.75,0.80	粉红色
brown	165,42,42	0.65,0.16,0.16	棕色
purple	160,32,240	0.63,0.13,0.94	紫色
tomato	255,99,71	1,0.39,0.28	番茄色

6. turtle.begin_fill() 和 turtle.end_fill() 都成对出现

作用：期间的语句将构成图形，然后用fillcolor()指示的颜色来填充图形区域。

四、画笔运动函数

画笔运动函数及说明见表8-3，动作的方向示意图如图8-2所示。

表 8-3　画笔运动函数及说明

命　令	说　明
setheading(angle),seth()	设置当前朝向为 angle 角度
forward(distance),fd()	向当前画笔方向移动 distance 像素长度
backward(distance),bk()	向当前画笔相反方向移动 distance 像素长度
right(degree),rt()	顺时针移动 degree〔单位（°）〕
left(degree),lt()	逆时针移动 degree〔单位（°）〕
penup( ),pu(),up()	飞行，提起笔移动，不绘制图形
pendown( ),pd(),down()	落笔，移动时绘制图形
goto(x,y)	将画笔移动到坐标为 (x,y) 的位置
circle(r,angle)	画圆，半径为正（负），表示圆心在画笔的左边（右边）画圆
setx( )	将当前 x 轴移动到指定位置
sety( )	将当前 y 轴移动到指定位置
home()	设置当前画笔位置为原点，朝向东
dot(r)	绘制一个指定直径和颜色的圆点
speed(s)	设置画笔的绘制速度
undo()	撤销画笔最后一步的动作
turtle.write(s[,font=("font-name",font_size,"font_type")])	写文本，s 为文本内容，font 是字体的参数，分别为字体名称，大小和类型；font 可选

海龟坐标

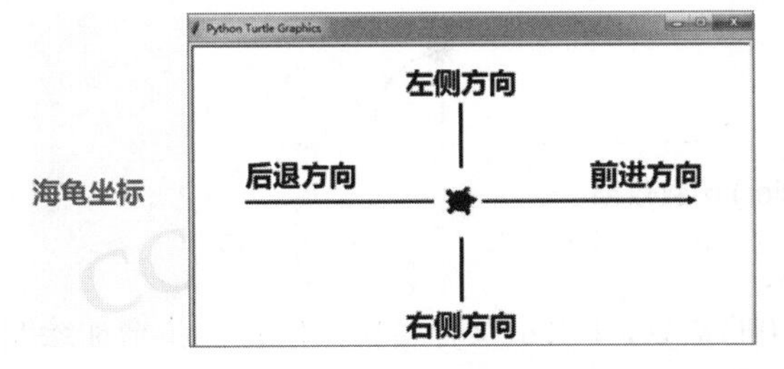

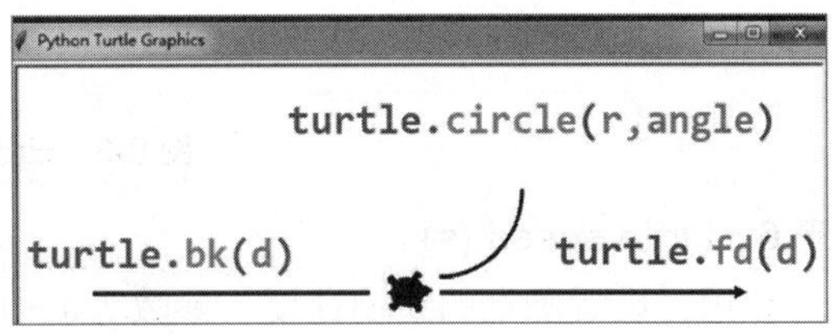

图 8-2　画笔动作方向示意图

1. turtle.penup() 或 turtle.pu(), turtle.up()

作用：抬起画笔，移动画笔不绘制形状。

参数说明：无

2. turtle.pendown() 或 turtle.pd(), turtle.down()

作用：落下画笔，移动画笔将绘制形状。

参数说明：无

3. turtle.seth() 函数用来改变画笔绘制方向

```
turtle.seth(to_angle) 或 turtle.setheading(to_angle)
```

作用：设置小海龟当前行进方向为to_angle，该角度是绝对方向角度值。

参数说明：

to_angle：角度的整数值。

4. turtle.fd(distance) 或 turtle.forward(distance)

turtle.fd()函数最常用，它控制画笔向当前行进方向前进一个距离。

作用：向小海龟当前行进方向前进distance距离。

参数说明：

distance：行进距离的像素值，当值为负数时，表示向相反方向前进。

5. turtle.circle() 函数用来绘制一个弧形

```
turtle.circle(radius, extent=None,steps=n)
```

作用：根据半径radius绘制extent角度的弧形。有steps=n时，绘制内接n边形。

参数说明：

radius：弧形半径，当值为正数时，半径在小海龟左侧（逆时针，向上，画圆），当值为负数时，半径在小海龟右侧（顺时针，向下，画圆）。

extent：绘制弧形的角度，当不给该参数或参数为None时，绘制整个圆形。

steps=n：绘制内接n边形。

cirde()函数效果如图8-3所示。

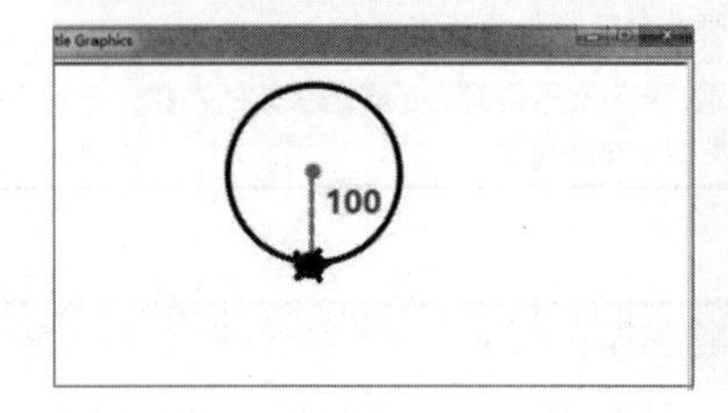

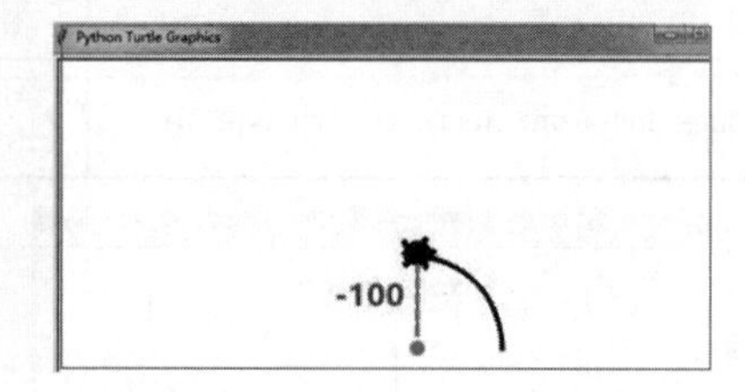

图 8-3 circle() 函数效果

6. turtle.speed (s)

作用：设置画笔的绘制速度，参数为0～10的整数，0表示没有动作，1~10逐步增加绘制速度，超过10等同于参数为零。

参数说明：

S：速度的设定值，0～10的整数。

8.2 习 题

一、单选题

1. turtle.setheading(30)表示该点（ ）。

   A. 右前上方 30° B. 右前下方 30° C. 左前上方 30° D. 左前下方 30°

2. 画笔抬起的函数是（ ）。

   A. penup() B. pendown() C. pentop() D. pensize()

3. 画笔落下的函数是（ ）。

   A. penup() B. pendown() C. pentop() D. pensize()

4. 画笔前进函数forward()内的距离参数单位是（　　）。
   A. 厘米　　B. 毫米　　C. 英寸　　D. 像素
5. 画笔宽度设置函数是（　　）。
   A. penup()　　B. pensize()　　C. setup()　　D. pencolor()
6. turtle.left(30)表示相对当前方向（　　）。
   A. 逆时针改变 30°　　B. 逆时针改变 60°
   C. 顺时针改变 30°　　D. 顺时针改变 60°
7. turtle.fillcolor(colorstring)表示（　　）。
   A. 绘制图形的边框颜色　　B. 画布颜色
   C. 画笔颜色　　D. 绘制图形的填充颜色
8. turtle.color(color1，color2)中的color1表示（　　）。
   A. 画布颜色　　B. 文字颜色　　C. 填充颜色　　D. 画笔颜色
9. turtle.color(color1，color2)中的color2表示（　　）。
   A. 画布颜色　　B. 文字颜色　　C. 填充颜色　　D. 画笔颜色
10. 导入模块的方式错误的是（　　）。
   A. import mo　　B. from mo import *
   C. import mo as m　　D. import m from mo
11. 以下选项能改变 turtle 画笔的颜色是（　　）。
   A. turtle.colormode()　　B. turtle.setup()
   C. turtle.pd()　　D. turtle.pencolor()
12. 以下关于turtle库的描述，正确的是（　　）。
   A. 在 import turtle 之后就可以用 circle() 语句，来画一个圆圈
   B. 要用 from turtle import turtle 来导入所有的库函数
   C. home() 函数设置当前画笔位置到原点，朝向东
   D. seth(x) 是 setheading(x) 函数的别名，让画笔向前移动 x
13. 以下选项中，不是Python中用于开发用户界面的第三方库是（　　）。
   A. PyQt　　B. wxPython　　C. pygtk　　D. turtle

二、填空题

1. 画圆的命令是________。
2. 画布尺寸设置函数是________。
3. 画笔抬起函数是________。
4. 画笔尺寸设置函数是________。
5. 画笔前进函数是________。
6. 绝对角度设置函数是________。
7. 画布的角度坐标系以________为原点。
8. 画布内部的距离单位是________。
9. 隐藏画笔形状的turtle函数是________。
10. 显示画笔形状的turtle函数是________。

三、编程题

1. 用turtle绘制一个正六边形，画笔宽4像素，画笔颜色蓝色，下方用15号字写“正六边形”，结果如图8-4所示。

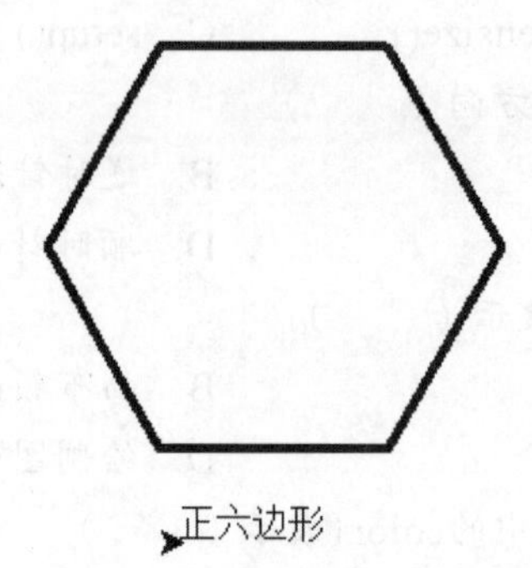

图 8-4　编程题 1 运行结果

2. 用turtle绘制一个方形螺旋，画笔宽4像素，画笔颜色蓝色，下方用10号字写“方形螺旋”，结果如图8-5所示。

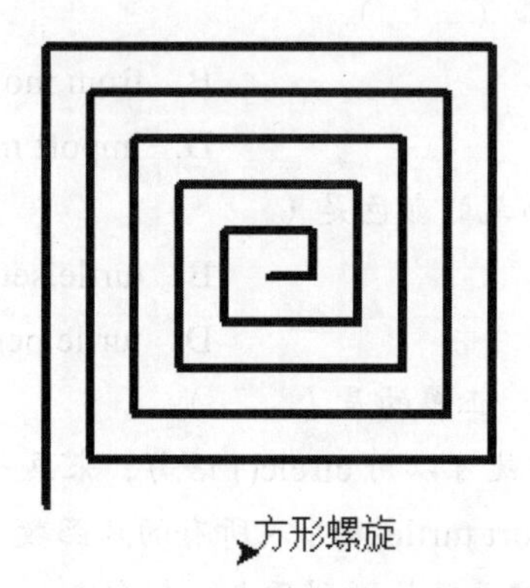

图 8-5　编程题 2 运行结果

3. 用turtle绘制一个圆形螺旋，画笔宽4像素，画笔颜色红色，下方用10号字写“圆形螺旋”，结果如图8-6所示。

图 8-6　编程题 3 运行结果

4. 用turtle绘制旋转的正方形，画笔宽度4像素，画笔颜色红色，结果如图8-7所示。

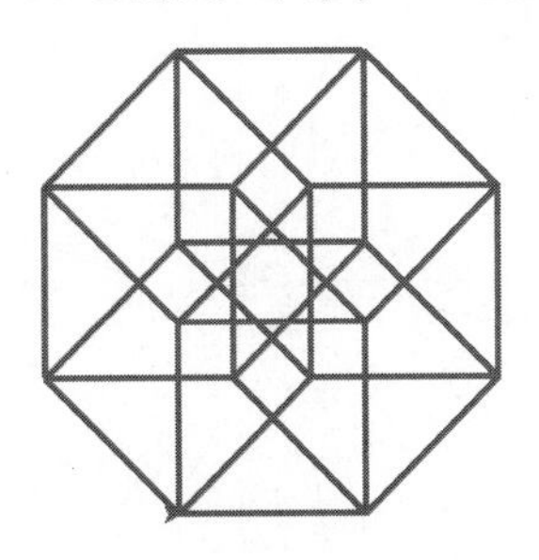

图 8-7　编程题 4 运行结果

5. 用turtle绘制4个圆形螺旋，颜色分别为红、绿、黄、蓝，画笔宽2像素，结果如图8-8所示。

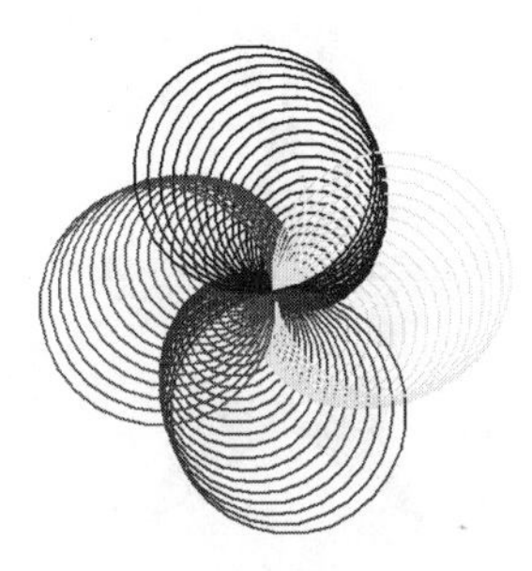

图 8-8　编程题 5 运行结果

6. 用turtle绘制一个三角形，画笔宽5像素，画笔颜色红色，用黄色填充，下方用蓝色，15号字体写文字三角形，结果如图8-9所示。

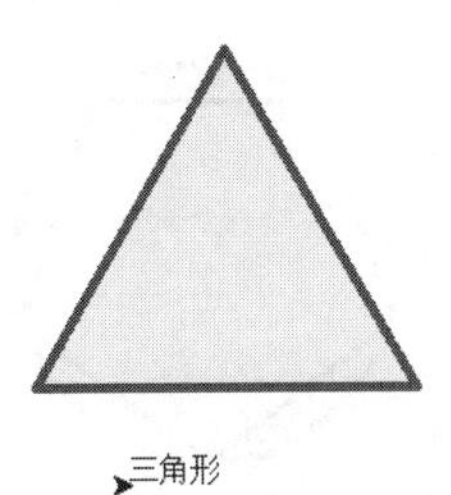

图 8-9　编程题 6 运行结果

7. 用turtle绘制一个五角星，画笔宽度5像素，画笔颜色黄色，用红色填充，下方用紫色，20号字体写Done，结果如图8-10所示。

图 8-10　编程题 7 运行结果

8. 用turtle绘制一个太阳花，画笔颜色红色，用黄色填充，结果如图8-11所示。

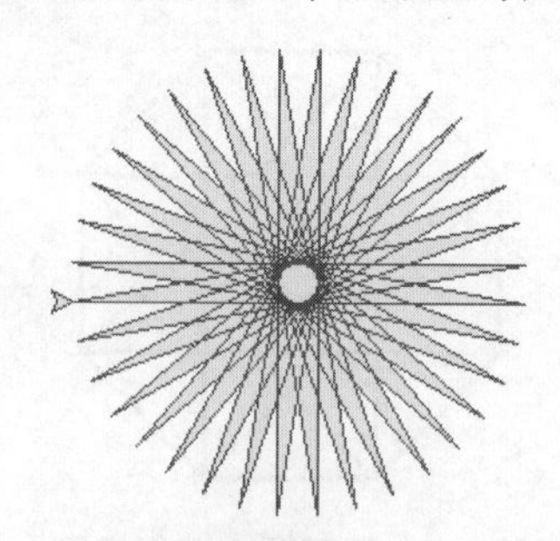

图 8-11 编程题 8 运行结果

9. 用turtle绘制空心五角星，画笔宽度8像素，画笔颜色黄色，用红色填充，结果如图8-12所示。

图 8-12 编程题 9 运行结果

10. 用2像素的画笔画一个半径为50像素的红色圆，内接一个蓝色五角形，结果如图8-13所示。

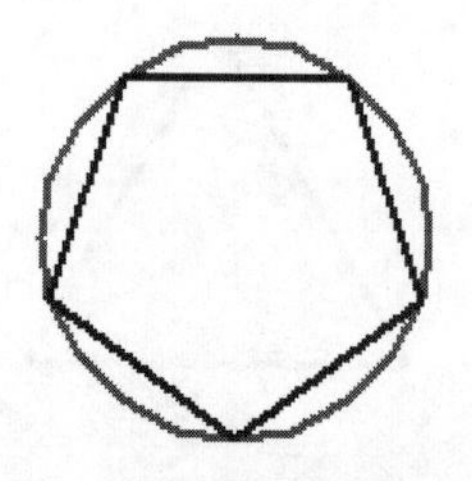

图 8-13 编程题 10 运行结果

11. 绘制一个边长为50像素的灰色正六边形，再用circle()绘制半径为30像素的实心黄色圆内接正三边形，结果如图8-14所示。

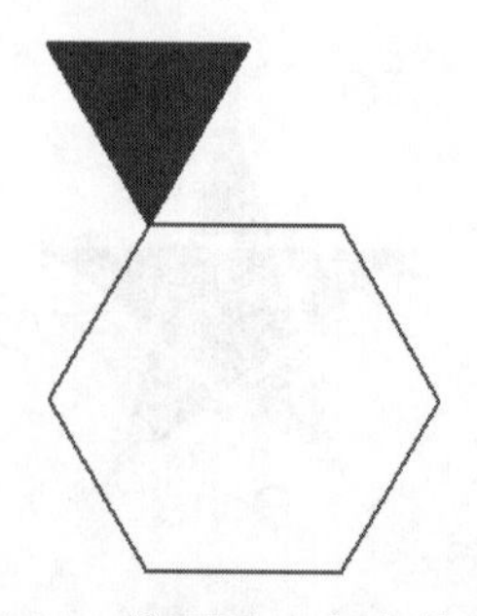

图 8-14 编程题 11 运行结果

第9章 Python的第三方库

9.1 知识点梳理

一、第三方库的获取和安装

第三方库jieba库以及wordcloud库，安装方法有两种。

（1）安装包模式安装。

在Windows系统环境下，从对应的jieba和wordcloud库的官方网站下载安装包，自动安装即可。

（2）在线安装：通过pip3语句进行安装。

```
pip3 install +'对应第三方库的名字'
```

有时在线镜像源安装可能会较缓慢，可以采用清华大学镜像源，安装语句如下：

```
pip3 install +'第三方库的名字'- i +'清华大学镜像源'
```

•清华：https://pypi.tuna.tsinghua.edu.cn/simple

•阿里云：https://mirrors.aliyun.com/pypi/simple/

•中国科技大学 https://pypi.mirrors.ustc.edu.cn/simple/

•华中理工大学：http://pypi.hustunique.com/

•山东理工大学：http://pypi.sdutlinux.org/

•豆瓣：http://pypi.douban.com/simple/

二、jieba 库及其使用

本章主要介绍的jieba库是一个第三方中文分词主要功能：利用一个中文词库确定汉字之间的关联概率，汉字间概率大的组成词组，形成分词结果。

通过命令行下运行一下命令进行安装。

```
pip3 install jieba
```

通过该命令完成jieba库的安装。

```
jieba.lcut(sentence,cut_all=true)
```

全模式，返回语句sentence中所有可以成词的词语，速度非常快，但是不能解决歧义。

```
jieba.lcut(sentence)
```

精确模式，试图将语句sentence最精确地切开，适合文本分析。

```
jieba.lcut_for_search(sentence)
```

搜索引擎模式，在精确模式的基础上，对长词再次切分，提高召回率，适合用于搜索引擎分词。jieba库常用方法见表9-1。

表 9-1 jieba 库常用方法

方 法	含 义
jieba.lcut(sentence)	精确模式，将语句划分开，返回值为列表类型
jieba.lcut(sentence,cut_all=true)	全模式，输出文本 sentence 中所有可能单词，返回值为列表类型
jieba.lcut_for_search(sentence)	搜索引擎模式，适合搜索引擎建立索引的分词结果，返回值为列表类型
jieba.cut(sentence)	精确模式，将语句划分开，返回值为可迭代的数据类型
jieba.cut(sentence,cut_all=true)	全模式，输出文本 sentence 中所有可能单词，返回值为可迭代的数据类型
jieba.cut_for_search(sentence)	搜索引擎模式，建立适合搜索引擎检索的分词结果，返回值为可迭代的数据类型
jieba.add_word(sentence)	向分词词典中添加新词

三、wordcloud 库及其使用

worcloud库是一个优秀的词云展示第三方库。安装方法有两种方法。

第一种方法如下：

Wheel是Python的一种包格式，它是一种预编译的二进制包格式，将Python源码打包成一个轮子（Wheel），可以被其他用户直接安装，而无须重新编译。使用Wheel直接下载预编译好的二进制包进行安装，不需要再手动编译源代码。

1. 安装 wheel

```
pip3 install wheel
```

2. 安装 wordcloud

（1）查看对应whl版本。

```
pip3 debug ——verbose
```

笔者的版本如图所示。

```
cp311-cp311-win_amd64
```

（2）下载对应的wordcloud版本。

```
woedcloid-1.8.1-cp311-cp311-win_amd64.whl
```

（3）安装wordcloud。

安装“对应的wordcloud下载路径”。

```
pin3 install D:/wordcloud-1.8.1-cp311-cp311-win_amd64.whl
```

（4）安装成功。

```
Installing collected packages: wordcloud
Successfully installed wordcloud-1.8.1
```

第二种方法如下：

使用pip3 install - i + “清华大学镜像源”。

```
pip3 install -i https://pypi.tuna.tsinghua.edu.cn/simple wordcloud
```

wordcloud库常用方法见表9-2。

表 9-2　wordcloud 库常用方法

时间控制格式符	含　义
w=wordcloud.WordCloud(width,height,min_font.size,max_font.size,font_step,font_path,max_words,stopwords,mask,background_color)	width 指定词云对象生成图片的宽度，默认值 400
	height 指定词云对象生成图片的高度，默认值 200
	min_font.size 指定词云对象字体的最小值，默认值 4 号
	font_step 指定词云对象字体间隔，默认值 1
	font_path 指定词云对象字体文件的路径，默认值 None
	max_words 指定词云对象最大单词数量，默认值 200
	mask 指定词云对象形状，默认长方形
	background_color 指定词云对象的背景颜色，默认黑色
w.generate(txt)	向 WordCloud 对象 w 中加载文本内容
w.to_file(filename)	将词云对象输出为图片格式，.png,.jpg

四、Python 程序打包

本章主要介绍如何将Python程序打包成exe文件。exe文件英文名是executable file，即可执行文件，这里的可执行文件指的是扩展名为.exe的文件。Python程序的运行必须要有Python的环境，如果是给他人用，而他人又没有Python程序运行的环境，这时可以将Python程序打包为exe可执行文件。

步骤如下：

1．安装Pyinstaller

```
pip install Pyinstaller
```

2．切换至需要打包的文件路径

cd +'需要打包的文件路径'。

```
C: \Users\Think>cd C:\Users\Think\Desktop\22-23-2\python 教材
```

3．执行打包程序

```
C: \Users\Think\Desktop\22-23-2\python 教材 >Pyinstaller -F -w wordcloudl.py
```

打包成功结果如图9-1所示。

```
54217 INFO: Appending PKG archive to EXE
54246 INFO: Fixing EXE headers
54455 INFO: Building EXE from EXE-00.toc completed successfully.
```

图 9-1　打包成功结果

4．切换至需要打包的文件路径下找到dist文件夹并打开，可以看到打包的exe可执行文件，结果如图9-2所示。

电脑 › 桌面 › 22-23-2 › python教材 › dist

名称

wordcloud1.exe

图 9-2　exe 可执行文件

9.2 习　题

一、选择题

1. jieba.cut(sentence，cut_all=True)表示jieba库的哪种模式（　　）。

A. 全模式　　B. 精确模式　　C. 搜索引擎模式　　D. 默认模式

2. Python中文分词第三方库是（　　）。

A. jieba　　B. wordcloud　　C. time　　D. os

3. Python词云展示第三方库是（　　）。

A. jieba　　B. wordcloud　　C. time　　D. os

4. 用于安装 Python 第三方库的工具是（　　）。

A. jieba　　B. yum　　C. loso　　D. pip

5. Python机器学习方向的第三方库是（　　）。

A. PIL　　B. PyQt5　　C. TensorFlow　　D. random

6. 关于jieba库的描述，以下选项中错误的是（　　）。

A. jieba.cut(s) 是精确模式，返回一个可迭代的数据类型

B. jieba.lcut(s) 是精确模式，返回列表类型

C. jieba.add_word(s) 是向分词词典里增加新词 s

D. jieba 是 Python 中一个重要的标准函数库

7. 以下关于 Python 内置库、标准库和第三方库的描述，正确的是（　　）。

A. 第三方库需要单独安装才能使用

B. 内置库里的函数不需要 import 就可以调用

C. 第三方库有三种安装方式，最常用的是 pip 工具

D. 标准库跟第三方库发布方法不一样，是跟 Python 安装包一起发布的

8. 下面哪个选项是使用 PyInstaller 库对 Python 源文件打包的基本使用方法？（　　）

A. pip –h

B. pip install < 拟安装库名 >

C. pip download < 拟下载库名 >

D. pyinstaller 需要在命令行运行 :>pyinstaller <Python 源程序文件名 >

9. 以下生成词云的 Python 第三方库的是（　　）。

A. Csvkit　　B. Pydub　　C. Moviepy　　D. wordcloud

10. 用Pyinstall工具把Python源文件打包成一个独立的可执行文件，使用的参数是（　　）。

A. −D.　　B. −L　　C. −I　　D. −F

11. 假设单词保存在word中，使用一个字典类型counts={ }，统计单词出现的次数可采用（　　）。

A. counts[word]= count[word]+1　　B. counts[word]=1

C. counts[word]=count.get(word,0)+1　　D. counts[word]=count.get(word,1)+1

二、填空题

1. jieba.cut(s)是精确模式，返回一个________的数据类型。
2. jieba.lcut(s)是精确模式，返回________类型。
3. jieba.add_word(s)功能是________。
4. wordcloud库的功能是用于________。
5. Pyinstall的作用是________。
6. 使用pip工具查看当前已经安装的Python扩展库的完整命令是________。
7. Python 安装扩展库常用的工具是________。
8. Python中将源程序打包成可执行文件的完整命令是________。
9. 打包完成后，可执行文件将位于________文件夹中。
10. wordcloud.WordCloud()作用是________。
11. Python中用于中文分词的第三方库是________。

三、判断题（正确打√，错误打 ×）

1. wordcloud库可以生成基于文本频率的视觉图像。 (　　)
2. wordcloud库中的generate()方法用于从文本生成词云。 (　　)
3. wordcloud库支持自定义背景图像。 (　　)
4. wordcloud库不支持从文件读取文本数据。 (　　)
5. wordcloud库中的to_file()方法用于将生成的词云保存到文件。 (　　)
6. jieba库中的cut()方法用于将句子进行分词。 (　　)
7. jieba库支持使用自定义词典来改善分词效果。 (　　)
8. jieba库中的lcut()方法返回一个包含分词结果的列表。 (　　)
9. jieba库可以通过add_word()方法添加新词到默认词典中。 (　　)
10. jieba库中的lcut_for_search()方法是专门用于搜索引擎的分词方法。 (　　)

四、编程题

1. 使用jieba库对一段中文文本进行分词，并统计每个词出现的次数，按照词频从高到低排序输出。
2. 使用wordcloud库生成一段文本的词云。
3. 编写一个程序，统计“水浒传.txt”中出现频率最高的二十个英雄人物及出现次数。
4. 编写程序使用jieba对一个字符串进行分词，然后统计长度最长的词。
5. 编写程序使用jieba对一段长文本进行分词，并统计每个词出现的次数。
6. 编写一个程序，生成一个词云，显示指定颜色范围内的词汇。
7. 编写一个程序，生成一个词云，显示指定形状的词汇。
8. 社交媒体数据分析与可视化。

随着社交媒体的普及，人们在各种平台上分享了大量的文本信息。通过对这些文本数据进行分析，可以挖掘出很多有价值的信息，如热点话题、用户情感倾向等。为了帮助一家社交媒体分析公司了解用户对某个热门话题的讨论情况，需要使用Python编程对用户提供的一组关于该话题的社交媒体帖子数据进行分析，并生成词云图以直观展示热点词汇。

9. 利用jieba库和wordcloud库生成《水浒传》的词云内容。
10. 利用wordcloud库生成*I Have A Dream*英文文章的词云内容。

第10章 数据工程与可视化

10.1 知识点梳理

一、网络爬虫

Python爬虫常用的库之一是Requests，它用于发送HTTP请求，如GET或POST等。Requests简单易用，可以处理各种请求类型和响应数据，包括JSON、XML等。另一个常用库是BeautifulSoup（通常简称为bs4），它用于解析HTML或XML文档，提取数据，非常适合网页数据的抓取和解析。

1. Requests 库

Requests库是一个非常简洁且简单的处理HTTP请求的第三方库，其最大优点是程序编写过程接近URL访问过程。Requests库支持非常丰富的链接访问功能，包括国际域名和URL获取、HTTP长连接和连接缓存，HTTP会话和cookie保持，浏览器使用风格的SSL验证、基本的摘要认证、有效的键值对cookie记录、自动解压缩、自动内容解码、文件分块上传、HTTP（S）代理功能、连接超时处理和流数据下载等。

2. BeautifulSoup4 库

BeautifulSoup4库，也称为Beautiful Soup库或bs4库，用于解析和处理HTML 和XML。它的最大优点是能根据 HTML和XML语法建立解析树，进而高效解析其中的内容。

HTML建立的Web页面一般非常复杂，除了有用的内容信息外，还包括大量用于页面格式的元素，直接解析一个Web网页需要深入了解HTML 语法，而且比较复杂。BeautifulSoup4 库将专业的Web页面格式解析部分封装成函数，提供了若干有用且便捷的处理函数。

BeautifulSoup4库采用面向对象思想实现，简单地说，它把每个页面当作一个对象，通过<a>.<b>的方式调用对象的属性（即包含的内容），或者通过<a>.<b>()的方式调用方法。

在使用BeautifulSoup4库之前，需要进行引用，由于这个库的名字非常特殊且采用面向对象方式组织，可以用from...import方式从库中直接引用BeautifulSoup类。

BeautifulSoup支持的HTML解析器有四种，Python标准库、lxml HTML解析器、lxml XML解析器和html5lib解析器，常用的是lxml HTML解析器。

BeautifulSoup4库中最主要的是BeautifulSoup类，每个实例化的对象相当于一个页面，导入BeautifulSoup类后，使用BeautifulSoup()创建一个BeautifulSoup对象。

二、科学计算 numpy

Numpy（numerical python）是Python中用于科学计算的一个开源库。它提供了高效的多维数组对象以及用于处理这些数组的各种工具。Numpy是许多其他Python科学计算库的基础，包括科学计算、数据分析和机器学习等领域常用的Pandas和Scikit-learn。

Numpy的主要功能之一是它的ndarray（N-dimensional array）对象，它是一个多维数组，支持高效的数组操作和运算。与Python内置的列表（list）相比，Numpy的数组提供了更高的性能和更灵活的操作方式。

除了ndarray对象外，Numpy还提供了一些常用的数学函数，如线性代数运算、傅里叶变换、随机数生成等。它还具有广播（broadcasting）功能，使得不同形状的数组可以进行按元素的运算，极大地简化了数据处理的代码编写。

使用Numpy，我们可以更方便地进行向量化计算，大大提高了计算效率。同时，Numpy还与许多科学计算相关的库紧密结合，为用户提供了丰富的科学计算工具和函数。无论是处理大规模数据、进行复杂的数值计算，还是进行数据分析和建模，Numpy都是Python中不可或缺的工具之一。

三、可视化 Matplotlib

Matplotlib是一个优秀的Python数据可视化库，用于创建各种静态、动态、交互式和嵌入式图表。它广泛用于数据科学、统计学、金融、工程和其他领域。Matplotlib提供了广泛的图表类型，例如，线图、散点图、饼图、条形图、直方图、热力图和等高线图等。它还具有强大的自定义功能，可以让用户轻松控制图表的各个方面，例如，标签、注释、颜色、字体和图例等。Matplotlib还可以与其他Python工具和库集成。例如，它可以与Numpy、Pandas、SciPy和Seaborn等库结合使用，以更高效地处理和可视化数据。

四、Pandas

Pandas（python data analysis library）是基于Numpy的数据分析模块，它提供了大量标准数据模型和高效操作大型数据集所需的工具。可以说Pandas是使得Python能够成为高效且强大的数据分析环境的重要因素之一。

Pandas 的主要数据结构是 Series（一维数据）与 DataFrame（二维数据），这两种数据结构足以处理金融、统计、社会科学、工程等领域里的大多数典型用例。

10.2 习　题

一、单选题

1. 在Python中常用于数据爬取的模块是（　　）。

A. PyQuery　　B. requests　　C. json　　D. re

2. 若要通过HTTP请求获取网页内容，一般使用（　　）HTTP()方法。

A. GET　　B. POST　　C. DELETE　　D. PUT

3. 下列（　　）工具可用于解析HTML文档。

A. numpy　　B. BeautifulSoup　　C. pandas　　D. matplotlib

4. 使用requests库进行网络请求时，（　　）属性用于访问响应的文本内容。

A. .json　　B. .content　　C. .text　　D. .status_code

5. 常用的反爬虫策略包括（　　）。

A. IP 屏蔽　　B. User-Agent 检查　　C. 验证码验证　　D. 所有选项都正确

6. 在Python中，用于编写正则表达式的模块是（　　）。

A. beautifulsoup　　B. regex　　C. re　　D. scrapy

7. 下面（　　）选项是numpy库中用于创建等间距数值数组的函数。

A. arange　　B. array　　C. apace　　D. linspace

8. 在numpy中，下列（　　）函数可以用来计算数组的平均值。

A. median()　　B. mean()　　C. mode()　　D. average()

9. 使用numpy创建一个2×2的单位矩阵，应该使用（　　）函数。

A. np.zeros()　　B. np.ones()　　C. np.eye()　　D. np.array()

10. 关于numpy数组的维度，下面描述正确的是（　　）

A. 使用 .shape() 查看数组的维度　　B. 一维数组没有维度

C. 仅二维数组具有维度　　D. 维度被称为轴

11. 在numpy中，下面（　　）选项可以用于数组的元素级乘法。

A. np.multiply()　　B. np.dot()　　C. *　　D. 所有以上

12. 在pandas中，将DataFrame转换为NumPy数组的函数是（　　）。

A. to_array()　　B. to_numpy()　　C. as_matrix()　　D. to_list()

13. 列（　　）方法可以删除DataFrame中的重复行。

A. drop_duplicates()　　B. remove_duplicates()

C. delete_duplicates()　　D. cut_duplicates()

14. 在pandas中，（　　）函数可以用来读取CSV文件。

A. read_csv()　　B. load_csv()　　C. open_csv()　　D. import_csv()

15. 以下（　　）选项不是pandas的数据结构。

A. Series　　B. DataFrame　　C. DataMatrix　　D. Panel

16. 在pandas中，（　　）实现数据的合并。

A. merge()　　B. join()　　C. concatenate()　　D. 所有选项都是

17. pandas中，（　　）函数可以用于数据的分组操作。

A. group()　　B. groupby()　　C. group_all()　　D. group_set()

18. 以下（　　）库用于在Python中进行数据可视化。

A. NumPy　　B. Pandas　　C. Matplotlib　　D. SciPy

19. 在Matplotlib中，（　　）函数用于创建新的图表。

A. plt.plot()　　B. plt.figure()　　C. plt.show()　　D. plt.data()

20. 在Matplotlib中，（　　）函数可以用来显示图表。

A. plt.show()　　B. show()　　C. plot.show()　　D. display()

21. （　　）设置Matplotlib图表的标题。

A. plt.title('标题')　　B. plt.set_title('标题')

C. plt.name('标题')　　D. plt.label('标题')

22. 在Matplotlib中，(　　)参数用于改变线条的颜色。
　　A. style　　B. linecolor　　C. color　　D. linestyle

二、填空题

1. 为了模仿浏览器的行为，我们通常在HTTP请求中设置________头部。
2. 为了解决爬虫被封禁的问题，可以使用________提供代理服务。
3. Requests库发送HTTP请求后返回的对象类型是________。
4. 通常情况下，爬虫程序需要遵守网站的________文件定义的抓取规则。
5. 使用Numpy创建一个长度为5，所有元素都是0的一维数组的函数是________(5)。
6. 要获取Numpy数组的形状，我们可以使用________属性。
7. Numpy中，将两个数组按元素求和的函数是________。
8. 创建一个所有元素都是1的3x3矩阵的Numpy()函数是________((3, 3))。
9. 要计算Numpy数组中所有元素的标准差，可以使用________() 函数。
10. 使用Pandas读取Excel文件的函数是________。
11. 若要将DataFrame中的缺失值全部填充为0，可以使用________方法。
12. 在Pandas中，将DataFrame按某列的值进行排序，应使用________方法。
13. 为了选取DataFrame中的一列数据，可以使用的语法是________。
14. 如果要将两个DataFrame进行横向合并，最常用的函数是________。
15. 在Matplotlib中，使用________函数可以创建一条简单的折线图。
16. 若要将Matplotlib图表保存为PNG文件，应使用________函数。
17. 在使用Matplotlib绘制图表时，通过设置________参数可以调整图表的透明度。
18. Matplotlib的函数________用于设置图表的X轴标签。
19. 使用________函数可以在Matplotlib图表中添加图例。

三、判断题(正确打√，错误打 ×)

1. 使用Python的Requests库时，可以不设置Headers直接发送请求。　(　　)
2. User-Agent头部的值必须来自真实浏览器，否则无法通过验证。　(　　)
3. 如果HTTP响应的状态码为200，则表示请求失败。　(　　)
4. 通常情况下，Python中的爬虫需要处理不同类型的异常情况。　(　　)
5. 使用代理可以完全避免爬虫被检测到。　(　　)
6. 在Numpy中，np.arange(5) 的结果包括数字5。　(　　)
7. 使用Numpy的 np.dot() 函数可以执行矩阵乘法。　(　　)
8. np.linspace(0, 10, 5) 会生成一个包含0和10的数组。　(　　)
9. Numpy数组的切片操作会返回原数组的副本。　(　　)
10. 在Numpy中，np.max()函数可以用来找出数组中的最大值。　(　　)
11. 在Pandas中，read_html()函数可以用来读取在线HTML表格。　(　　)
12. DataFrame是Pandas中的基础数据结构，用于处理一维数据。　(　　)
13. 使用pd.to_datetime()可以将字符串转换成日期类型。　(　　)
14. 在Pandas中，crosstab()函数用于创建交叉表来查看数据的频率。　(　　)
15. Series数据结构只能存储整数类型的数据。　(　　)
16. Pandas无法处理来自不同数据源的数据。　(　　)

17. DataFrame的iloc()方法是基于标签的索引。 ( )
18. Matplotlib能够支持3D图形绘制。 ( )
19. 在Matplotlib中，plt.plot()函数默认情况下绘制的是条形图。 ( )
20. plt.figure()函数用于设置图表的大小。 ( )
21. 在Matplotlib中，无法同时在一个图表中绘制多条线。 ( )
22. 使用plt.xlabel()和plt.ylabel()可以分别设置图表的*x*轴和*y*轴标题。 ( )

第11章 高级应用

11.1 知识点梳理

Python是一种高级编程语言，被广泛应用于各个领域。它具有简单易学的语法、强大的功能和丰富的库，使得开发人员能够快速开发高效的应用程序。本章节从四个方面（机器学习、用户图形界面、Web开发和游戏开发）介绍Python的高级应用，共计介绍了19个Python高级应用库。

一、机器学习

机器学习是一种人工智能领域的分支，旨在设计和开发能够从经验中自动学习和改进的计算机算法。通常，机器学习算法可以分为监督学习、无监督学习、半监督学习和强化学习等不同类型，每种类型都有其独特的应用场景和优点。

scikit-learn提供了许多常用的机器学习算法和工具，以及数据预处理和模型评估等功能。在scikit-learn中实现了许多机器学习模型，包括线性回归、逻辑回归、决策树、随机森林、支持向量机、K近邻和聚类等。它还包括了各种各样的数据变换和特征选择工具。

TensorFlow的一个重要应用是深度学习模型的构建和训练。它支持各种类型的神经网络模型，如卷积神经网络、循环神经网络等。它还提供了各种优化器和损失函数，使得用户能够轻松地训练高性能的深度学习模型。除了深度学习，TensorFlow还支持传统的机器学习算法，如支持向量机、K近邻、决策树等。

Theano是一种数值计算库，主要用于高效地定义、优化和运行数学表达式。它的设计理念是通过构建计算图来实现高效的数值计算，并提供了自动微分等功能来简化模型训练的过程。

PyTorch是一个基于Python的科学计算包，它主要用于构建深度学习模型。它提供了直观的API和灵活的设计，使得构建和训练深度学习模型变得更加简单和可扩展。PyTorch支持动态计算图，这意味着计算图可以根据需要即时构建和修改，从而提供更大的灵活性。

二、用户图形界面

用户图形界面（graphical user interface, GUI）是一种通过图形化方式来呈现计算机操作的界面。相比于传统的命令行界面（command line interface, CLI），GUI 更加直观、易于操作，使用户能够使用鼠标、键盘和其他输入设备进行交互。

PyQt5是一个基于Qt框架的Python绑定库，拥有超过620个类和近6 000个函数和方法，用于创建跨平台的图形用户界面应用程序。它提供了丰富的工具和组件，能够创建具有各种功能和样式的高度定制化的界面。

wxWidgets是一个使用C++编写的开源框架，可以在许多操作系统上构建原生外观的应用程序。wxPython的目标是提供一个简单而直观的界面，以便开发者可以使用Python快速构建应用程序而无须太多的编码。

wxPython是一个广泛使用的Python绑定库，用于使用wxWidgets框架创建图形用户界面应用程序。它结合了Python的简单性和wxWidgets的跨平台功能，为开发者提供了创建功能丰富且具有本地外观和感觉的应用程序的能力。

PyGTK是一个用于创建图形用户界面的Python绑定库，它基于GTK+工具包。GTK+（GIMP Toolkit）是一组用于创建跨平台GUI应用程序的库，它提供了丰富的GUI控件和功能，以及与其他Python库的集成能力。可以使用PyGTK创建窗口、按钮、标签、文本框等常见的GUI元素，并通过信号和回调来实现用户交互。

三、Web 开发

Web开发是指使用编程技术来创建和构建互联网上的网站和应用程序的过程。它涉及编写代码、设计用户界面、处理服务器和数据库等方面的工作，以实现用户与网站之间的交互和数据的处理。

Django是一个高级Python Web框架，采用了MVC（model-view-controller）架构的衍生模式，称为MTV（model-template-view）。这个模式将应用程序的数据模型（models）、处理数据逻辑的视图（views）和展示给用户的模板（templates）分离开来，使得业务逻辑和用户界面的开发更加清晰和模块化。

Pyramid是一个通用的、开源的Python Web框架，用于构建可扩展的Web应用程序。它提供了一组简单而强大的工具，使开发人员能够轻松构建高性能的Web应用程序。相比于Django，Pyramid是一个相对小巧、快速、灵活的开源Python Web框架。

Flask是一个轻量级的Python Web框架，它的目标是提供简洁而灵活的工具，帮助开发人员快速构建Web应用程序，相比于Django和Pyramid，它也被称为微框架。

四、游戏开发

Python具有简洁的语法和丰富的库支持，使得它成为快速原型设计和开发游戏的重要的支撑性语言。

Pygame是一个基于SDL库（simple directmedia layer）的Python模块，用于开发2D游戏和多媒体应用程序。Pygame允许开发者处理图形、音频、输入事件和碰撞检测等游戏开发中常见的任务。Pygame使用Python语言的特性，如简洁的语法和动态类型，使得开发者可以更轻松地迭代和调试代码。

Panda3D是一个开源的、跨平台的游戏引擎，主要用于开发3D游戏、应用和可视化项目。Panda3D提供了广泛而强大的功能，包括场景图形渲染、物理模拟、音频处理、碰撞检测等，使开发者能够创建生动逼真的虚拟环境。

cocos2d是一个流行的开源游戏开发框架，主要用于创建2D游戏和应用程序。cocos2d是基于场景图（scene graph）的游戏引擎，它提供了丰富的功能，包括精灵管理、碰撞检测、动画效果、粒子系统等。通过使用cocos2d，开发者可以快速构建各种类型的2D游戏，如平台游戏、射击游戏、益智游戏等。

五、其他第三方库

Python语言有几十万个第三方库，几乎覆盖信息技术所有领域。即使在每个细分方向，也会有大量的专业人员开发多个第三方库来给出具体设计。

PIL（python imaging library），是一个流行的图像处理库，用于处理和操作图像。它提供了各种功能，如加载、保存、编辑、转换和增强图像。在Python 3.x中，PIL并不完全兼容，因此Pillow项目应运而生。Pillow是PIL的一个分支，提供了对Python 3的支持。

SymPy是一个用于符号计算的Python库，用于解决数学问题和执行符号计算操作。它提供了符号变量的创建，以及执行代数运算、微积分、方程求解、数值计算等功能。

NLTK（natural language toolkit）是一个面向自然语言处理的Python库，提供了各种工具和数据集，用于处理和分析文本数据。它支持多种自然语言处理任务，如标记化、词性标注、词干化、语义分析、情感分析等。

WeRoBot是一个基于Python的微信机器人框架，用于开发和部署自定义的微信机器人。它提供了一套简单而强大的API，用于处理微信公众号的消息、事件和菜单等。

MyQR是一个用于生成和解析二维码的Python库，它提供了一种简单而灵活的方式来处理二维码相关的任务。使用MyQR来生成包含URL、文本、联系人信息、Wi-Fi设置等内容的二维码。

11.2 习　题

一、单选题

1. (　　) 库提供了用于深度学习模型构建和训练的高级API。

   A. TensorFlow　　B. Keras　　C. Scikit-learn　　D. NumPy

2. 在Python中，用于高效的数据挖掘和数据分析的机器学习库是（　　）。

   A. TensorFlow　　B. Keras　　C. Scikit-learn　　D. PyTorch

3. 为了在Python中实现快速实验，(　　) 深度学习框架提供了高级的API。

   A. TensorFlow　　B. Keras　　C. PyTorch　　D. Scikit-learn

4. 以下（　　）是不基于Python的机器学习库。

   A. TensorFlow　　B. Keras　　C. Scikit-learn　　D. Weka

5. 用于创建交互式和动画可视化的Python库是（　　）。

   A. Seaborn　　B. Matplotlib　　C. Bokeh　　D. Plotly

6. PyTorch和TensorFlow主要用于（　　）机器学习应用。

   A. 聚类分析　　B. 关联规则学习　　C. 深度学习　　D. 维度缩减

7. (　　) Python库用于创建跨平台的GUI应用程序。

   A. Tkinter　　B. Pygame　　C. Flask　　D. Django

8. 用于创建复杂GUI应用程序的Python框架是（　　）。

   A. wxPython　　B. PyGTK　　C. PyQt　　D. Kivy

9. 以下（ ）不是Python的GUI框架。

A. Tkinter　　B. Flask　　C. PyQt　　D. Kivy

10. （ ）是Python框架专门用于Web开发。

A. Django　　B. Flask　　C. PyTorch　　D. NumPy

11. （ ）Python库不是用于Web开发的。

A. Django　　B. Flask　　C. Bottle　　D. Pygame

12. （ ）是轻量级的Python Web框架，旨在快速开发简单而强大的Web应用。

A. Django　　B. Flask　　C. Pyramid　　D. TurboGears

13. 用于开发原生操作系统外观感的跨平台GUI应用程序的库是（ ）。

A. wxPython　　B. Flask　　C. Pygame　　D. PyQt

14. Flask和Django在Python中用于（ ）类型的开发。

A. 游戏开发　　B. 机器学习　　C. Web 开发　　D. 数据分析

15. （ ）Python库被广泛用于游戏开发。

A. Pygame　　B. Kivy　　C. Tkinter　　D. PyQt

16. 用于2D游戏开发的Python框架是（ ）。

A. Unity　　B. Pygame　　C. Unreal Engine　　D. Godot

二、填空题

1. ________是一个用于深度学习的开源框架，由Google团队开发，支持多种工具和库以构建和部署机器学习模型。

2. 在Python中，________提供了用于数据挖掘和数据分析的简单高效工具，它建立在NumPy和SciPy之上。

3. 用于可视化的Python库________允许用户创建静态、动画以及交互式图表，适用于各种数据分析需求。

4. ________是一个高级的神经网络API，能够在TensorFlow之上运行，旨在简化实验过程。

5. ________是Python的一个库，允许用户创建跨平台的桌面应用程序，它提供了许多GUI元素如按钮、菜单和文本框。

6. 用于创建高质量用户界面的Python框架________支持包括Windows、MacOS和Linux等多种平台。

7. 要开发复杂且美观的GUI应用，可以选择使用________，它提供了Qt库的Python接口。

8. ________是一个高级的Python Web框架，它遵循模型-视图-控制器（MVC）模式，适用于快速开发复杂的Web应用。

9. ________是一个轻量级的Web应用框架，它使得Web开发变得更加简单快速，非常适合小型项目和快速原型开发。

10. ________是一个流行的Python库，用于开发2D游戏，提供了图像、音频和视频等多媒体处理的功能。

11. ________是一个用于3D游戏开发的库，同时也支持2D，它提供了渲染、碰撞检测和动画等功能。

三、判断题（正确打√，错误打 ×）

1. NumPy主要用于高级图形绘制和数据可视化。 （ ）
2. Pandas不能处理类似SQL的关系数据查询。 （ ）
3. Scikit-learn支持GPU加速计算。 （ ）
4. TensorFlow和PyTorch都支持自动微分。 （ ）
5. Matplotlib无法创建交互式图表。 （ ）
6. Tkinter是Python标准库的一部分，用于GUI开发。 （ ）
7. PyQt不能用于商业产品的开发，除非获得了许可。 （ ）
8. Django是一个微框架，旨在快速开发简单的Web应用。 （ ）
9. Flask提供了内置的数据库抽象层和ORM。 （ ）
10. Pygame主要用于3D游戏开发。 （ ）
11. Keras只能与TensorFlow一起使用。 （ ）
12. PyTorch的设计哲学是“Python优先”。 （ ）
13. Panda3D主要用于数据分析。 （ ）

实验指导部分

Python 编程入门

实验 1-1 Python 的安装与配置

一、实验目的

1．构建计算机和手机上的Python学习环境。

2．构建计算机和手机上的Python运行环境。

3．学会使用Python编程环境。

二、实验环境

1．硬件需求：计算机。

2．软件需求：

计算机端：Python官网。

手机APP：Python编译器/ Qpython 3H /Python编程狮等。

三、实验任务和指导

1. 计算机端

1）下载 Python 安装包

第一步：打开官网，如图1-1-1所示。

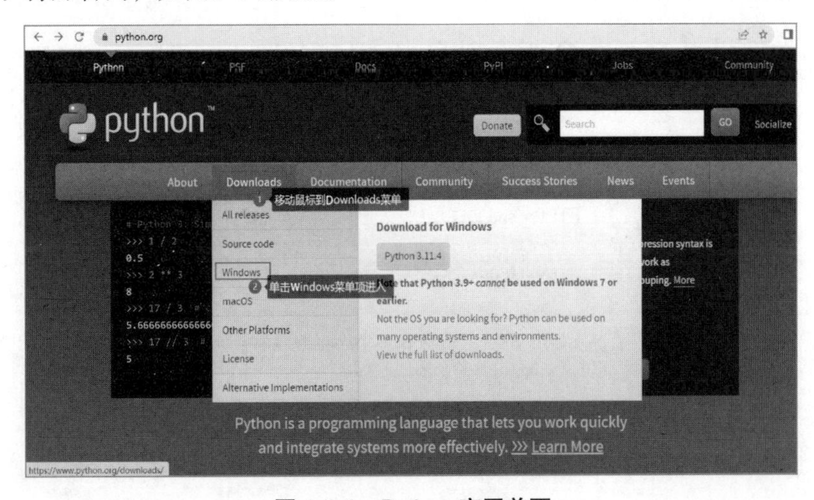

图 1-1-1　Python 官网首页

第二步：在Downloads导航条选择操作系统。移动鼠标到网站首页的导航条上的Downloads菜单，单击下方菜单中的Windows选项，进入各种Python版本下载选择页面。

第三步：进入Python的Windows版页面，合适的Python安装包版本。Windows 7选3.8及以下版本，Windows 10选3.9及以上版本。

假设当前我们使用的是一个安装了64位Windows10操作系统的计算机，选择下载Python3.11.4的Windows installer（64-bit）版。表示这是适用于64位Windows操作系统的Python 3.11.4版本的安装程序。

2）安装 Python

选择已下载的安装包文件python-3.11.4-amd64.exe，右击选择“以管理员身份运行”命令；

打开安装界面，勾选Add python.exe to PATH复选框”，单击Customize installation选项，如图1-1-2所示。

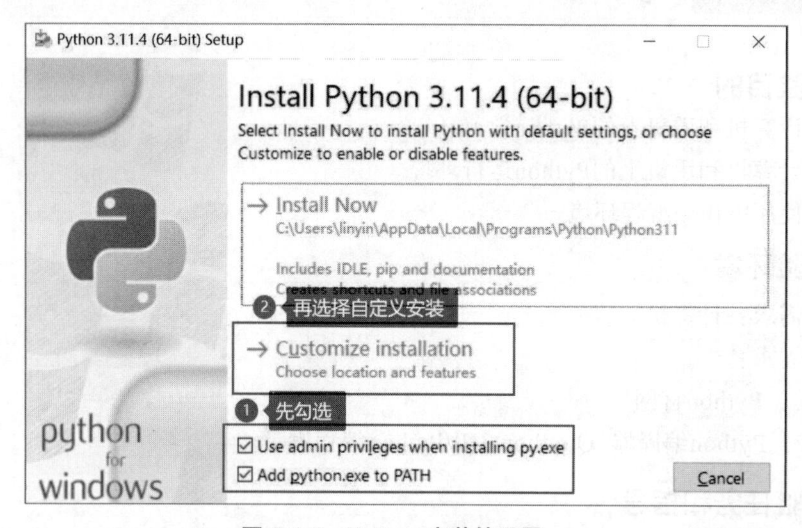

图 1-1-2　Python 安装的设置一

在Optional Features对话框中，默认选择所有项，单击Next按钮，如图1-1-3所示。

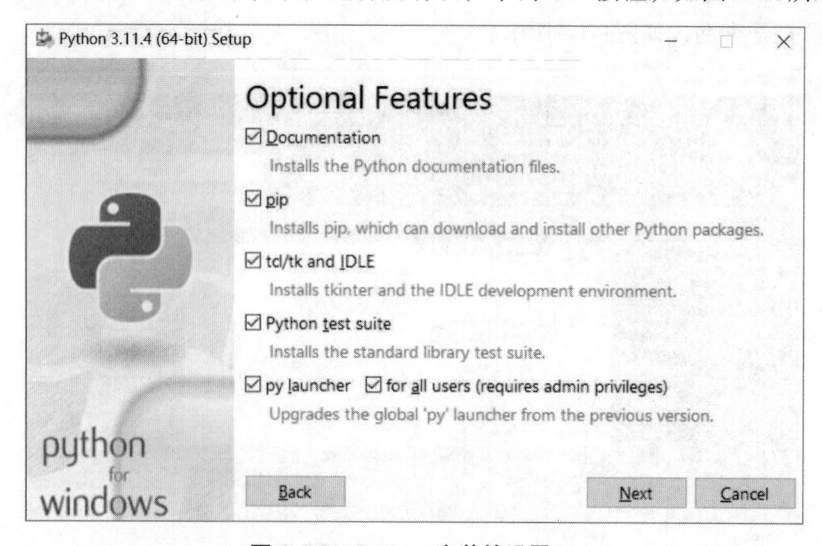

图 1-1-3　Python 安装的设置二

在Advanced Options对话框中，选择Install Python 3.11 for all users复选框。

可自定义设置Python安装位置，比如选择安装在D盘根目录D:\Python，如图1-1-4所示。

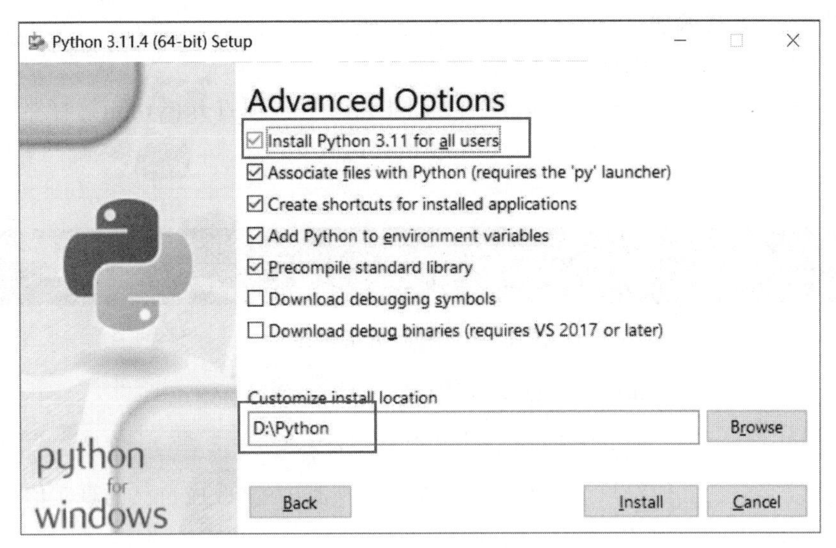

图 1-1-4　Python 的安装位置

单击Install按钮，系统开始初始化并安装，显示Setup was successful对话框时，安装成功。

开始菜单会增加Python3.11项目，其下有四个子项目如图1-1-5所示。

图 1-1-5　Python 开始菜单项目

Python 3.11（64-bit）是一个命令行形式的交互式的Python解释器，3.11是Python版本号，64指基于64位处理器。

IDLE（Python 3.11 64-bit）是Python 3.11版本的一个图形开发集成开发环境（integrated development environment，IDE），一个以文件形式编写Python程序的开发环境，可编写、调试和运行Python代码。

Python 3.11 Manuals（64-bit）是Python 3.11版本的说明文档，详细介绍了Python 3.11的所有功能、语法、模块的安装和发布等内容，是学习和使用Python 3.11的重要参考资源。

Python 3.11 Module Docs（64-bit）是Python 3.11版本所有内置模块的说明文档。

3）验证是否安装成功

验证是否安装成功，可以使用Python解释器。

在Windows命令窗口cmd下运行“Python -version”，显示Python版本，则表示安装成功。

```
C:\Users\Admin>python -version
Python 3.11.4
```

4）Python 交互式编程

第一种方法，直接使用Python解释器。

第一步：在开始菜单单击“Python 3.11（64-bit）”选项打开Python解释器，如图1-1-6所示。

```
Python 3.11 (64-bit)
Python 3.11.4 (tags/v3.11.4:d2340ef, Jun  7 2023, 05:45:37) [MSC v.1934 64 bit (AMD64)] on win32
Type "help", "copyright", "credits" or "license" for more information.
>>>
```

图 1-1-6　Python 解释器

第二步：>>> 后写Python语句，回车则运行。

```
>>> print ("Hello,我是**班**学号的**同学，一起来学 Python 吧！")
```

注意，除汉字外，其他符号全部是英文字符，并把其中的*改成自己的真实信息。

运行结果如下：

```
>>> print ("Hello,我是工程1班01学号的张三同学，一起来学 Python 吧！")
    Hello,我是工程1班01学号的张三同学，一起来学 Python 吧！
```

按【Ctrl+z】组合键，或使用quit()、exit()退出编译器环境。

拓展：

使用Python解释器，在>>>后写Python语句，运行结果如下：

```
Hello,world!
```

第二种方法，使用Python IDLE的 Python shell。

第一步：在开始菜单单击IDLE（Python 3.11 64-bit），打开Python编程集成环境。

第二步：单击其中的Run→Python Shell命令，如图1-1-7所示。

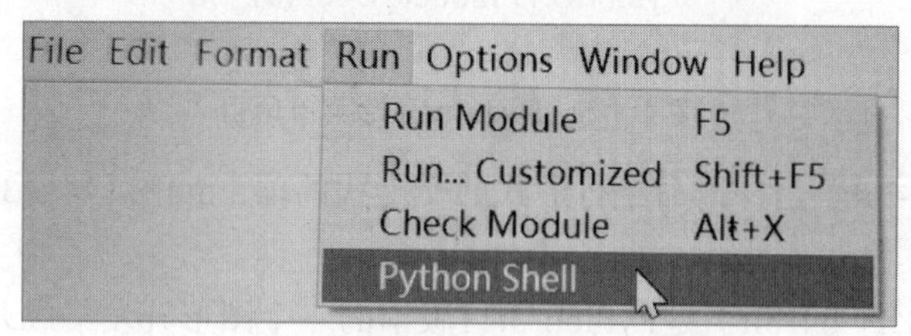

图 1-1-7　单击 Run/Python Shell 命令

系统将打开IDLE Shell窗口，如图1-1-8所示。

```
IDLE Shell 3.11.4
File Edit Shell Debug Options Window Help
Python 3.11.4 (tags/v3.11.4:d2340ef, Jun  7 2023, 05:45:37) [MSC v.1934 64 bit (
AMD64)] on win32
Type "help", "copyright", "credits" or "license()" for more information.
>>>
```

图 1-1-8　IDLE Shell 窗口

第三步：在>>>后写Python语句，回车则运行。

```
>>> 12*5
  60
```

quit()、exit()或窗口×键，均可退出编译器环境。

拓展：

使用Python shell计算123+456/3的值。

5）文件式编程

编程前，在D盘创建文件夹mypy。

第一步：在开始菜单单击IDLE（Python 3.11 64-bit）选项，就进入了Python编程集成环境IDLE。

第二步：在编辑区写如下代码：

```
a=123
b=789
c=a*b
print(a,'*',b,'=',c)
print("** 班 * 学号 * 同学版权所有，* 年 * 月 * 日 ") #* 改成自己的信息
```

第三步：单击Run→Run Module命令或者按【F5】键保存程序到D:\mypy文件夹，命名为1-1.py，运行该程序，就可以在IDLE Shell窗口看到运行结果，如图1-1-9所示。

```
Python 3.11.4 (tags/v3.11.4:d2340ef, Jun  7
AMD64)] on win32
Type "help", "copyright", "credits" or "lic

= RESTART: D:\mypy\1-1.py
123 * 789 = 97047
工程1班01学号张三同学版权所有，2024年2月10日
```

图 1-1-9　1-1.Py 运行结果

如果有错误，返回编辑窗口修改，再运行。

如果编写新的程序，单击File→New File命令，重复以上步骤。

2. 手机端

1）下载和安装手机 APP

选择以下任意一种APP，下载和安装：

Python编译器、Qpython 3H、Python AI、扇贝编程和Python 编程狮等。

2）Python 编译器的使用

以“Python编译器”APP为例，该软件的Python仅工作在文件方式下。

（1）操作界面如图1-1-10所示。

（2）在编辑区编写程序，单击右上方“运行”键，得到运行结果如图1-1-11所示。

（3）单击右上方“菜单”键，选择“清空”功能，可以编写新程序，选择“另存为”可设定文件的保存位置和文件名。

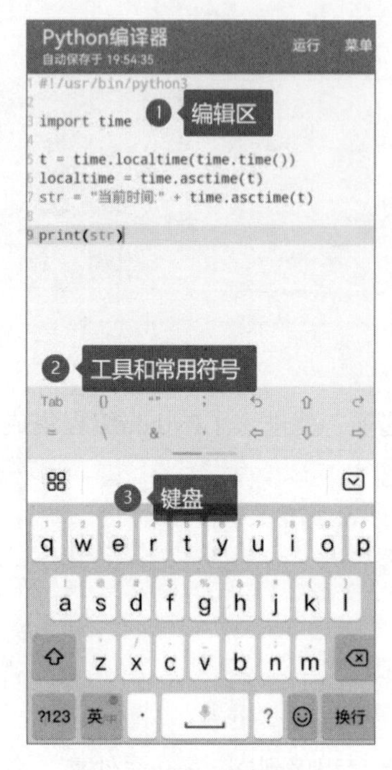

图 1-1-10　操作界面

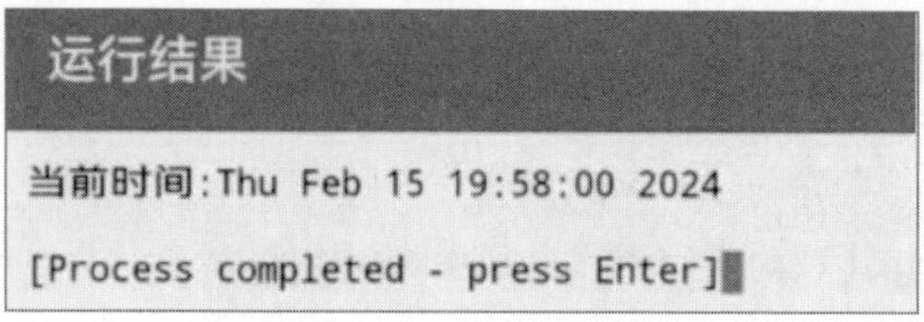

运行结果

当前时间:Thu Feb 15 19:58:00 2024

[Process completed - press Enter]

图 1-1-11　运行结果

见以下示例，如图1-1-12所示。

（4）单击“运行”键，得到运行结果如图1-1-13所示。

图 1-1-12　示例

图 1-1-13　运行结果

实验 1-2　Anaconda 的安装与配置

一、实验目的

1．熟悉Anaconda的安装步骤和配置方法。

2．学习使用Anaconda来管理Python环境和包。

3．实践Anaconda的环境管理和包管理功能。

二、实验环境

1．硬件需求：计算机。

2．软件需求：

Anaconda官网。
各种Anaconda版本。

三、实验任务和指导

1. 下载 Anaconda 安装包

第一步：打开官网。在浏览器地址栏输入Anaconda官网网址，并打开，如图1-2-1所示。

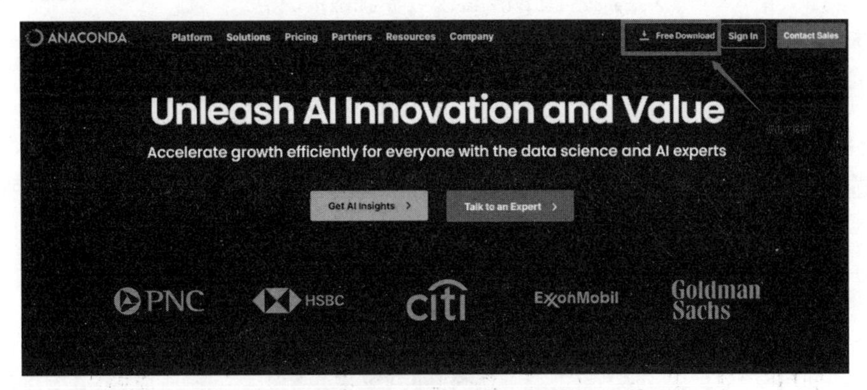

图 1-2-1　Anaconda 官网

第二步：在官网上单击Free Download按钮进入下载界面，在下载界面找到Anaconda Installers，如图1-2-2所示。根据计算机的操作系统，选择安装包，64位Windows11操作系统可以直接选择64-Bit Graphical Installer (904.4M)下载，其他Windows操作系统可以参考第三步进行下载。

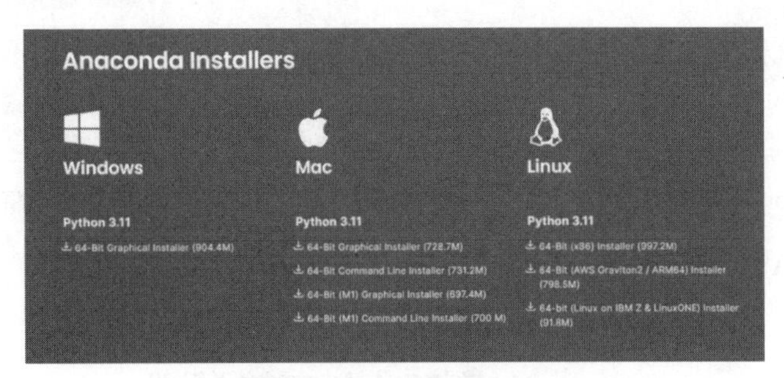

图 1-2-2　Anaconda 下载页面

第三步：根据表1-2-1中Windows版本下载合适的Anaconda版本。假设安装计算机为64位Windows 10操作系统。可以在官网中选择Anaconda3-2022.10-Windows-x86_64下载，如图1-2-3所示。

表 1-2-1　Anaconda 与 Windows 版本

Windows 版本	支持最高 Anaconda 版本	支持最高 Python 版本
Windows XP	Anaconda-2.3.0	Python 3.4.4
Windows 7	Anaconda3-2021.05	Python 3.8.8
Windows 10	Anaconda3-2022.10	Python 3.9.13
Windows 11	支持最高版本	支持最高版本

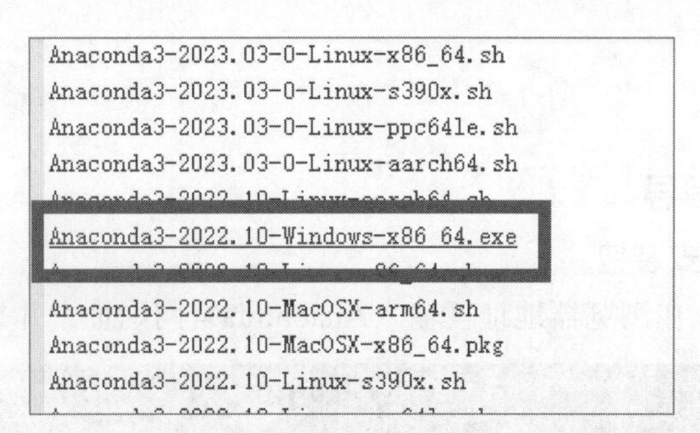

图 1-2-3　Anaconda3-2022.10-Windows-x86_64 安装包

2. 安装 Anaconda

（1）选择已下载的安装包文件Anaconda3-2022.10-Windows-x86_64如图1-2-4所示，双击打开。

（2）在弹出的安全警告对话框，单击“运行”按钮，如图1-2-5所示。

图 1-2-4　Anaconda 图标

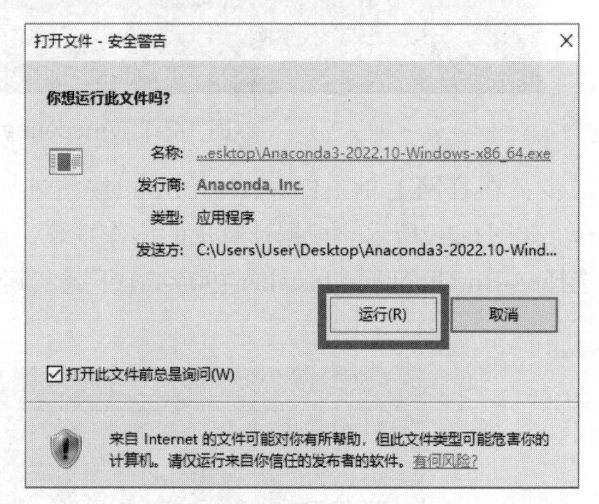

图 1-2-5　安全警告对话框

（3）在弹出的Anaconda欢迎对话框（见图1-2-6），单击Next按钮。

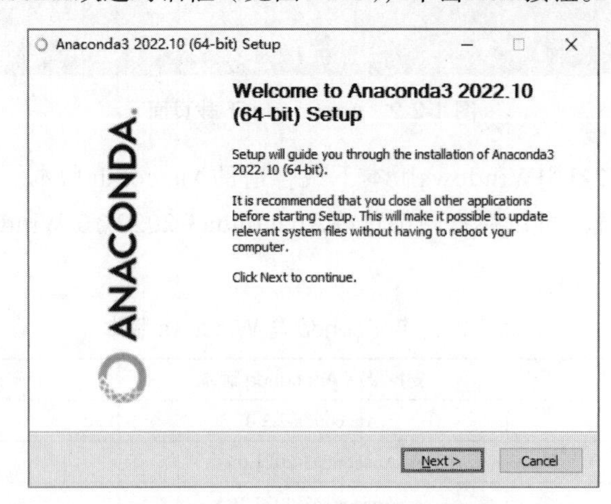

图 1-2-6　Anaconda 欢迎对话框

（4）在弹出的许可协议对话框（见图1-2-7），同意Anaconda的许可协议，单击I Agree按钮。

（5）图1-2-8中提示选择使用对象，一般选择All Users(requires admin privilegs)单选按钮。Just Me单选按钮指只提供当前用户使用。All Users单选按钮指提供使用这台计算机的所有用户使用。该对话框在安装完成前不会关闭，安装完成后会自动关闭。

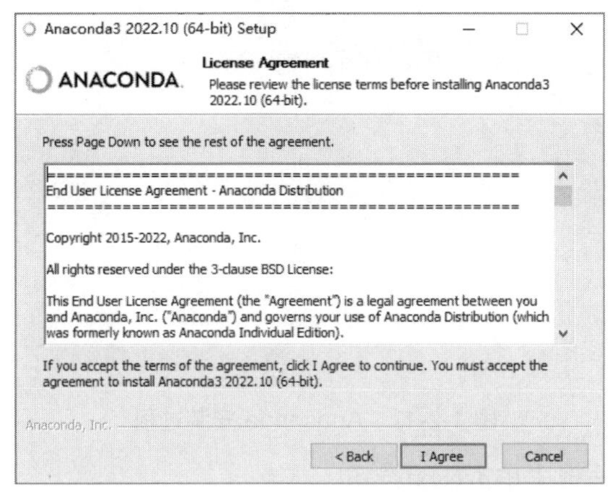

图 1-2-7　Anaconda 许可协议对话框

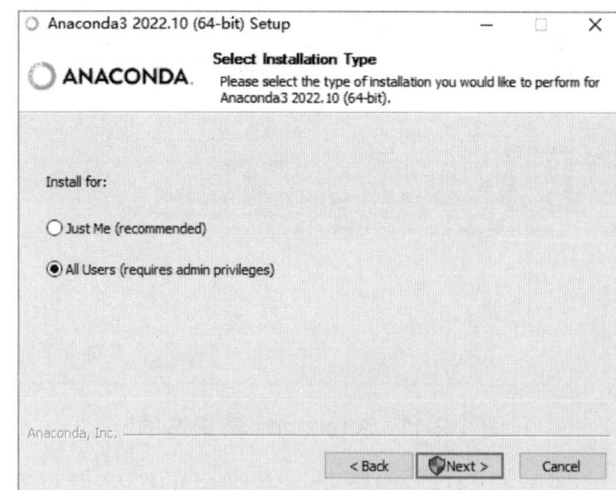

图 1-2-8　使用对象

（6）选择Anaconda安装的文件夹。默认安装在C:\ProgramData\Anaconda3，本文安装在D盘Anaconda文件夹中，单击图1-2-9中Browse按钮，进入图1-2-10所示的对话框。①选择“此电脑”→“D盘”；②单击“新建文件夹”按钮；③修改文件夹名称为Anaconda并选择该文件夹；④单击“确定”按钮。文件夹选择完成后，如图1-2-9所示，安装地址修改为“D:\Anaconda\”，单击Next按钮，进入下一步。

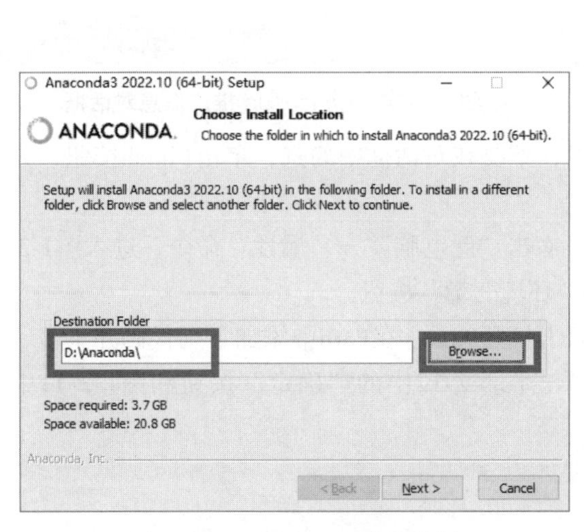

图 1-2-9　Anaconda 安装路径

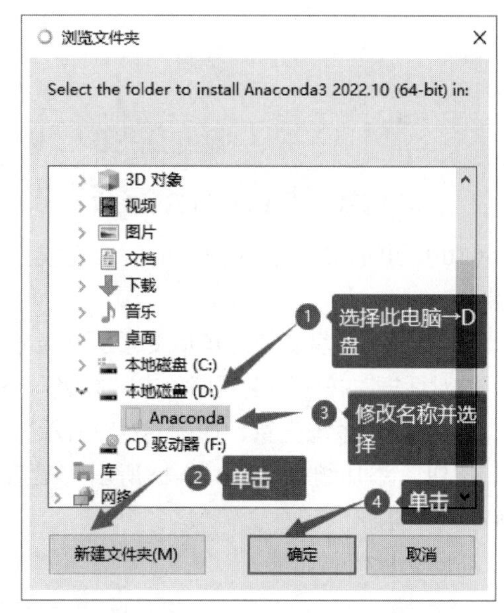

图 1-2-10　Anaconda 安装路径

（7）在图1-2-11 Anaconda高级选项中，不要勾选Add Anaconda3 to the system PATH environment variable复选框，后面通过手动操作添加到环境变量中。勾选Register Anaconda3 as the system Python3.9复选框，然后单击Install按钮，开始安装。

（8）Anaconda安装过程如图1-2-12所示，这步不需要任何操作，等待Anaconda自动安装即可。安装完成后，会自动跳转至图1-2-13的对话框，单击Next按钮。

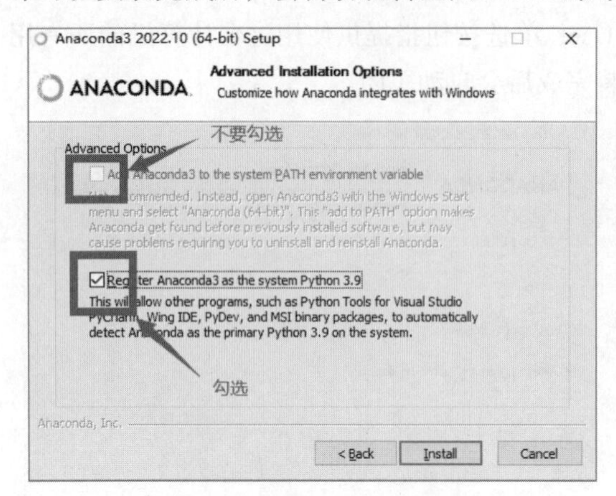

图 1-2-11　Anaconda 高级选项

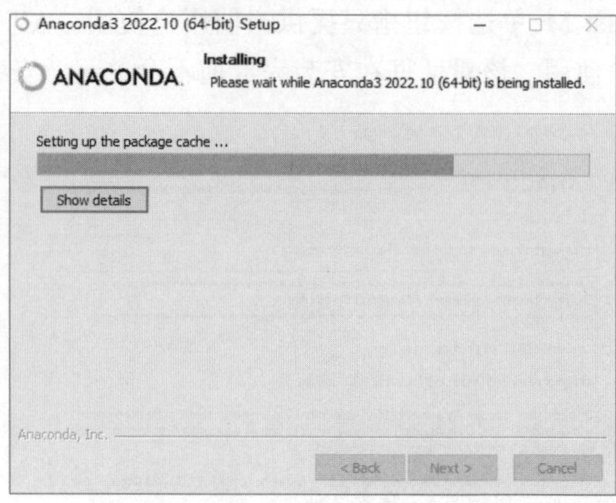

图 1-2-12　Anaconda 安装过程

（9）如图1-2-14所示，在弹出的推广信息对话框中单击Next按钮。

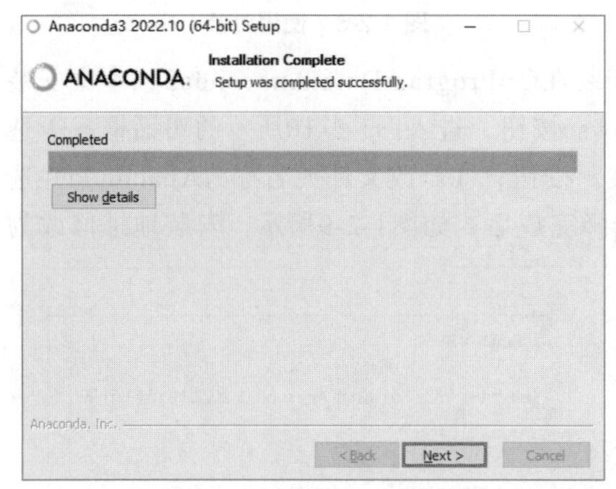

图 1-2-13　Anaconda 安装完成

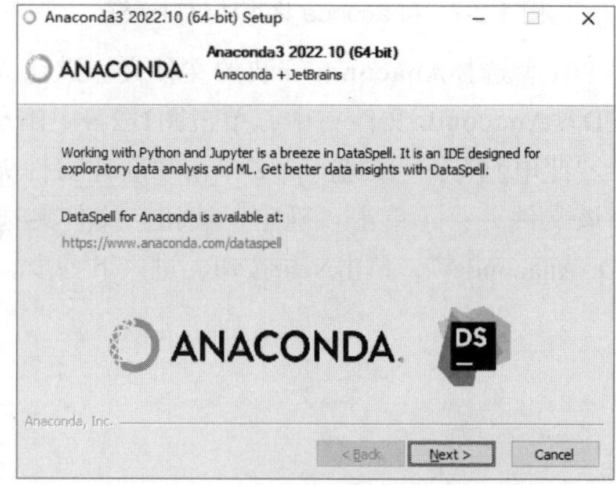

图 1-2-14　Anaconda 推广信息对话框

（10）如图1-2-15，在弹出的安装完成页面，不要在对话框中勾选，单击Finish按钮，完成安装。

（11）添加环境变量。环境变量所在位置：右击“此电脑”→“属性”命令，进入图1-2-16所示的对话框，按照图上顺序单击“高级”→“环境变量”按钮。

（12）找到系统变量，如图1-2-17所示，双击打开Path，在Path中添加下列代码并单击“确定”按钮，添加结果如图1-2-18所示，最后单击图1-2-12中的“确定”按钮和图1-2-11中的“确定”按钮。

环境变量代码如下：

```
D:\Anaconda
D:\Anaconda\Scripts
D:\Anaconda\Library\mingw-w64\bin
D:\Anaconda\Library\usr\bin
D:\Anaconda\Library\bin
```

图1-2-17选择系统变量中的Path，单击“编辑”按钮。

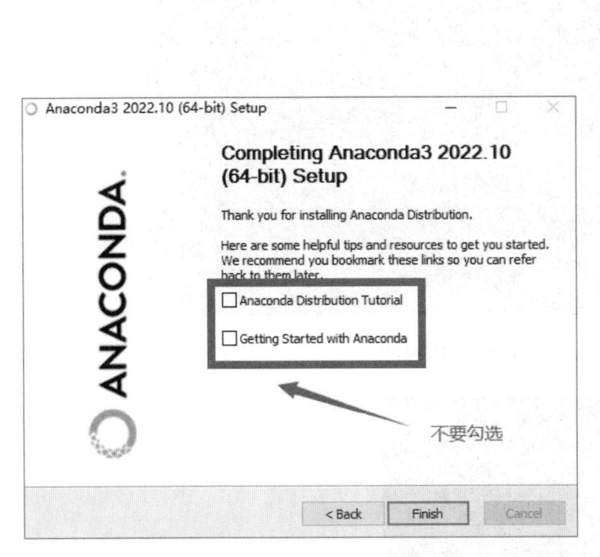

图 1-2-15　Anaconda 安装完成

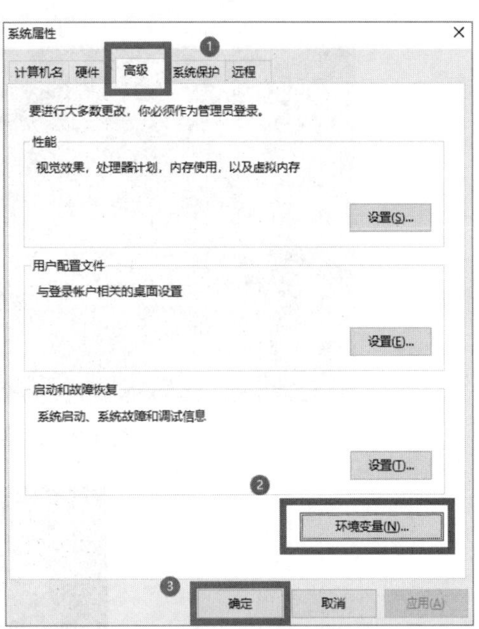

图 1-2-16　环境变量

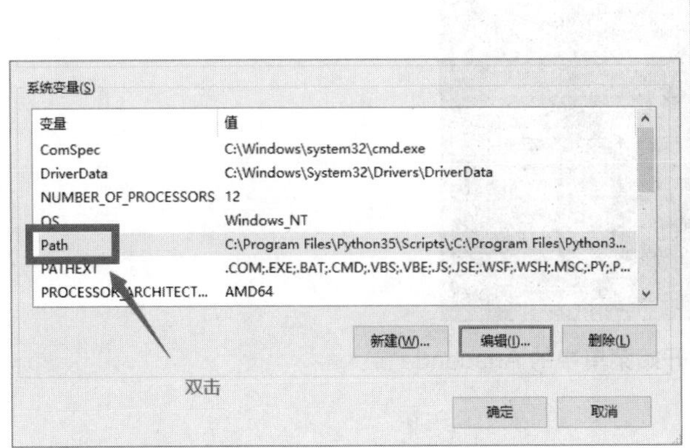

图 1-2-17　选择系统变量中的 Path

图 1-2-18　系统变量 Path 中的内容

（13）测试。在命令提示符中输入conda命令，观察结果是否和图1-2-18一致。命令提示符打开方式，按【Win+R】组合键，在弹出的对话框中输入cmd命令即可，测试结果如图1-2-19所示。

3. 使用 Anaconda

Anaconda有两种使用方式：Anaconda Navigator 和Anaconda Prompt。Anaconda Navigator是一种可视化的操作方式，Anaconda Prompt相当于Windows中的“命令提示符”，通过一些命令来操作Anaconda，两者都在开始菜单的Anaconda3（64-bit）文件夹中，如图1-2-20所示。

```
C:\Windows\system32\cmd.exe
Microsoft Windows [版本 10.0.19042.804]
(c) 2020 Microsoft Corporation. 保留所有权利。

C:\Users\User>conda
usage: conda-script.py [-h] [-V] command ...

conda is a tool for managing and deploying applications, environments and packages.

Options:

positional arguments:
  command
    clean        Remove unused packages and caches.
    compare      Compare packages between conda environments.
    config       Modify configuration values in .condarc. This is modeled after the git config command. Writes to the
                 user .condarc file (C:\Users\User\.condarc) by default. Use the --show-sources flag to display all
                 identified configuration locations on your computer.
    create       Create a new conda environment from a list of specified packages.
    info         Display information about current conda install.
    init         Initialize conda for shell interaction.
    install      Installs a list of packages into a specified conda environment.
    list         List installed packages in a conda environment.
    package      Low-level conda package utility. (EXPERIMENTAL)
    remove       Remove a list of packages from a specified conda environment.
    rename       Renames an existing environment.
    run          Run an executable in a conda environment.
```

图 1-2-19　测试 Anaconda 安装结果

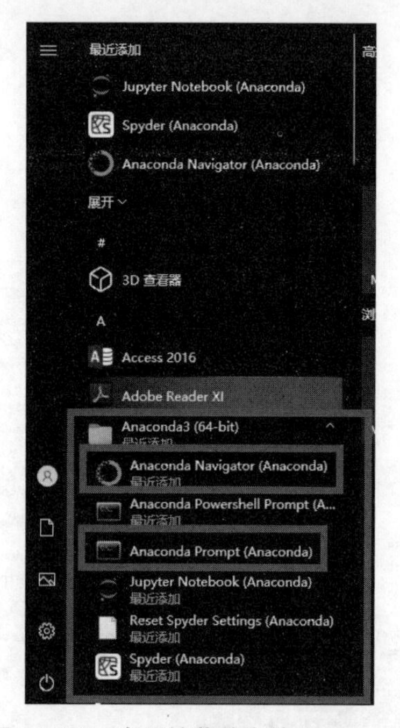

图 1-2-20　在开始菜单中的 Anaconda

1）Anaconda Prompt 使用方式

Anaconda Prompt中常用的命令。

（1）查看conda版本。

查看conda版本命令有两种：

```
conda -V
conda --version
```

（2）查看Anaconda所有环境。

查看Anaconda环境的命令有两种:

```
conda env list
conda info -envs
```

（3）创建Anaconda环境。

如果想要创建新的Anaconda环境，使用如下命令：

```
conda create --name xxx python=3.8
```

name是创建的环境名称，也是进入环境的唯一标识符，Python版本需要根据计算机的版本进行选择。

（4）进入Anaconda环境。

环境创建完成后，如果要进入某个环境，使用如下命令：

```
conda activate name
```

name为环境名称。

（5）查看环境中安装的库。

如果要查看某个环境中安装的库，有两种命令：

```
conda list
pip list
```

（6）查看库的详细信息。

如果想要查看某个库的详细版本，有两种命令：

```
conda list XXX
pip show XXX
```

XXX为库的名称。例如，查看numpy库的信息：

```
conda list numpy
pip show numpy
```

（7）安装库。

如果要安装Python的库，有两种命令：

```
conda install xxx
pip install xxx
```

xxx为Python库名称，如果要安装指定版本，可以采用“xxx=版本号”这种格式。因为很多库安装很慢，读者可以在安装命令后加上清华镜像或者阿里镜像。例如，numpy，版本号为1.24.4，可以采用下列命令：

```
pip install numpy = 1.24.4 -i https://pypi.tuna.tsinghua.edu.cn/simple
```

https://pypi.tuna.tsinghua.edu.cn/simple为清华镜像地址。

（8）导入或导出虚拟环境。

在实际应用中，由于Python的库非常多，还存在不同版本库之间不匹配等问题，配置一个满足实际应用的Anaconda环境非常不易。因此，需要将配置好的Anaconda环境导出并保存，防止Anaconda环境丢失，也可以移植到其他电脑。导出命令如下：

```
conda env export > environment.yaml
```

environment为导出的文件名称，可以修改。也可以添加文件路径，导出到指定的文件夹中。在导出时，需要先激活Anaconda环境。

当你需要导入这个环境时，无论是在本地还是另一台式计算机上，可以使用如下命令：

```
conda env create -f environment.yaml
```

（9）退出Anaconda环境。

如果要退出当前的环境，使用命令：

```
deactivate name
```

name为环境名称。

2）创建一个 Anaconda 环境

下面将演示创建一个Anaconda环境。

（1）查看当前Anaconda当前的环境。

使用下列命令查看当前Anaconda中存在的虚拟环境，如图1-2-21所示。

```
conda env list
```

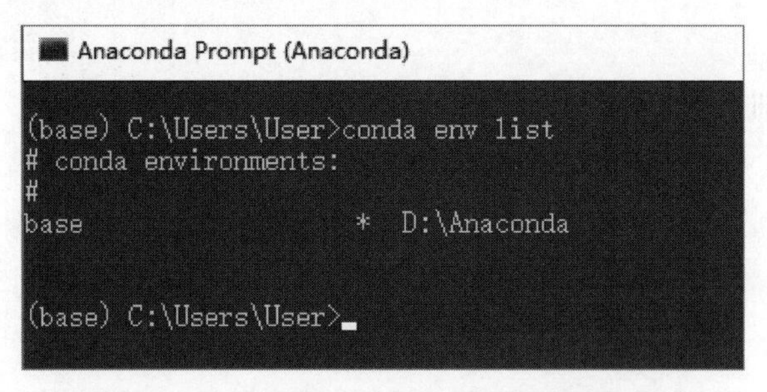

图 1-2-21 查看 Anaconda 中的虚拟环境

从图中可以看出当前Anaconda中只有一个base虚拟环境。

（2）创建虚拟环境。

创建一个虚拟环境，命名为book，Python版本为3.8（Python版本需要和计算机Windows版本对应），运行结果如图1-2-22所示。

```
conda create -n book python = 3.8
```

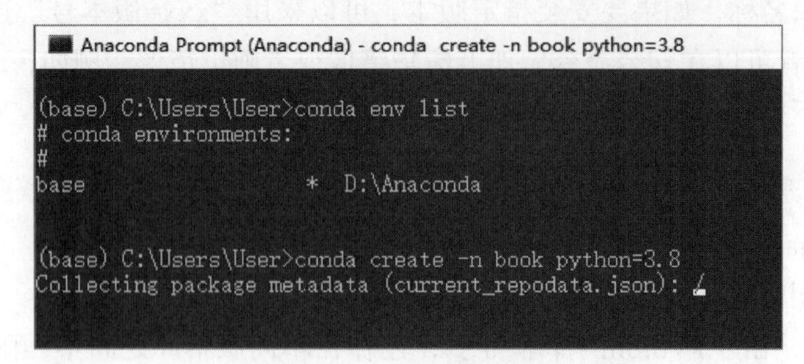

图 1-2-22 创建虚拟环境

在弹出的提示信息中，输入y并通过键盘按【Enter】键，自动安装相关库，安装完成后会提示Retrieving notices: ...working... done信息，如图1-2-23所示。

```
选择Anaconda Prompt (Anaconda)
Downloading and Extracting Packages
ca-certificates-2024  | 128 KB   | #######
python-3.8.18         | 20.5 MB  | #######
wheel-0.41.2          | 126 KB   | #######
sqlite-3.41.2         | 894 KB   | #######
pip-23.3.1            | 2.8 MB   | #######
setuptools-68.2.2     | 933 KB   | #######
libffi-3.4.4          | 113 KB   | #######
openssl-3.0.13        | 7.4 MB   | #######
Preparing transaction: done
Verifying transaction: done
Executing transaction: done
#
# To activate this environment, use
#
#     $ conda activate book
#
# To deactivate an active environment, use
#
#     $ conda deactivate

Retrieving notices: ...working... done
```

图 1-2-23 自动安装相关库

（3）激活book虚拟环境。

查看当前Anaconda中的虚拟环境，输入下列命令，检查结果中是否显示book环境，如图1-2-24所示。

```
conda env list
```

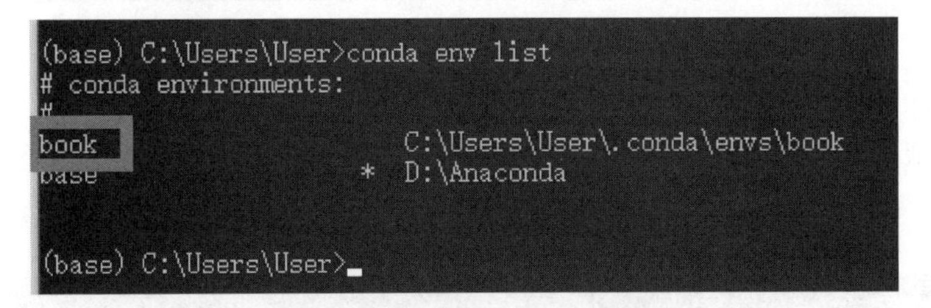

图 1-2-24 检查 book 环境

使用下面命令激活新安装的book环境，如图1-2-25所示。

```
conda activate book
```

图 1-2-25 激活新安装的 book 环境

环境已从base环境转换到book环境中。

（4）查看book环境中的库。

查看book环境中已安装的库，输入下列命令，如图1-2-26所示。

```
conda list
```

```
(book) C:\Users\User>conda list
# packages in environment at C:\Users\User\.conda\envs\book:
#
# Name                    Version                   Build  Channel
ca-certificates           2024.3.11            haa95532_0
libffi                    3.4.4                hd77b12b_0
openssl                   3.0.13               h2bbff1b_0
pip                       23.3.1           py38haa95532_0
python                    3.8.18               h1aa4202_0
setuptools                68.2.2           py38haa95532_0
sqlite                    3.41.2               h2bbff1b_0
vc                        14.2                 h21ff451_1
vs2015_runtime            14.27.29016          h5e58377_2
wheel                     0.41.2           py38haa95532_0
```

图 1-2-26　查看 book 环境中已安装的库

查看book环境中Python的详细信息，使用下列命令，如图1-2-27所示。

```
conda list python
```

```
(book) C:\Users\User>conda list python
# packages in environment at C:\Users\User\.conda\envs\book:
#
# Name                    Version                   Build  Channel
python                    3.8.18               h1aa4202_0

(book) C:\Users\User>
```

图 1-2-27　查看 book 环境中 Python 的详细信息

（5）安装库。

在book虚拟环境中安装库，此处演示安装numpy库，如图1-2-28所示。

```
pip install numpy -i https://pypi.tuna.tsinghua.edu.cn/simple
```

```
(book) C:\Users\User>pip install numpy -i https://pypi.tuna.tsinghua.edu.cn/simple
Looking in indexes: https://pypi.tuna.tsinghua.edu.cn/simple
Collecting numpy
  Downloading https://pypi.tuna.tsinghua.edu.cn/packages/69/65/0d47953afa0ad569d12de5f65d964321c208492064c38fe3b0b9744f8
d44/numpy-1.24.4-cp38-cp38-win_amd64.whl (14.9 MB)
     ----                                   1.8/14.9 MB 1.4 MB/s eta 0:00:10
```

图 1-2-28　安装 numpy 库

pip也支持一次安装多个库，下面将演示一次安装pandas库和matplotlib库，如图1-2-29所示。

```
pip install pandas matplotlib -i https://pypi.tuna.tsinghua.edu.cn/simple
```

等待安装完成后，输入下列命令，检查numpy、pandas、matplotlib三个库是否安装完成，结果如图1-2-30所示。

```
pip list
```

```
(book) C:\Users\User>pip install pandas matplotlib -i https://pypi.tuna.tsinghua.edu.cn/simple
Collecting pandas
  Downloading https://pypi.tuna.tsinghua.edu.cn/packages/c3/6c/ea362eef61f05553aaf1a24b3e96b2d0603f5dc71a3bd35688a24ed88
843/pandas-2.0.3-cp38-cp38-win_amd64.whl (10.8 MB)
     ---------------------------------------- 10.8/10.8 MB 1.3 MB/s eta 0:00:00
Collecting matplotlib
  Downloading https://pypi.tuna.tsinghua.edu.cn/packages/16/51/58b0b9de42fe1e665736d9286f88b5f1556a0e22bed8a71f468231761
083/matplotlib-3.7.5-cp38-cp38-win_amd64.whl (7.5 MB)
     ---------------------------------------- 7.5/7.5 MB 801.6 kB/s eta 0:00:00
Collecting python-dateutil>=2.8.2 (from pandas)
  Downloading https://pypi.tuna.tsinghua.edu.cn/packages/ec/57/56b9bcc3c9c6a792fcbaf139543cee77261f3651ca9da0c93f5c12212
64b/python_dateutil-2.9.0.post0-py2.py3-none-any.whl (229 kB)
     ---------------------------------------- 229.9/229.9 kB 379.4 kB/s eta 0:00:00
Collecting pytz>=2020.1 (from pandas)
  Downloading https://pypi.tuna.tsinghua.edu.cn/packages/9c/3d/a121f284241f08268b21359bd425f7d4825cffc5ac5cd0e1b3d82ffd2
b10/pytz-2024.1-py2.py3-none-any.whl (505 kB)
     ---------------------------------------- 505.5/505.5 kB 1.9 MB/s eta 0:00:00
```

图 1-2-29　pip 一次安装多个库

```
(book) C:\Users\User>pip list
Package             Version
------------------- -----------
contourpy           1.1.1
cycler              0.12.1
fonttools           4.50.0
importlib_resources 6.3.2
kiwisolver          1.4.5
matplotlib          3.7.5
numpy               1.24.4
packaging           24.0
pandas              2.0.3
pillow              10.2.0
pip                 23.3.1
pyparsing           3.1.2
python-dateutil     2.9.0.post0
pytz                2024.1
setuptools          68.2.2
six                 1.16.0
tzdata              2024.1
wheel               0.41.2
zipp                3.18.1

(book) C:\Users\User>
```

图 1-2-30　检查 numpy、pandas 和 matplotlib 是否安装完成

（6）环境移植。

环境配置好后，可以将book环境导出保存，也可以移植到其他计算机中使用。

```
conda env export >D:\book.yaml
```

导出的book环境到D:\book.yaml。

移植到其他计算机中，假设book.yaml文件放在D盘中，则采用下列代码：

```
conda env create -f D:\book.yaml
```

如果安装过程较慢，还可以添加清华镜像，在上述代码中加入“-i https://pypi.tuna.tsinghua. edu.cn/simple”。

在安装Python库时，可以选择合适的镜像地址。常用的国内镜像地址如下：

清华：https://pypi.tuna.tsinghua.edu.cn/simple/。

阿里云：http://mirrors.aliyun.com/pypi/simple/。

中国科技大学：https://pypi.mirrors.ustc.edu.cn/simple/。

华中科技大学：http://pypi.hustunique.com/simple/。

上海交通大学：https://mirror.sjtu.edu.cn/pypi/web/simple/。

豆瓣：http://pypi.douban.com/simple/。

3）Anaconda Navigator 使用方式

（1）Anaconda Navigator安装软件。

在主页中，有一些推荐安装，假设为book环境安装一个Jupyter Notebook，如图1-2-31所示，第一步，选择book环境；第二步，Jupyter Notebook图标上的设置按钮；第三步，选择立刻安装，即图上的③，如果要安装指定版本，则选择图上的④，选择合适的版本进行安装。

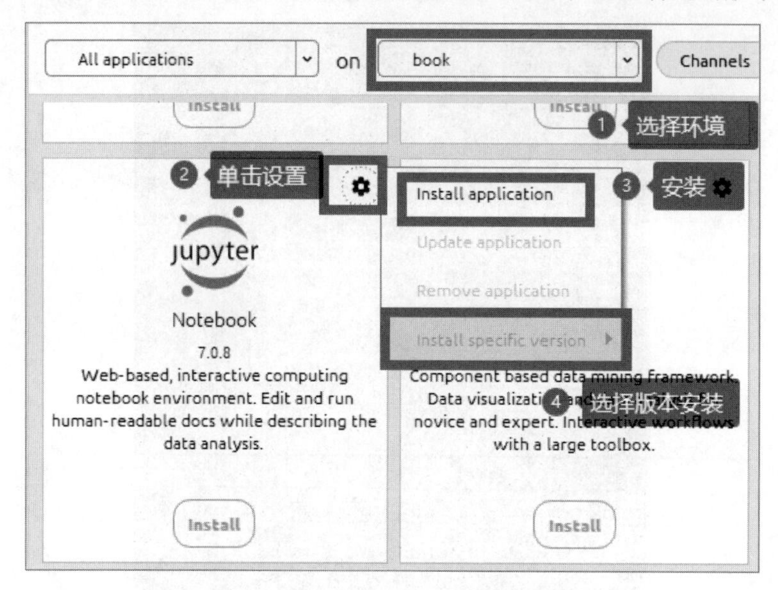

图 1-2-31　Anaconda 导航窗口

（2）环境栏介绍。

打开Anaconda Navigator后，选择左侧Environments按钮，可以查看已安装环境。单击book环境，可以在右侧查看book环境中已安装的Python库，Anaconda虚拟环境如图1-2-32所示。

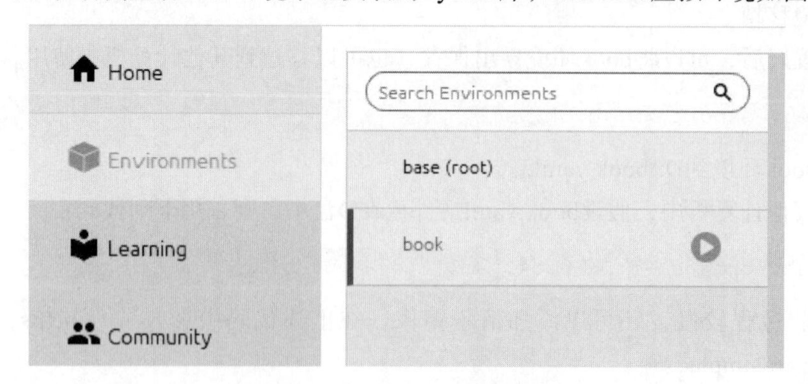

图 1-2-32　Anaconda 虚拟环境

在环境栏最下面，有一排按钮如图1-2-33所示，其中，Create：创建环境、Clone：拷贝环境、Import：导入环境、Backup：导出环境、Remove：删除环境。

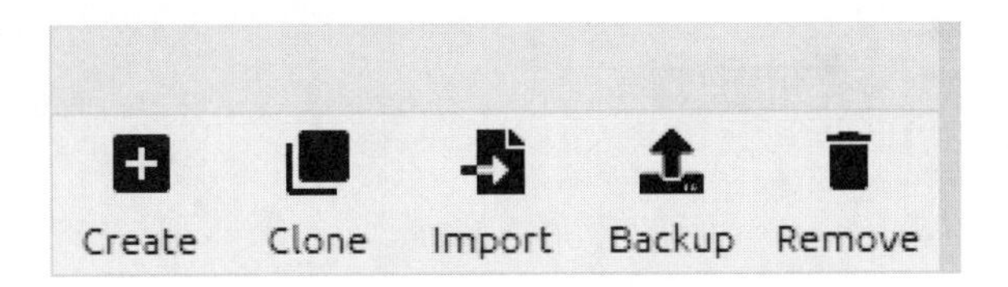

图 1-2-33　Anaconda 虚拟环境常用按钮

（3）创建环境。

单击Create按钮，会弹出创建新环境的页面。输入环境名称，此处以new_env为名称演示；选择Python版本，在下拉菜单中有多种Python版本，根据自身需求和计算机系统选择，此处以3.8.18版本演示；名称和Python版本选择完成后，单击Create按钮，创建new_env环境，如图1-2-34所示。

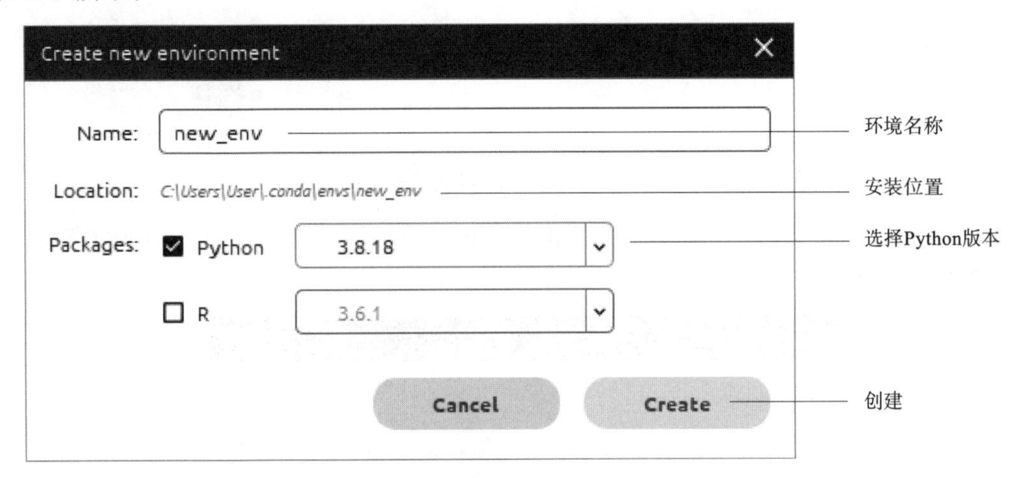

图 1-2-34　Anaconda 创建虚拟环境

（4）查看已安装的库。

单击new_env环境，选择Installed选项，可以查看已安装的库，如图1-2-35所示。

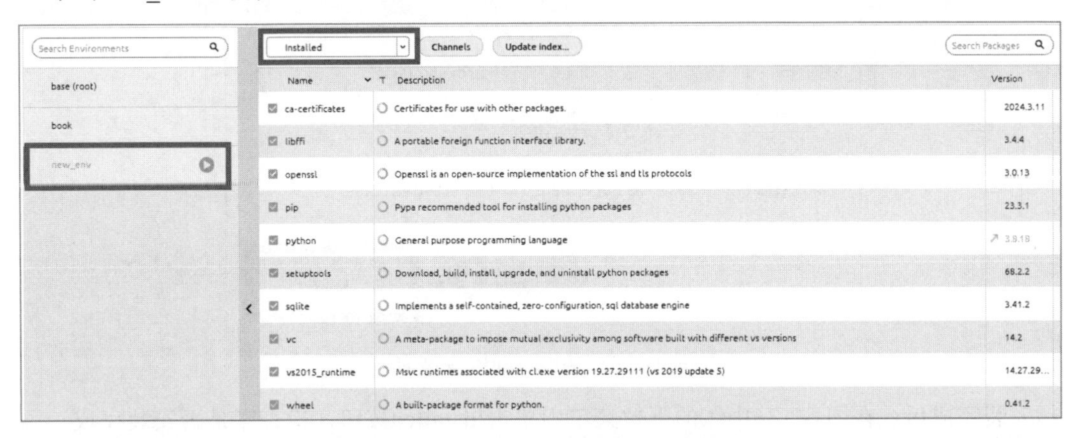

图 1-2-35　Anaconda 查看已安装的库

（5）安装库。

在图1-2-36的①下拉框中选择Not installed，在②中搜索需要安装的第三方库，在③处选择需要安装的库，最后在④处单击Apply按钮进行安装。

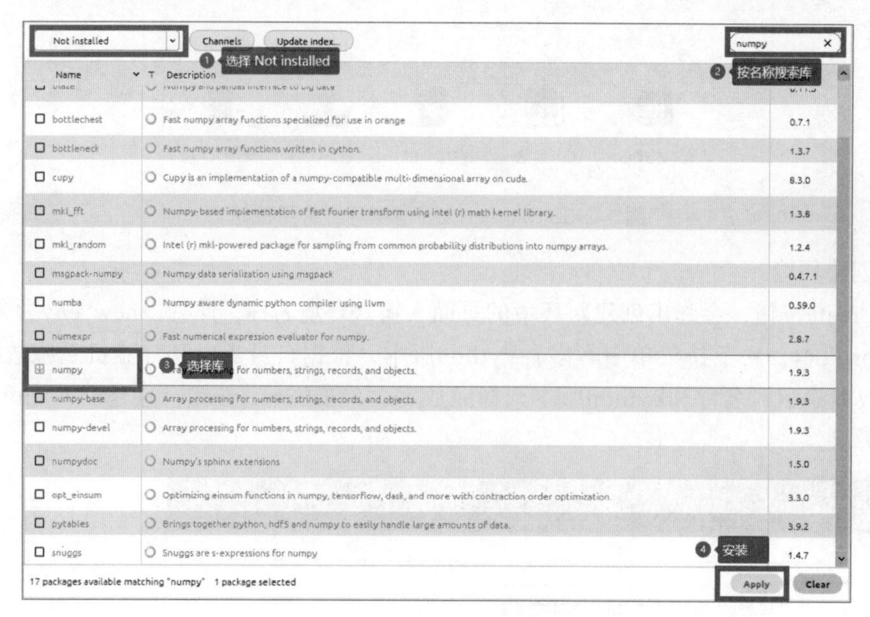

图 1-2-36 Anaconda 查找未安装库

安装numpy库时，会有一些关联库，单击Apply按钮，一起安装，Anaconda安装库如图1-2-37所示。

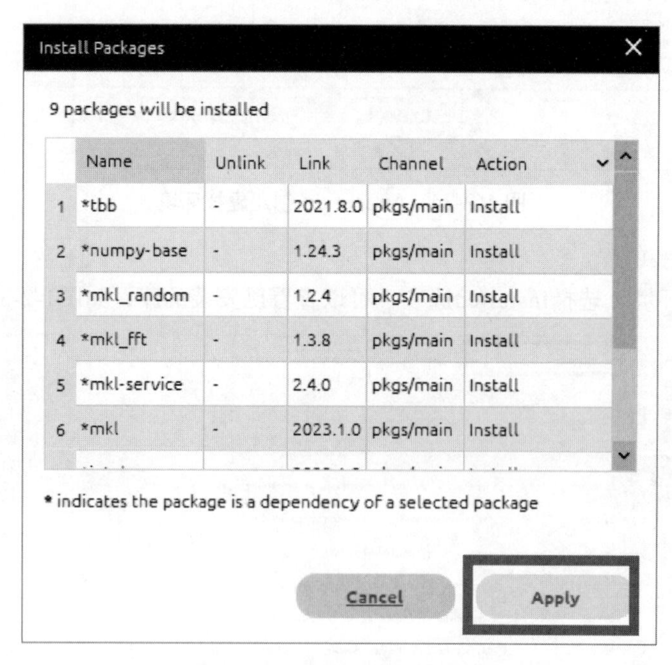

图 1-2-37 Anaconda 安装库

安装完成后，在图1-2-36中①的下拉菜单中单击Installed按钮，检查库是否安装完成。

（6）导出环境。

选择待导出的new_env环境，如图1-2-38所示。单击Backup按钮，如图1-2-39所示。

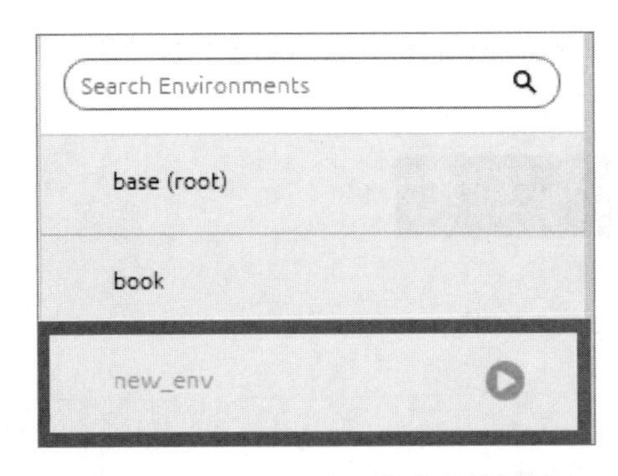

图 1-2-38 Anaconda 导出虚拟环境

图 1-2-39 Anaconda 导出按钮

在弹出的Backup Environment对话框中，单击Backup按钮导出虚拟环境，如图1-2-40所示。

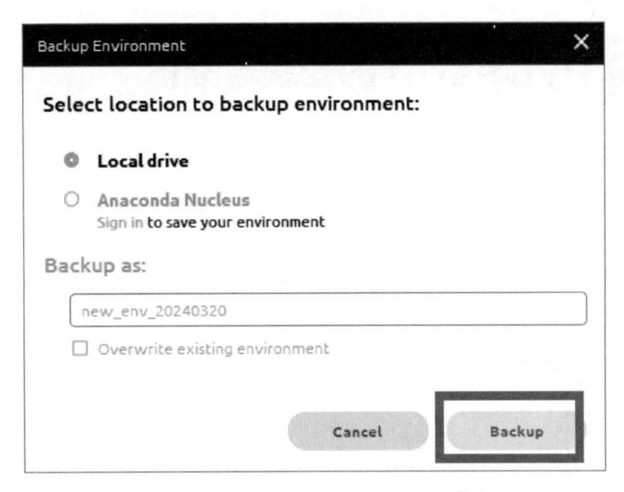

图 1-2-40 Anaconda 导出虚拟环境

选择保存的文件夹，并给导出的环境命名，最后单击“保存”按钮保存虚拟环境，如图1-2-41所示。

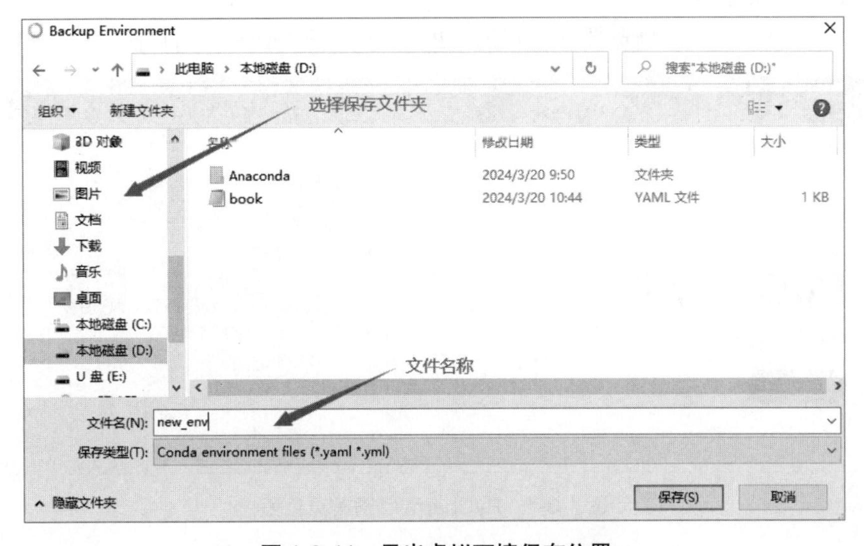

图 1-2-41 导出虚拟环境保存位置

完成后，会弹出导出成功对话框，单击OK按钮，new_env导出完成，如图1-2-42所示。可以在D盘查看导出的虚拟环境。

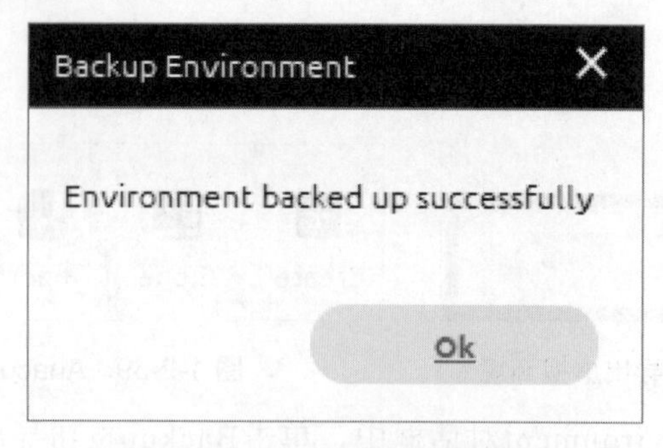

图 1-2-42　导出虚拟环境完成

实验 1-3　PyCharm 的安装与配置

一、实验目的

1. 了解PyCharm及相关插件的安装。
2. 了解PyCharm的基本设置，如主题、快捷键等。
3. 熟悉PyCharm的常用功能，如代码编辑、调试等。

二、实验环境

1. 硬件需求：计算机。
2. 软件需求：

计算端：PyCharm官网。

三、实验任务和指导

1. 下载 Python 安装包

第一步：打开官网。在浏览器地址栏输入PyCharm官网网址，并打开，如图1-3-1所示。

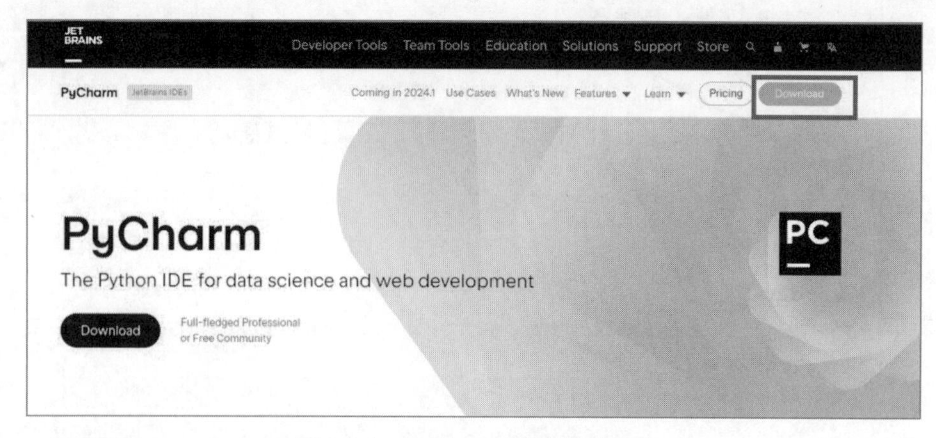

图 1-3-1　PyCharm 官网首页页面

第二步：单击Download按钮进入下载页面，根据计算机的系统选择Windows版本、Linux版本、MacOS，每个版本提供两种类型的PyCharm：PyCharm Professional和PyCharm Community Edition。本教程以Windows版本的PyCharm Community Edition为例进行安装，下载界面如图1-3-2所示。

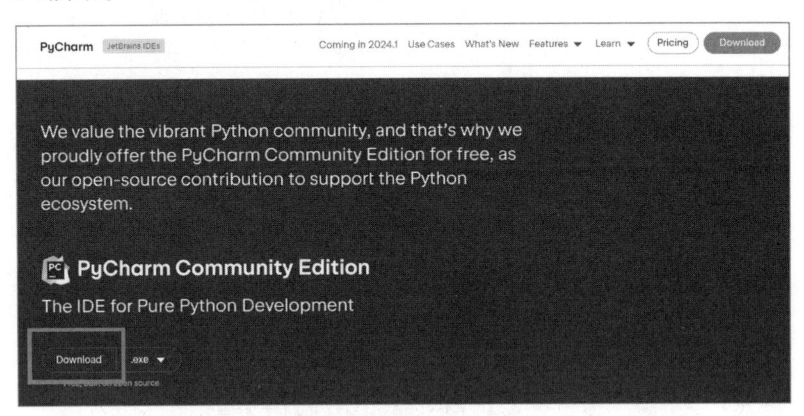

图 1-3-2 PyCharm Community Edition 下载界面

第三步：单击图1-3-2中的Download按钮，下载PyCharm Community Edition安装包。

2. 安装 PyCharm

选择已下载的安装包文件pycharm-community-2023.3.4，双击打开。PyCharm图标如图1-3-3所示。

在弹出的安全警告对话框，单击“运行”按钮，如图1-3-4所示。

图 1-3-3 PyCharm 图标

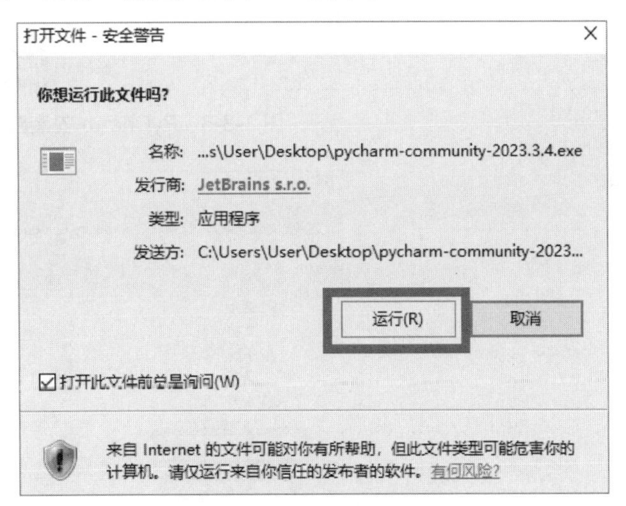

图 1-3-4 安全警告对话框

在弹出的欢迎对话框，单击“下一步”按钮，如图1-3-5所示。

在弹出的安装位置对话框如图1-3-6所示。如果要修改安装路径，单击“浏览”按钮，在图1-3-7中选择待安装的文件夹，本文安装在“D:\PyCharm”；如果安装在默认位置，单击图1-3-6中的“下一步”按钮。

图 1-3-5　PyCharm 欢迎对话框

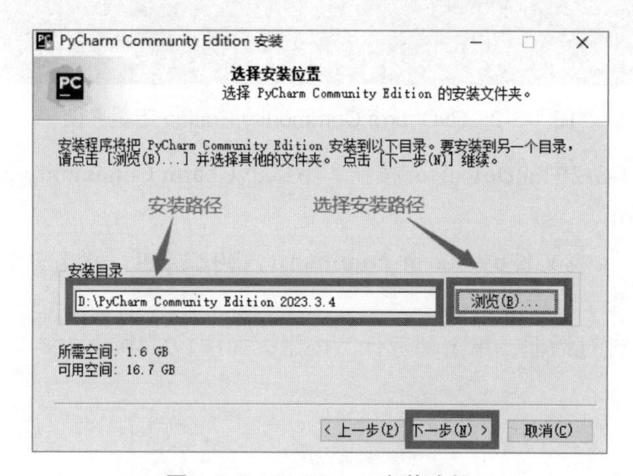

图 1-3-6　PyCharm 安装路径

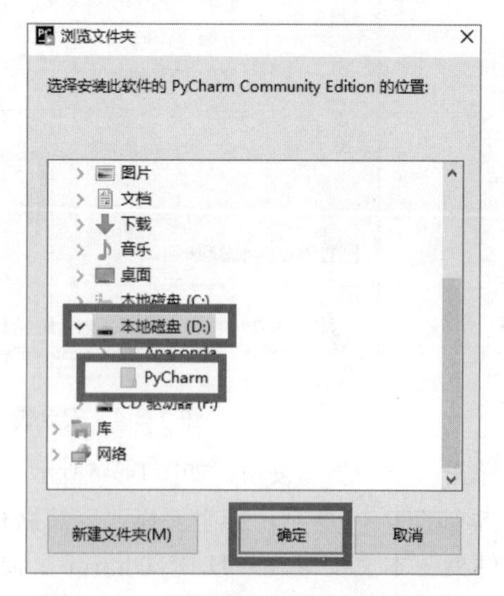

图 1-3-7　选择安装 PyCharm 文件夹

在弹出的图1-3-8“安装选项”对话框中，将“创建桌面快捷方式”“更新PATH变量”“更新上下文菜单”“创建关联”中的复选框都勾选，然后单击“下一步”按钮。

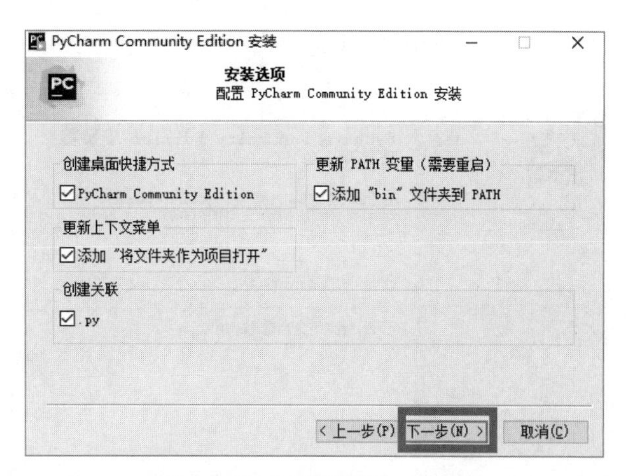

图 1-3-8 “安装选项”对话框

在弹出的图1-3-9“选择开始菜单目录”对话框中，单击“安装”按钮。

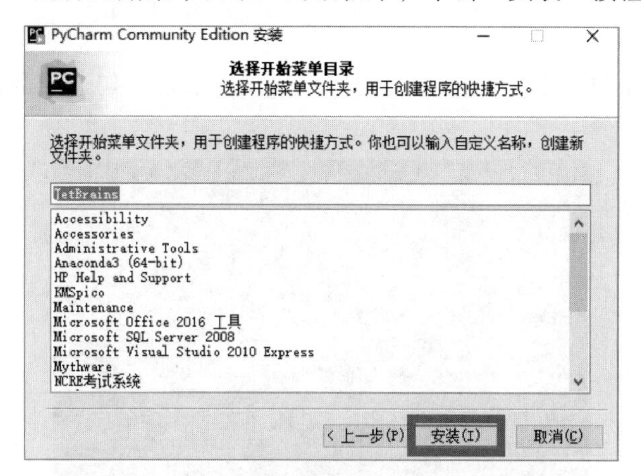

图 1-3-9 “选择开始菜单目录”对话框

在弹出的图1-3-10对话框中，等待PyCharm自动安装完成后，单击“下一步”按钮。

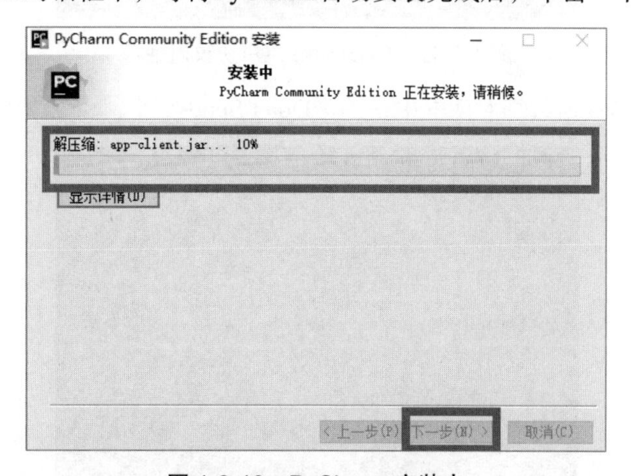

图 1-3-10 PyCharm 安装中

在弹出的图1-3-11安装程序结束对话框中，如果在图1-3-8中勾选了“更新PATH变量”中的复选框，则选择“是，立刻重新启动”单选按钮；否则选择“否，我会在之后重新启动”

单选按钮。单击“完成”按钮，PyCharm安装完成。

图 1-3-11　PyCharm 安装完成

3. 打开 PyCharm

双击桌面PyCharm图标打开，在弹出的用户协议对话框，勾选同意，并单击Continue按钮，如图1-3-12所示。

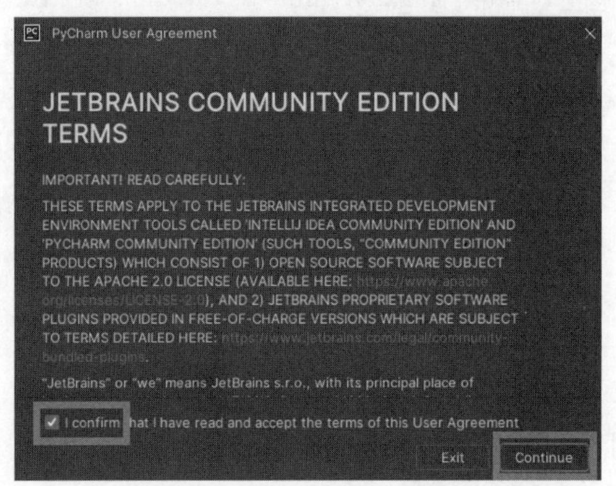

图 1-3-12　PyCharm 用户协议对话框

在弹出的图1-3-13数据共享对话框中，单击Don't Send按钮。

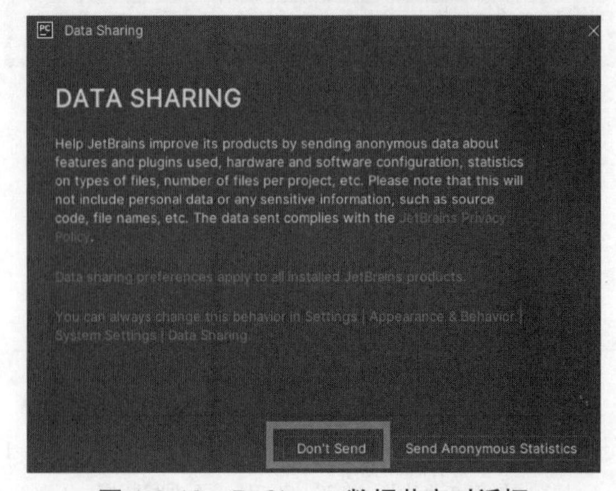

图 1-3-13　PyCharm 数据共享对话框

4. 使用 PyCharm

在PyCharm中创建一个项目，如图1-3-14所示，单击New Project按钮，创建一个新的项目。如需打开以前的项目，可以单击Open按钮。

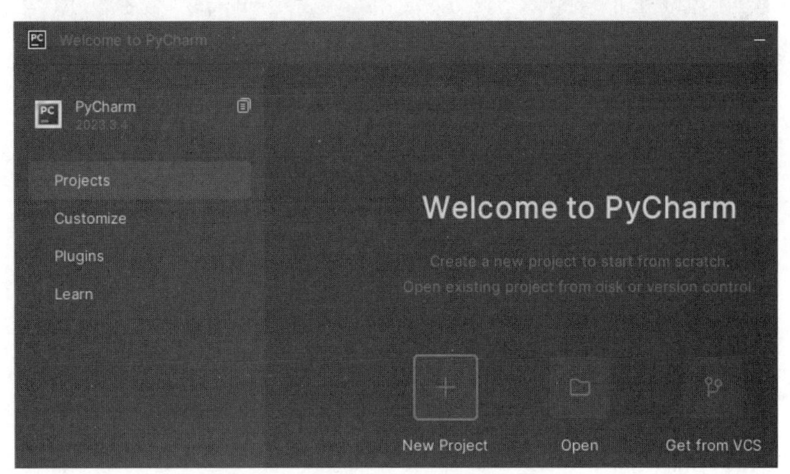

图 1-3-14 PyCharm 创建项目界面（一）

在弹出的图1-3-15所示窗口中，选择输入项目名称和项目地址。在Interpreter type（解释器类型）中选择Base conda，在Path to conda中，选择实验1-2中的Anaconda安装路径中的python.exe。然后单击Create按钮，项目创建完成。

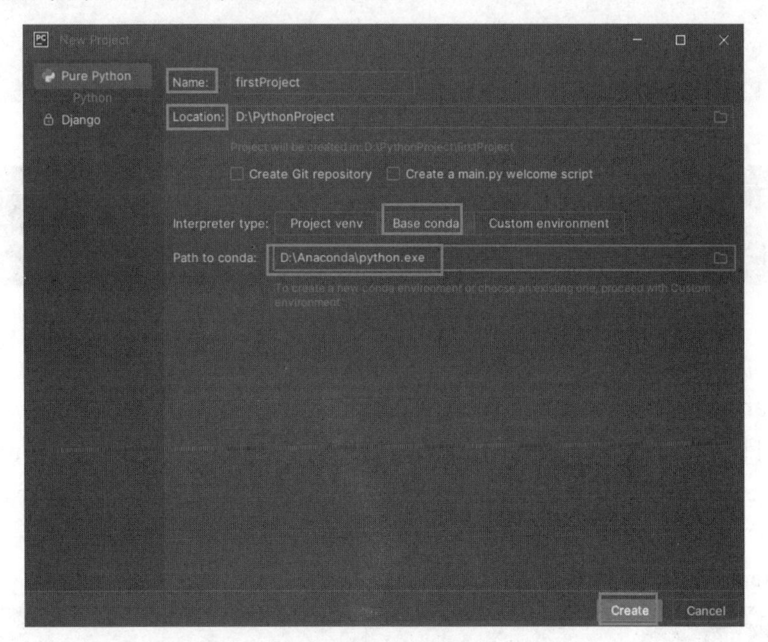

图 1-3-15 PyCharm 创建项目界面（二）

选择firstProject→New→Python File选项，创建一个Python文件，并命名为Welcome，并按【Enter】键，如图1-3-16所示创建一个Welcome.py的Python文件。

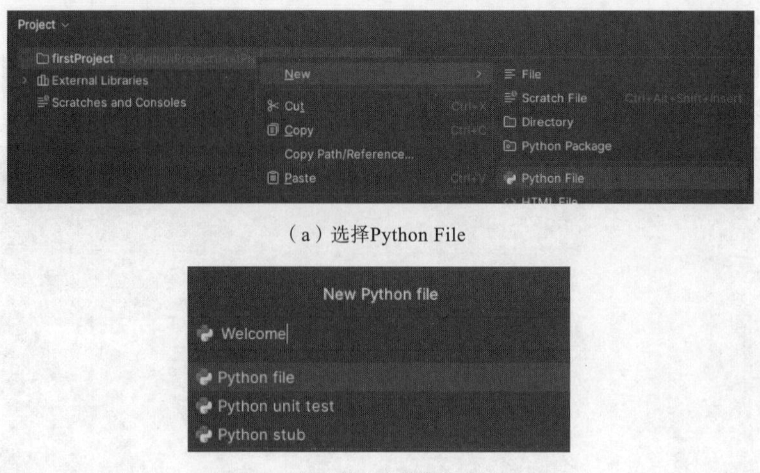

（a）选择Python File

（b）输入文件名称

图 1-3-16　PyCharm 创建文件

在Welcome.py文件中，输入下列代码，单击右上方三角形图标，运行程序，如图1-3-17所示。

```
print("欢迎学习 Python!")
```

（a）在Welcome文件中输入代码并运行

（b）运行结果

图 1-3-17　PyCharm 运行代码

5. PyCharm 中使用 Anaconda 创建的虚拟环境

在进入项目后，如果要修改Python的解释器，例如，用实验1-2中Anaconda创建的book环境或者new_env环境。单击PyCharm左上方的File，在下拉菜单中找到Settings，在Project: firstProject下拉菜单中，选择Python Interpreter，在右侧选择Add Interpreter，然后选择Add Local Interpreter，如图1-3-18所示。

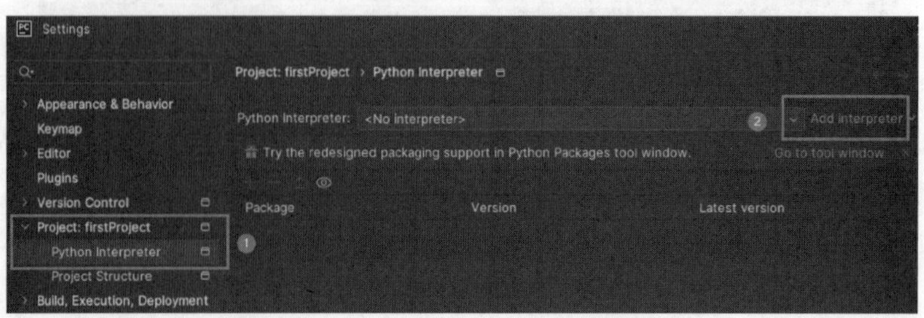

图 1-3-18　PyCharm 选择解释器

进入图1-3-19所示的对话框中，①单击Virtualenv Environment选项②单击Existing按钮③单击“…”打开下拉菜单，找到实验1-2中的book和new_env环境，路径为C:\Users\User\.conda\envs。本文选择book环境进行演示，因此选择book环境下的python.exe，⑤单击OK按钮。

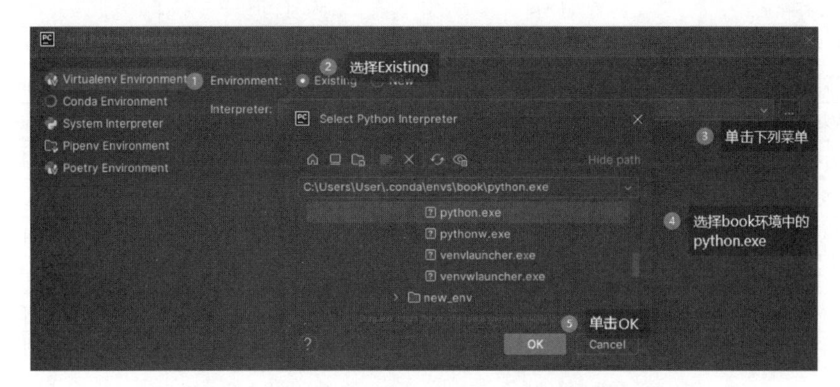

图 1-3-19　PyCharm 选择 Anaconda 创建的虚拟环境

选择完成后，可以看到解释器已修改为book环境中的python.exe，如图1-3-20所示，然后单击OK按钮。

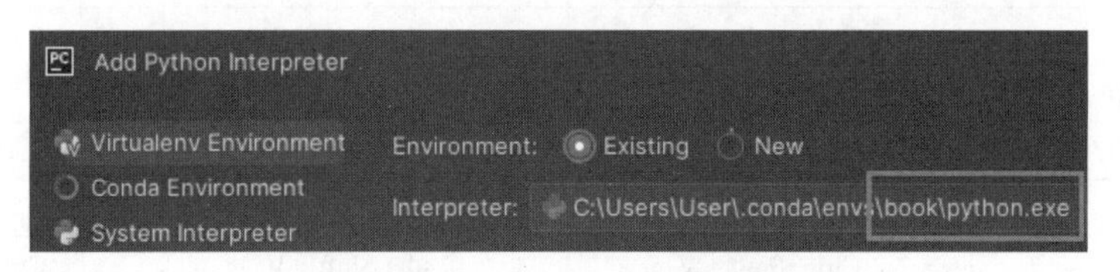

图 1-3-20　PyCharm 选择环境完成

在图1-3-21所示的对话框中，可以看到当前使用的解释器、安装的库、库的版本以及库的最新版本，最后单击OK按钮，解释器更换完成。

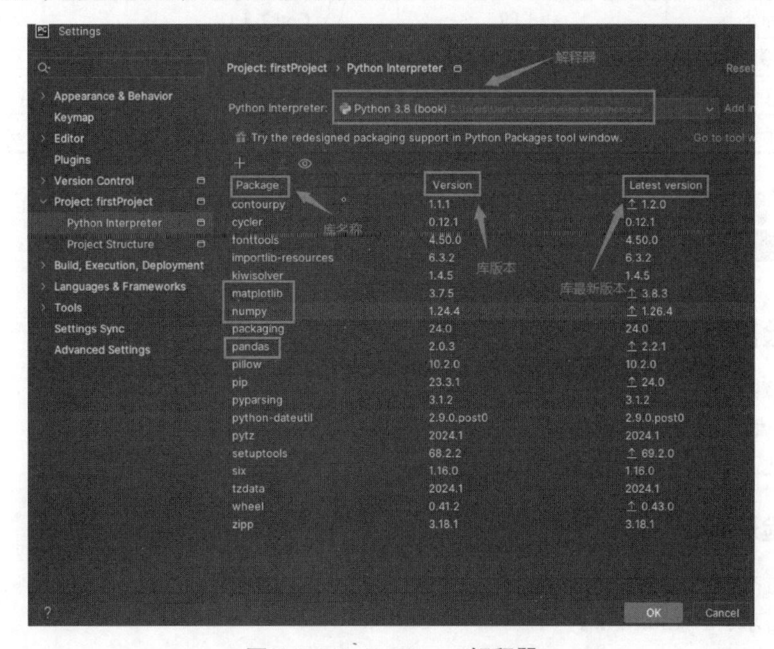

图 1-3-21　PyCharm 解释器

6. PyCharm 快捷键

PyCharm中常见的快捷键，见表1-3-1。

表 1-3-1 PyCharm 中常见的快捷键

名　称	Windows	MaxOS	Linux
基本的代码补全	Ctrl + Space	Cmd + Space	Ctrl + Space
智能代码补全	Ctrl + Shift + Space	Cmd + Shift + Space	Ctrl + Shift + Space
自动结束代码	Ctrl + Shift + Enter	Cmd + Shift + Enter	Ctrl + Shift + Enter
查看方法的参数列表	Ctrl + P	Cmd + P	Ctrl + P
查看文档	Ctrl + Q	Cmd + J	Ctrl + Q
转到声明	Ctrl + B	Cmd + B	Ctrl + B
单行注释或取消	Ctrl + /	Cmd + /	Ctrl + /
块注释或取消	Ctrl + Shift + /	Cmd + Option + /	Ctrl + Shift + /
撤销	Ctrl + Z	Cmd + Z	Ctrl + Z
重做	Ctrl + Shift + Z	Cmd + Shift + Z	Ctrl + Shift + Z
查找	Ctrl + F	Cmd + F	Ctrl + F
全局查找	Ctrl + Shift + F	Cmd + Shift + F	Ctrl + Shift + F
替换	Ctrl + R	Cmd + R	Ctrl + R
全局替换	Ctrl + Shift + R	Cmd + Shift + R	Ctrl + Shift + R
显示意图动作和快速修复	Alt + Enter	Option + Enter	Alt + Enter
代码格式化	Ctrl + Alt + L	Cmd + Option + L	Ctrl + Alt + L
优化导入	Ctrl + Alt + O	Cmd + Option + O	Ctrl + Alt + O
粘贴	Ctrl + Shift + V	Cmd + Shift + V	Ctrl + Shift + V
单步执行	F8	F8	F8
步入	F7	F7	F7
跳出	Shift + F8	Shift + F8	Shift + F8
运行至光标处	Alt + F9	Option + F9	Alt + F9
快速打开类	Ctrl + N	Cmd + O	Ctrl + N
快速打开文件	Ctrl + Shift + N	Cmd + Shift + O	Ctrl + Shift + N
显示项目结构	Alt + 1	Cmd + 1	Alt + 1

实验 1-4 Python 程序设计入门

一、实验目的

1. 掌握Python交互式编程环境的使用。
2. 掌握Python文件式编程环境的使用。
3. 学会基本的IPO程序设计方法。

二、实验环境

1. 硬件需求：计算机。
2. 软件需求：Python 3.x。

三、实验任务和指导

1. 字符画

任务一：输出图1-4-1所示的三朵玫瑰花。

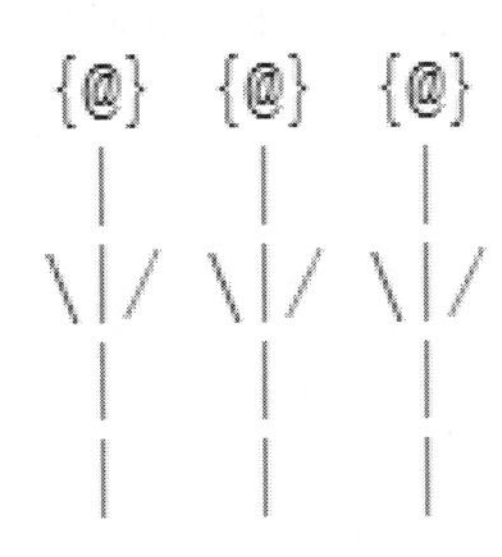

图 1-4-1　三朵玫瑰花

分析：该程序输出五行，每一行用回车符\n断开。可以用两种方法实现：用一句或者用五句。用一句时可用'\'作为行连接符，用五句时每一行作为依据，用回车符\n结束即可。

编程样例：

解答一：五句。

```
print('{@} {@} {@}  ')
print(' |   |   |  ')
print(r'\|/  \|/ \|/ ')
print(' |    |   | ')
print(' |    |   | ')
```

说明： 第三句中'r'的作用是使句中的'\'还原本意，不看做转义字符。

解答二：一句。

```
print('{@} {@} {@} \n\
 |   |   |   \n\
\\|/ \\|/ \\|/  \n\
 |   |   |   \n\
 |   |   |  ')
```

说明： 每一行最后的'\'起语句连接符的作用，将五行连成一条语句。

任务二：仿照上例，按图1-4-2所示输出诗词。

诗词欣赏
水调歌头·游泳
作者：毛泽东
才饮长沙水，又食武昌鱼。
万里长江横渡，极目楚天舒。
不管风吹浪打，胜似闲庭信步，今日得宽余。
子在川上曰：逝者如斯夫！

风樯动，龟蛇静，起宏图。
一桥飞架南北，天堑变通途。
更立西江石壁，截断巫山云雨，高峡出平湖。
神女应无恙，当惊世界殊。

图 1-4-2　输出样式

2. 计算

任务一：求三角形的面积。

已知三角形的底base和高height，编程求三角形的面积area。

分析：三角形的底base和高height作为已知数据赋值，用公式，三角形的面积=底*高/2计算，求得结果，最后输出。

代码如下：

```
#求三角形的面积
base=5
height=4
area=base*height/2
print('三角形的面积=',area)
```

任务二：自己编程，求正方形的周长和面积。

已知正方形的边长，编程求正方形的周长和面积。

按图1-4-3所示输出结果。

```
正方形边长= 12
周长= 48
面积= 144
```

图 1-4-3　输出样式

3. 温度转换

已知华氏温度F和摄氏温度C的转换关系是：$C=\frac{5}{9}(F-32)$，将程序补充完整实现温度转换。

分析：该题需要将数学表达式改成计算机表达式。两个要点，一是表达式需要写在一行，二是乘号的使用*，不能省略。

代码如下：

```
#温度转换temp.py
F = input("请输入华氏度的温度值: ")
C = 5*(eval(F) - 32)/9
print("转换后的摄氏温度是{:.2f}".format(C))
C = input("请输入摄氏度的温度值: ")
F =
print("转换后的华氏温度是{:.2f}".__________)
```

运行结果如图1-4-4所示。

```
>>>
= RESTART: D:\mypy\1-4-5.py
请输入华氏度的温度值: 90
转换后的摄氏温度是32.22
请输入摄氏度的温度值: 40
转换后的华氏温度是104.00
```

图 1-4-4　运行结果

**说明：**试着改变输入的数据，观察结果的变化。

4. 拓展

以下代码使用Python的标准库turtle绘制了一只蟒蛇（python）图，如图1-4-5所示。

图 1-4-5　蟒蛇（Python）图

分析：本项目首先导入使用turtle库，使用顺序和循环结构绘制了一只蟒蛇。相关的语法和设计将会在后续内容中展开学习。

提示：pencolor 指画笔颜色，即蟒蛇的颜色，值可以修改；pensize 指画笔粗细，即蟒蛇的腰围，值可以修改。

注意代码的缩进，不能有错。代码如下：

```
#t.py
import turtle as t
t.setup(650, 350, 200, 200)    #设置画布和初始位置
t.colormode(255)               #设置颜色模式 0-255
t.penup()
t.fd(-250)
t.pendown()
t.pensize(25)                  #python 的腰围
r = 160;g=20;b=240
t.pencolor((r,g,b))            #python 的颜色
t.seth(-40)
for i in range(4):
    a = i*30
    t.pencolor((r-a,g+a,b-a)) #python 变色
    t.circle(40, 80)
    t.circle(-40, 80)
t.pencolor((r-120,g+120,b-120))
t.circle(40, 80/2)
t.fd(40)
t.pencolor((r-150,g+150,b-150))
t.circle(16, 180)
t.fd(40 * 2/3)
```

扩展题目：

1．修改pensize()函数的值，观察Python腰围的变化。

2．修改pencolor((r,g,b))函数中r、g、b的值，观察Python颜色的变化。

3．修改circle(r, angle) 函数中r、angle的值，观察Python曲度的变化。

Python 语法基础

实验 2-1 Python 数据类型

一、实验目的

1. 熟悉Python的数据类型。
2. 掌握Python的数值类型。
3. 掌握变量的定义和使用方法。

二、实验环境

1. 硬件需求：计算机。
2. 软件需求：Python 3.x。

三、实验任务和指导

1. 查看 Python 当前版本的保留字

导入keyword 模块，可以输出当前版本的所有关键字。

```
>>> import keyword
>>> keyword.kwlist
```

2. 数字类型

任务一：查看Python的四种数字类型。

```
>>> a, b, c, d = 20, 5.5, True, 4+3j
>>> print(type(a), type(b), type(c), type(d))
```

任务二：查看整型数据。

模仿编程样例，使用交互式编程完成任务并填空。

（1）2的100次方的值为________。

编程样例：

```
>>> 2**100
```

（2）二进制数0b1011011的十进制值为________。

编程样例：

```
>>>  0b1011011
```

（3）八进制数0o57的十进制值为________。

（4）十六进制数0x4a1的十进制值为________。

任务三：查看浮点型数据。

3.1e-2的值为________。

编程样例：

```
>>> 3.1e-2
```

任务四：查看复数型数据。

（1）当j=3，a=2-j，a的值是________，a的类型是________。

编程样例：

```
>>> j = 3
>>> a = 1-j
>>> a                # 查看 a 的值
>>> type(a)          # 查看 a 的类型
```

（2）当j=3，a=2-1j，a的值是________，a的类型是________。

（3）当x=7.5-9.2j时，x的实部是________，虚部是________。

编程样例：

```
>>> x = 7.5 - 9.2j
>>> x.real
>>> x.imag
```

任务五：查看逻辑型数据。

（1）10>2的值为________。

编程样例：

```
>>> 10 > 2
True
```

（2）10>20的值为________。

（3）10+True的值为________。

（4）10-False的值为________。

3. 容器类型

任务一：查看list列表类型。

list1的值是________，list1 的类型是________。

编程样例：

```
>>> list1 = [1,2.3,'hello',True]
>>> list1
>>> type(list1)
```

任务二：查看tuple元组类型。

当t1=(2,4,[1,3],5)，t1的值是________，t1的类型是________。

任务三：查看str字符串类型。

当s1='逝者如斯夫，不舍昼夜！'，s1的值是________，s1的类型是________。

任务四：查看dict字典类型。

当dict1 = {'name': 'Tom', 'age':18, 'sex':'Male'}，dict1的值是________，dict1的类型是________。

任务五：查看set集合类型。

当set1 = {1,2,3,0,2,3,5}，set1的值是________，set1的类型是________。

实验 2-2 Python 输入输出及格式

一、实验目的

1．掌握Python的输出函数print()。

2．掌握Python的输入函数input()。

二、实验环境

1．硬件需求：计算机。

2．软件需求：Python 3.x。

三、实验任务和指导

1. 输出函数 print() 的基本格式

任务一：print语句中的分隔符。

（1）语句print(12,34,56,78) 执行后，显示的结果为________，输出的数据以________为分隔符。

（2）语句print(12,34,56,78,sep='@) 执行后，显示的结果为________，输出的数据以________为分隔符。

编程样例：

```
>>> print(1,3,5,7)                    # 默认"  "(空格)作为输出分隔符
1 3 5 7
>>>print(1,3,5,7,sep='@')             # 指定"@"作为输出分隔符
1@3@5@7
```

任务二：print语句中的结束符

（1）语句print("age"); print(18) 执行后，显示的结果为________，默认输出以________结束符。

（2）语句print("age",end="="); print(18)执行后，显示的结果为________，输出数据以________结束符。

编程样例：

```
>>>print("score"); print(95)                  # 默认换行输出
score
95
>>>print("score",end="=");  print(95)         # 以"="结尾,输出在一行
score=95
```

2. print() 函数的格式化操作符 %

（1）语句print("%d+%d=%d"%(2,3,2+3))执行后，显示的结果为________。

（2）语句 print('%c，%c'%('a',97)) 执行后，显示的结果为________。该格式的含义是________。

（3）表达式 '%10s' % '12345'的值为________，一般用于交互式输出。

（4）语句print("%7.2f " % 3.234)执行后，显示的结果为________，一般用于脚本文件。

（5）格式化输出，输出结果是________。

```
print("%s 的英语成绩为 %d 分 ,%s 的数学成绩为 %d 分 "%(" 李一 ",90," 李一 ",85))
```

3. print() 函数的格式化操作符 format

任务一：format格式输出。

（1）格式化输出，输出结果是________。该格式的含义是________。

```
print("{} 的英语成绩为 {} 分 ".format(" 李一 ",90))
```

（2）格式化输出，输出结果是________。该格式的含义是________。

```
print("{0} 的英语成绩为 {1} 分，{0} 的数学成绩为 {2} 分 ".format(" 李一 ",90,85))
```

（3）格式化输出，输出结果是________。该格式的含义是________。

```
 print("{name} 的英语成绩为 {score2} 分 ,{name} 的数学成绩为 {score1} 分 " \
.format(name=" 李一 ",score1=85,score2=90))
```

任务二：format的参数格式。

（1）设置宽度格式化输出，输出结果是________。该格式的含义是________。

```
print("{1:12.2f}{0:+12.4f}{0:012.6f}".format(13.12345678,30.7832))
```

（2）进制格式输出，输出结果是________。语句的含义是________。

```
"{0:b},{0:#b}".format(10)
print("{0:b},{0:#b}".format(10)) # 输出数字
```

（3）进制格式输出，输出结果是________。语句的含义是________。

```
"{0:o},{1:x},{2:X},".format(10,11,12)
```

（4）点数输出，输出结果是________。语句的含义是________。

```
print("{0:},{0:.2E}".format(4356.1287))
```

4. print() 函数的输出对齐

任务一：%输出对齐。

以下语句输出结果是________。分析：输出语句是怎样对齐的？

```
print('='*40)
print('%s%s%s'%('='*11,"Welcome to Python",'='*12))
print('='*40)
```

输出对照：

```
========================================
===========Welcome to Python============
========================================
```

任务二：format的输出对齐。

以下语句输出结果是________。分析：输出语句是怎样对齐的?

```
print("{0:6} 的入学成绩为 :{1:$<5}".format("Tom",598))
print("{0:6} 的入学成绩为 :{1:#^5}".format("Jerry",622))
print("{0:6} 的入学成绩为 :{1:*>5}".format("Spike",600))
```

输出对照：

```
Tom    的入学成绩为：598$$
Jerry  的入学成绩为：#622#
Spike  的入学成绩为：**600
```

5. input() 函数的输入格式

任务一：input输入的信息以字符串格式返回。

执行语句 a = input("a=")，输入12，则a的值________，a的类型是________。

编程样例：

```
>>> a = input("a=")
a=23
>>> a
'23'
>>> type(a)
<class 'str'>
```

任务二：将input输入的信息转换成数字类型。

（1）eval()函数可计算字符串中表达式的值并存入变量。

练习以下代码：数值可变。观察x的类型。

```
>>> x = eval(input(" 请输入数据 :"))
请输入数据 :123+456
>>> x
579
>>> type(x)
<class 'int'>
```

（2）可使用内置的int()或float()函数将输入的字符串转换为数值类型。

练习以下代码：数值可变。

```
>>>x = input(" 请输入一月份的工资 :")
请输入一月份的工资 :4230.12
>>>x
'4230.12'        # 变量 x 的值是字符串型
>>>y = float(input(" 请输入一月份的奖金： "))
请输入一月份的奖金 :830.34
>>> y
830.34
>>> type(y)
<class 'float'>
>>>float(x)+ y  #float() 函数将输入的字符串转换为浮点数
5060.46
```

（3）多变量同时赋值可使用eval()函数。使用int()或float()函数则报错。

练习以下代码：数值可变。

```
>>> x,y,z = eval(input("输入x,y,z :"))
输入x,y,z: 1.5,6.78,9.23
>>> x
1.5
>>> y
6.78
>>> z
9.23
```

使用int()或float()函数进行多变量赋值会报错。

代码如下：

```
>>> a,b = input("a,b=")
a,b = 1,2
Traceback (most recent call last):
  File "<pyshell#0>", line 1, in <module>
    a,b = input("a,b=")
ValueError: too many values to unpack (expected 2)
```

6. 编程题

（1）输入矩形的长和宽，求其周长和面积。使用print()函数的%格式，输出长宽，输出周长和面积，小数点后保留两位有效数字。

完善下列程序：

```
a,b = eval(input("输入长，宽: "))
c=__________# 求周长
s=__________# 求面积
print('长=%.2f，宽=%.2f'%(a,b))
print('周长______，面积______'%(c,s))
```

（2）输入三角形的底和高，求三角形的面积。使用print()函数的format格式，输出底和高，输出面积，小数点后保留两位有效数字。

完善下列程序：

```
a,h = eval(input("输入底，高: "))
s = __________# 求面积
print('底={:.2f}，高={:.2f}'.format(a,h))
print('面积={__________}'.format(s))
```

（3）输入摄氏温度C，求华氏温度F，有$F=\frac{9}{5}C+32$。输出C、F的值，小数点后保留1位有效数字。（测试数据：C=30时，F=86）

完善下列程序：

```
C=________________          # 输入摄氏温度
F=________________          # 求华氏温度
print("摄氏温度={:.1f}时，华氏温度={________}".format(C,F))
```

实验 2-3 Python 内置函数

一、实验目的

1. 熟练掌握常用功能内置函数的使用。

2．学会查看当前Python版本的内置函数。

3．学会查看内置函数的使用方法。

二、实验环境

1．硬件需求：计算机。

2．软件需求：Python 3.x。

三、实验任务和指导

1. 查看 Python 的内置函数

（1）Python的内置函数，都封装在内置模块__builtins__之中。使用dir()函数查看。

练习以下代码：注意builtins前后都是两个下划线，后面是部分结果。

```
>>> dir(__builtins__)
['ArithmeticError', 'AssertionError', 'AttributeError', 'BaseException',
'BlockingIOError', 'BrokenPipeError', 'BufferError', 'BytesWarning',
'ChildProcessError', 'ConnectionAbortedError', 'ConnectionError', ……]
```

（2）使用help( )函数可查看函数的使用方法。

练习以下代码：

```
>>> help(sum)
Help on built-in function sum in module builtins:
sum(iterable, /, start=0)
    Return the sum of a'start'value (default:0)plus an iterable of numbers …….
```

2. 常用内置函数的使用

（1）执行语句eval("2"+"3")，结果是________，语句的含义是________。执行语句eval("2+3")，结果是________，语句的含义是________。

（2）输入x、y的值，使用divmod(x,y)函数，得x除以y的商和余数并输出，结果为________。

练习以下代码：

```
>>> (div,mod) = divmod(17, 5)
>>> print ("商 = ", div, "余数 = ", mod)
商 =  3 余数 =  2
```

（3）执行语句pow(9, 0.5)，结果是________，语句的含义是________，

得到相同的结果还可以使用语句：________。（提示：运算符**）

（4）执行语句 round(3.5179)，结果是________，语句的含义是________。

（5）执行语句 round(3.5179, 2)，结果是________，语句的含义是________。

（6）执行语句 round(321.5179, -1)，结果是________，语句的含义是________。

（7）执行语句 max(1,9,7)，结果是________，语句的含义是________。

（8）执行语句 list(range(5))，结果是________，语句的含义是________。要得到序列[0,2,4,6,8]，程序语句是________。

3. 常用内置函数中的类型转换函数

（1）执行语句int(3.5)，结果是________，语句的含义是________。

（2）执行语句int(3.5)，结果是________，语句的含义是________。

（3）执行语句int('1011',2)，结果是________，语句的含义是________。

（4）执行complex(3.2,4.5)语句，结果是________，语句的含义是________。

（5）执行语句a=bin(1024)，a的结果是________，a的数据类型是________，语句的含义是________。

编程样例：

```
>>> a = bin(15)
>>> print ("a = ", a, "  type: ", type(a))
a = 0b1111type:  <class 'str'>
```

（6）请写出unicode码97对应的相应字母（提示：可用chr(x)函数）。

（7）分别写出你的名字的unicode码。

编程样例：汉字'三'的unicode码。

```
>>> ord('三')
19977
```

（8）list('abcde')语句的执行结果是________。

（9）tuple("12345")语句的执行结果是________。

（10）dict([(1,"a"),(2,"b"),(3,"c")])语句的执行结果是________。

4．编程题

（1）给定数学、语文、英语三门课的成绩，计算平均值，将其小数点后保留2位有效数字后输出（提示：可用round()函数）。

完善以下程序：

```
ma,ch,eng = eval(input("输入数学、语文、英语三门课的成绩： "))
avg=____________________# 计算平均值
print("平均成绩是{}".format(round(avg,2)))
```

（2）总成绩=作业成绩×20%+期中成绩×30%+期末考试成绩×50%，成绩可以有小数。

输入作业成绩、期中成绩、期末成绩，计算出总成绩，四舍五入取整后输出（提示：可用round()函数）。

完善以下程序：

```
hw,mid,final = eval(input("输入作业、期中、期末成绩： "))
total=_____________________________
print("平均成绩是{}".format(___________)) # 输出总分
```

实验 2-4 Python 标准库

一、实验目的

1．掌握Python标准库的使用方法。

2．能够熟练使用math标准库的常用函数。

3．能够熟练使用random标准库的常用函数。

二、实验环境

1．硬件需求：计算机。

2．软件需求：Python 3.x。

三、实验任务和指导

1．标准库的使用方法

编程样例：输出π的值。

方法一：

```
import math    #math 是库名
print(math.pi)
结果：
3.141592653589793
```

方法二：

```
from math import *
pirnt(pi)
结果：
3.141592653589793
```

2．math 库中常用函数的使用

（1）表达式math.copysign(−3.14,57) 的功能是________，运算结果是________。

（2）表达式math.ceil(−3.6) 的功能是________，运算结果是________。

math.floor(-3.6) 的功能是________，运算结果是________。

（3）x=23.56789，int(x)、math.trunc(x)和round(x)的运算结果是________，三者的不同是________。

（4）表达式math.modf(-3.6) 的功能是________，运算结果是________。

（5）表达式fsum(range(1,10,2))的功能是________，运算结果是________。

（6）表达式-32%10的功能是________，运算结果是________。表达式math.fmod(-32,10)的功能是________，运算结果是________。这两者的区别是________。

（7）表达式math.copysign(-2,1.35)的功能是________，运算结果是________。

3．按要求写出合法的 Python 表达式

（1）两种方法求5的三次方。

（2）x=−4.2，求|x|的值。

（3）输入n值，计算n!（提示：可以使用factorial()函数）。

（4）求sin30°的值。

4．random 库中常用函数的使用

（1）执行random.uniform(100,200)语句的结果是________，功能是________。执行random.uniform(200,100)语句的结果是________。

（2）执行random.randint(100,200)语句的结果是________，功能是________。执行random.randint(200,100)语句的结果是________。

（3）执行random.random( )语句的结果是________，功能是________。

（4）执行random.choice(range(10, 30, 2)) 语句的结果是________，功能是________。

（5）执行random.shuffle([10,30,20])语句的结果是________，功能是________。

（6）执行random.sample('abcdef',2)语句的结果是________，功能是________。

（7）执行random.sample('abcdefg',4)语句的结果是________，功能是________。

5. **编程题**

要求：数字运算时，结果均小数点后保留两位有效数字后输出。

（1）输入圆半径，计算圆的周长、面积。输出圆半径，圆的周长、面积值（测试数据 r=2时，周长和面积都为12.57）。

完善以下程序：

```
import math          # 导入数学模块
r = eval(input('输入半径: '))
p = 2*math.pi*r
s = ______________# 计算圆面积
print('半径={}时，周长={}，面积={}'.format(round(r,2),round(p,2),round(s,2)))
```

（2）一个大圆内套一个小圆。分别输入圆半径，求两圆之间圆环的面积并输出。

完善以下程序：

```
________________                   # 导入数学模块
r1 = eval(input('输入大圆半径: '))
r2 = ____________________          # 输入小圆半径
ring = ______________________      # 计算圆环的面积
print('大圆半径={}，小圆半径={}'.format(round(r1,2),round(r2,2)))
print('圆环面积={}'.________________)
```

（3）输入三角形的三条边长a、b、c（假设两边之和均大于第三边），求三角形的面积并输出。

提示：海伦公式 $p=\dfrac{a+b+c}{2}$， $s=\sqrt{p(p-a)(p-b)(p-c)}$

（测试数据：a，b，c 分别为 3、4、5 时，面积 =6）

完善以下程序：

```
________________          # 导入数学模块
a,b,c=eval(input("输入三角形的三边: "))
p = _________________     # 计算p值
s = __________________    # 计算s值
print("三角形三边分别是: {},{},{}".________________)
print("三角形面积是: {}".format(round(s,2)))
```

（4）输入三角形的两边及其夹角，求三角形的面积。输出两边及其夹角，输出三角形的面积（测试数据：两边为3，4，夹角为90时，面积=6）。

完善以下程序：

```
________________           # 导入数学模块
a,b = eval(input('a,b = '))
angle = eval(input('angle = '))
area = ________________ # 计算三角形面积
print('a = {},b = {},angle = {}'.format(round(a,2),round(b,2),round(angle,2)))
print('三角形的面积={}'.format(________________))
```

分析：三角形的面积$s=ab\sin(x)/2$。数学函数$\sin(x)$中的x指弧度，本题输入的是角度，需要先转换成弧度再求正弦值。

方法一：使用角度转弧度运算math.sin(x*math.pi/180)。

方法二：使用Python角度转弧度函数math.sin(math.radians(x))。

（5）输入平面两点坐标（x1,y1）和（x2,y2），求这两点之间的距离并输出（测试数据：两点坐标是（1，1）和（3，3）时，距离约为2.83）。

完善以下程序：

```
________________          #导入数学模块
x1,y1=eval(input('x1,y1 = '))
x2,y2 = ________________ #输入第二个点的坐标
dist = _________________ #计算距离
print('第一个点的坐标是({},{})'.format(round(x1,2),round(y1,2)))
print('第二个点的坐标是({},{})'.___________________________)
print('这两点之间的距离是{}'.________________)
```

分析：计算两点之间的距离。

方法一：数学公式 dist=$\sqrt{(x_2-x_1)^2+(y_2-y_1)^2}$。

方法二：Python函数 math.hypot((x2-x1),(y2-y1))。

（6）生成两个100以内的随机浮点数，将两数交换。分别输出交换前后两数的值。

完善以下程序：

```
import random                    #导入随机数模块
a=random.uniform(0,100)
b=________________               #随机生成第二个浮点数
print("a = {},b = {}".format(round(a,2),round(b,2))) #输出交换前两数的值
__________________#两数交换
print("a = {},b = {}".___________)#输出交换后两数的值
```

分析：两数交换算法a,b=b,a。

（7）生成两个100以内的随机整数，求它们的最大公约数和最小公倍数并输出（测试数据：24、36的最大公约数是12，最小公倍数是72）。

完善以下程序：

```
_______________           #导入随机数模块
________________          #导入数学模块
a = random.randint(0,100)
b = __________________ #生成第二个整数
m = __________________ #计算最大公约数
n = __________________ #计算最小公倍数
print('{}和{}的最大公约数是{}，最小公倍数是{}'.format(a,b,m,n))
```

分析：最大公约数函数math.gcd(a,b)。

计算最小公倍数，方法为用ab之积整除最大公约数。

实验3 容器数据类型

实验 3-1 序列的操作

一、实验目的

掌握序列常用的操作。

二、实验环境

1．硬件需求：计算机。

2．软件需求：Python 3.x

三、实验任务和指导

1. 序列的常用操作

任务一：练习序列的常用基本操作。

编程样例：

```
>>>list1 = [2002, 2023, 2024]
>>>str1 = "Changzhou University Huaide College"
>>>tuple1 = (11, 23, 35, 41)
# 判断元素是否是序列的成员
>>>"Taizhou" in str1
False
>>>"Huaide" in str1
True
>>>8 not in list1
True
>>>[2002, 2024] in list1
False
>>>(11, 23) in tuple1
False
>>>11 in tuple1
True
>>>(23, 35) not in tuple1
True
# 序列的连接合并
>>>[1, 3, 5] + list1
 [1, 3, 5, 2002, 2023, 2024]
```

```
>>>tuple1 + (2, 4, 6)
(11, 23, 35, 41, 2, 4, 6)
>>>str1 + "Department of Information Engineering"
"Changzhou University Huaide CollegeDepartment of Information Engineering"
>>>L1 = ["张三","李四","王五"]
>>>L2 = [18, 19, 17]
>>>L1 + L2
["张三","李四","王五", 18, 19, 17]
>>>L1
["张三","李四","王五"]
>>>L1 = ["张三","李四","王五"]
>>>S2 = ["123"]
>>>L1 + S2
["张三","李四","王五","123"]
>>>L1
["张三","李四","王五"]
# 序列的重复操作
>>>S3 = "day"
>>>S3 * 2
>>>S4 = "GoodGoodStudy"
>>>S4 + S3 * 2+ 'UP'
```

任务二：仿照上例，自己编程。

定义列表list1=[10,11,12,13,14,15,16,17,18]，元组tuple1=('草莓', '苹果', '香蕉', '芒果')，字符串str1="I have a dream"。

（1）判断"西瓜"是否是tuple1的成员。

（2）判断"Dream"不在str1中是真还是假。

（3）将list2=[5,6,7,8]中的元素与list1进行合并。

（4）将str2="world peace"与str1合并。

2. 序列的索引

任务一：练习序列索引和切片。

编程样例：

```
>>>list1 = [1949, 2000, 2008, 2020, 2023, 2024]
>>>str1 = "Changzhou University Huaide College"
>>>tuple1 = (11, 23, 35, 41)
# 根据索引访问序列
>>>list1[0]
>>>str1[10]
>>>tuple1[-1]
# 对索引的切片
>>>list1[0:2]
>>>tuple1[:3]
>>>str1[10:]
# 控制步长
>>>tuple1[:]
>>>list1[::2]
>>>str1[2:21:2]
# 步长为负数，倒序访问
>>>list1[-4:-1]
>>>tuple1[:-1]
```

```
>>>str1[-14:]
>>>list1[-1:-6:-1]
>>>tuple1[::-2]
>>>str1[-1:-20:-3]
```

任务二：仿照上例，自己编程。

定义列表list1=[10,11,12,13,14,15,16,17,18]，元组tuple1=('草莓', '苹果', '香蕉', '芒果')，字符串str1="I have a dream"。

（1）返回list1中下标为3的内容。

（2）返回list1中下标是偶数的列表。

（3）返回tuple1中的最后2个元素。

（4）返回str1中的最后一个单词。

（5）按照从后往前的顺序返回str1中下标是奇数的字符串。

3. 序列的常用函数和方法

任务一：练习序列常用的函数和方法。

编程样例：

```
>>>list1 = [2002, 2024, 2023, 1949]
>>>string1 = "Changzhou University Huaide College"
>>>tuple1 = (11, 23, 35, 41)
# 返回序列中元素的个数
>>>len(list1)
>>>len(tuple1)

>>>len(string1)
>>>string2 = "Chang zhou University Huai de College"
>>>len(string2)
# 返回序列中符合要求的元素，最大 / 求和 / 最小
>>>max(list1)
>>>sum(tuple1)
>>>min(string1)
# 将字符类型转换成对应的 Unicode 编码
>>>ord('a')
>>>ord('e')
>>>ord('C')
# 将 Unicode 编码转换成对应的字符
>>>chr(65)
>>>chr(97)
>>>chr(120)
# 删除序列
>>>del(string2)
>>>string2
# 序列类型互相转换
>>>string2 = str(list1)
>>>string2
>>>tuple2 = tuple(string2)
>>>tuple2

>>>list2 = list(string1)
>>>list2
# 使用 sorted() 函数对序列排序
>>>sorted(list1)
```

```
[1949, 2002, 2023, 2024]
>>>list1
[2002, 2024, 2023, 1949]  #list1 并没有发生变化
# 使用 sort() 方法对序列排序
>>>list1.sort()
>>>list1
 [1949, 2002, 2023, 2024]
>>>list1.sort(reverse=True)
>>>list1
 [2024, 2023, 2002, 1949]
# 使用 extend() 方法将多个序列的值连接
>>>L1 = ["张三","李四","王五"]
>>>L2 = [18, 19, 17]
>>>L1.extend(L2)
>>>L1
 ["张三","李四","王五", 18, 19, 17]
# extend() 方法和 append() 方法的区别
>>>L1 = ["张三","李四","王五"]
>>>L2 = [18, 19, 17]
>>>L1.append(L2)
>>>L1
 ["张三","李四","王五", [18, 19, 17]]
>>>L1 = ["张三","李四","王五"]
>>>S2 = "123"
>>>L1.extend(S2)
>>>L1
["张三","李四","王五",'1', '2', '3']
```

任务二：模仿上例，自己编程。

```
string1 = "Computer Science"
string2 = "Software Engineering"
grades = ("一年级", "二年级", "三年级", "四年级")
classes = ["一班","二班","三班"]
```

（1）求string1的长度。

（2）比较string1和string2的大小。

（3）将grades转换成字符串，并输出其长度。

（4）将classes中的数据按照从大到小的顺序排序。

4. 课后练习

1）填空题

（1）已知a="abcdef"，执行语句m1=a[::-1]后，m1的值为________，功能是________；执行语句m2=a[:-1]后，m2的值为________，功能是________。

（2）运行下列代码，输出结果是________。

```
t = "the World is so big,I want to see "
s = t[20:22] + 'love  ' + t[:9]
print(s)
```

（3）[1,2]in [1,2,3,4]的结果为________，原因是________。

（4）表达式"12"*3的值为________，功能是________。

（5）已知 x = [3, 7, 5]，那么执行语句 x.sort(reverse=True) 之后，x的值为________，功能

是________。

（6）已知x为非空列表[11,22,33]，那么执行语句 y = x[:] 之后，id(x[0]) == id(y[0]) 的值为________。

（7）运行下列代码，输出结果是________。

```
L = [10,11,12,13,14,15,16,17,18]
print(L[0:9:2])
print(L[::-1])
```

（8）运行下列代码，输出结果是________。

```
s = "Hello" + "World"
print(s)
print(s*2)
```

（9）运行下列代码，输出结果是________。

```
s = "I have a dream"
print(s.upper())
print(s.split(" "))
```

（10）运行下列代码，输出结果是________。

```
lst = [4,5,6,8,7,9,1,2,4,5,8]
print(lst[5:])
print(lst[8:2:-2])
```

（11）运行下列代码，输出结果是________。

```
tuple1 = (1,2,3)
tuple2 = (4,5,6)
tuple3 = tuple1+tuple2
print(tuple3)
print(min(tuple3))
```

（12）运行下列代码，输出结果是________。

```
L = [('z',20,11),('w',30,22),('x',10,33, 'a'),('y',50) ]
m1 = max(L, key = lambda item: len(item))
print(m1)

m2 = max(L, key = lambda item: item[0])
print(m2)

m3 = max(L, key = lambda item: item[1])
print(m3)
```

（13）"@".join(["Happy", "New", "Year"])的输出结果是________。

2）编程题

（1）season=('春','夏', '秋','冬')。

① 将season中的元素逆序输出。

② 分别输出"春"，"秋"。

③ 输出"夏秋"。

④ 输出"夏""秋"。

（2）自己定义一个包含5个以上元素的序列，如'我是**班***'。

① 输出该序列的前三个元素。

② 输出该序列的最后三个元素。

（3）去除字符串s= " ab23cd " 中的数字，构成一个新的字符串 " abcd " 。

（4）list1=[1,5,9,7,3]。

① 求该列表的最大值，最小值，和值，平均值。

② 将其元素按照升序输出，原序列不变。

③ 将list1 排成有序序列后输出。

（5）s='This is a test'。

① 输出该序列的每一个单词。

② 统计s中有几个单词。

③ 统计s中 'is'出现的次数。

④ 将其中的'This' 替换成'That'后输出。

（6）name='张三李四'，请将'张三李四'改成自己的名字。

① 输出每个汉字的unicode编码；

② 找到其中的最大值；

③ 输出这个汉字。

实验 3-2 字 符 串

一、实验目的

1．掌握字符串的表示方法。

2．掌握字符串的处理方法。

3．掌握字符串的格式化方法。

二、实验环境

1．硬件需求：计算机。

2．软件需求：Python 3.x。

三、实验任务和指导

1．字符串

任务一：练习字符串的表示方法和操作方法。

```
# 单引号字符串
>>>'123abc'
# 双引号字符串
>>>"123abc"
# 判断包含关系
>>>'12' in '123abc'
>>>'1a' in '123abc'
```

```
# 字符串连接
>>>'12' '34' '56'
>>>'12'+ '34'+'56'
#  '字符串乘法'
>>>'12'* 3
>>>3 * 'ab'
# 字符串的切片
>>>a='1234567890'
# 返回下标为 2,3 的字符串组成的字符串
>>>a[2:4]
# 返回下标为 -4,-3 的字符的字符串
>>>a[-4:-2]
# 返回以下标 2 开始至结尾的字符串
>>>a[2:]
# 返回开始至下标 4 的字符串
>>>a[:5]
# 返回下标 2 ～ 9 间隔一个字符的字符串
>>>a[2:9:2]
# 间隔数是负数时，开始位置大于结束位置
>>>a[9:2:-1]
# 反转字符串
>>>a[::-1]
```

任务二：仿照上例，自己编程。

定义3个字符串name的值为'we'，action的值为'like'，country的值为'China'。

（1）将3个字符串拼接成新的字符串'S'。

（2）返回下标3位置的字符串。

（3）返回下标6至结尾的字符串。

（4）返回开始至下标6的字符串。

（5）返回字符串中下标偶数位置的字符串。

（6）从后往前返回下标位置奇数位置的字符串。

2. 字符串处理函数

任务：字符串常用的函数。

编程样例：

```
>>>S = "The Diaoyu Islands belong to China."

# 返回字符串中字符的数量
>>>len(S)

# 返回字符串中 Unicode 编码最大的字符
>>>max(S)
# 返回字符串中 Unicod 编码最小的字符
>>>min(S)

# 得到字符串 S 中第一个字符的 Unicode 编码
>>>ord(S[0])
# 得到 Unicode 编码为 98 的字符
>>>chr(98)
```

3. 字符串处理方法

任务一：字符串常用的方法。

编程样例：

```
s = 'we like huaide college'
# 首字符大写，其他小写
>>>s.capitalize()
# 全部小写
>>>s.lower()

# 全部大写
>>>s.upper()

# 统计字符串中 'e' 的数量
>>>s.count('e')

# 测试字符串是否以 'ge' 结尾
>>>s.endswith('ge')

# 测试字符串是否以 'we' 开始
>>>s. startswith('we')

# 返回 'h' 第一次出现时的序号
>>>s.find('h')
# 返回 'H' 第一次出现时的序号
>>>s.find('H')

>>>s1 = ' we like\n huaide\r college '
# 删除首尾的空格，回车符以及换行符
>>>s2 = s1.strip()
>>>s2

# 删除首尾的指定字符 'we'
>>>s3 = s2.strip('wen')
>>>s3

# 替换字符，将所有的 'e' 换成 'E'
>>>s4 = s2.replace('e','E')
>>>s4

# 用指定字符分解字符串
>>>s5 = s4.split(' ')
>>>s5

# 用指定字符连接序列中的字符串
>>>s6= '#'.join(s5)
>>>s6
```

任务二：实现以下功能。输入一个字符串，其中的字符由逗号（英文）隔开，编程将所有字符连成一个字符串，输出显示在屏幕上。

示例：输入：1，2，3，4，5，输出：12345

```
str1 = input("请输入由逗号隔开的字符串")
str1 = ____________        #使用 split() 方法将输入的字符串按照逗号分隔
print(____________)    #使用 join() 方法将字符连接
```

任务三：仿照上例，自己编程。

（1）定义字符串s为' I like China,\n we like China!'，并打印输出s。

（2）将字符串中所有的字符转换成大写。

（3）返回字符串'China'的序号。

（4）删除s首尾的空格、换行符。

（5）把s中的'like'替换成'love'。

（6）根据空格将字符串分解，并使用'**'重新连接。

4. 字符串格式化

任务一：使用%格式化表达式和format()方法执行字符串的格式化操作。

编程样例：

```
# 依次填充参数
>>>'单价:%.2f, 数量:%d, 总金额:%.2f'%(2.3, 15, 2.3*15)

# 字符串的默认填充
>>>'%s, %s'%('ab','cd')
>>>'%d, %-d'%(32, -32)

# 指定内容占 8 位，默认右对齐
>>>'%8d, %-8d'%(32, -32)
# 填充 0 对左对齐
>>>'%+08d, %-08d'%(32, -32)

# 按默认顺序填充
>>>'{},{},{}'.format(12,'ab',34)

# 按序号填充，可多次
>>>'{0},{1},{0}'.format(12,'ab')

# 指定宽度，默认对齐
>>>'{:5},{:5},{:5}'.format(12,'ab',34)

# 使用 format() 函数执行格式化
>>>format(3.456, '5.2f')

# 格式化字符串常量
>>>a = 4.567
>>> f'{a:5.2f}'
```

任务二：以论语中一句话作为字符串变量 s，补充程序，分别输出字符串 s 中汉字和标点符号的个数。

s = "学而时习之,不亦说乎?有朋自远方来,不亦乐乎?人不知而不愠,不亦君子乎?"

```
n = 0              # 定义来统计汉字个数
m = 0              # 定义来统计标点符号个数
m = __________     # 统计语句中，和? 的数量
n = __________     # 可以用总字数减标点的数量得到汉字个数
print("字符数为{}，标点符号数为{}。".format(n, m))
```

任务三：根据输入正整数*n*，作为财务数据，输出一个宽度为20字符，*n*右对齐显示，带千位分隔符的效果，使用减号字符“-”填充。如果输入正整数超过 20 位，则按照真实长度输出。

编程样例：

```
n = eval(input())
______________     #按照要求对 n 进行格式化输出
```

实验 3-3 列 表

一、实验目的

掌握列表的使用方法。

二、实验环境

1．硬件需求：计算机。

2．软件需求：Python 3.x。

三、实验任务和指导

1. 列表

任务一：列表的基本操作。

编程样例：

```
# 列表的创建
list1 = ['a','b','c']
list2 = [1,5,7,['x','y'],4,7]
list3 = list(range(1,10,2))
# 根据索引获取列表元素
>>>list1[1]
>>>list2[3]
>>>list3[-3]
# 列表切片
>>>list1[0:2]
>>>list2[:3]
>>>list2[3:]
>>>list3[::2]
# 修改 list1 的值
>>>list1[2] = 11
>>>list1[4:] = 'z'
>>>list1[0] = ['a','b']
>>>list1
# 取出列表末尾的内容
>>>list1.pop()
>>>list1
# 在列表的末尾添加指定内容
>>>list1.append([17,19])
>>>list1
# 将其他序列中的元素依次添加到列表中
>>>tmp = [3, 5]
>>>list2.extend(tmp)
>>>list2
# 给出列表中 3 的索引
>>>list2.index(3)
>>>list2
# 统计列表 list2 中 5 的数量
>>>list2.count(5)
```

任务二：仿照上例，自己编程。

（1）创建一个列表，命名为names，往该列表里添加元素Xiaoming、Panpan、Dongdong。

（2）在names列表里的Dongdong前面插入一个新元素Yueyue。

（3）把names列表中Dongdong的名字改成中文名。

（4）往names列表中Panpan后面插入一个子列表['Mingming'，Xiaoyun']。

（5）返回names列表中Panpan的索引。

（6）创建新列表[1,2,3,4,5]，合并到names列表中。

（7）取出names列表中索引为3~6的元素。

（8）取出names列表中索引为2~8的元素，步长为2。

（9）取出names列表中最后4个元素。

2. 课后练习

1）填空题

（1）对于列表list1=[2,4,6,8,10,12]，表达式list1[1::2]的结果为________。

（2）对于列表a=[[1],(2,3),45, "67"]，表达式len(a)的值为________。

（3）有list1 = [1,2,3,6,1]，执行语句list1.remove(2)之后，list1的值为________，执行语句list1.reverse()之后，list1的值为________。

（4）已知 x =tuple(range(10))，则表达式 x[-4:] 的值为________。表达式的功能是________。

（5）已知 x,y =10,20 ，执行语句 x,y=y,x 之后，x的值为________，y的值为________。这条语句的功能是________。

（6）有一个列表ls=[[1,2,3], 'python',[[4,5, 'ABC'],6],[7,8]]。

① 输出该列表有多少成员的语句是________。

② 输出成员 'python'的语句是________。

③ 输出成员的成员[4,5, 'ABC']的语句是________。

④ 输出成员的成员的成员'ABC' 的语句是________。

⑤ 输出的成员的成员的成员'B'的语句是________。

2）编程题

（1）运行下列代码，输出结果是________。

```
num = [1,2,3]
num.append(5)    # 1
print(num)
num.extend([6]) # 2
print(num)
num.insert(1,8) # 3
print(num)
```

（2）运行下列代码，输出结果是________。

```
fruit = ['草莓','苹果','香蕉','芒果']
print(fruit[1])          # 1
fruit.remove('苹果')    # 2
print(fruit)
del(fruit[2])            # 3
print(fruit)
```

（3）运行下列代码，输出结果是________。

```
num = (1,2,3,1,3,5,0,1,1)
print(num.count(1))     # 1
print(max(num))         # 2
```

（4）生成列表s= [1, 2, 3, 4, 5, 6, 7, 8, 9, 10] 将s中偶数位的数从大到小排序之后，重新插入到偶数位置，即变为：s= [1, 10, 3, 8, 5, 6, 7, 4, 9, 2]。

```
s= [1, 2, 3, 4, 5, 6, 7, 8, 9, 10]
tmp = ________________              # 找到 s 中偶数位的数并从大到小排序
__________________                  # 将排好序的内容插到偶数位置
```

（5）生成列表s= [10, 9, 8, 7, 6, 5, 4, 3, 2, 1]，将s中奇数位的数从小到大排序之后，重新插入到奇数数位置，即变为：s= [2, 9, 4, 7, 6, 5, 8, 3, 10, 1]。

实验 3-4 元　　组

一、实验目的

掌握元组的使用方法。

二、实验环境

1．硬件需求：计算机。

2．软件需求：Python 3.x。

三、实验任务和指导

1．元组

任务一：元组的基本操作。

编程样例：

```
# 创建元组
>>>m = tuple(range(1,11))
>>>l = (13, 24, 56)
>>>n = 'cat', 'dog', 'rabbit', 'mouse', 'horse'

# 元组切片
>>>m[3:]
>>>n[::2]

# 将元组中的'horse'修改成'HORSE'
>>>n = n[0:-1] + ('HORSE',)

# 多变量赋值
>>>x, y, z = 1, 3, 5
>>>x, y, z

>>>l, m, n = z, x, y
>>>l, m, n
```

```
# 两数交换
>>>x, y = y, x
>>>x, y
```

任务二：仿照上例，自己编程。

（1）创建名字为grades的元组，其中包含10个数，即（87,100,96,77,69,83,91,77,63,85）。

（2）输出gradcs元组中第2个元素的值。

（3）输出grades元组中第1个到第5个元素的值。

（4）调用count()函数，查询77在grades元组中出现了几次。

（5）调用index()函数，查询grades元组中成绩是100分的学生的索引。

（6）调用len()函数获得grades元组中的元素个数。

（7）调用list()函数将grades元组转换为列表 list_grades。

（8）调用tuple()函数将列表 list_grades转换为元组tup_grades。

（9）新建一个元组 grades_other=(34,67)，合并 grades 和grades_other 这两个元组。

实验 3-5 字　典

一、实验目的

掌握字典的使用方法。

二、实验环境

1. 硬件需求：计算机。

2. 软件需求：Python 3.x。

三、实验任务和指导

1. 字典

任务一：字典得基本操作。

编程样例：

```
# 新建字典
>>>dict1 = dict()
>>>dict2 = {}
>>>dcit3 = dict(a=1,b=2,c=3)
# 对字典求和就是对字典中的键求和
>>> d = {1:'a', 2:'b', 3:'c'}
>>>sum(d)
# zip() 函数
>>>a = [1,2,3,4]
>>>b = ['a', 'cd', 'ert', 'a']
>>>d = dict(zip(a,b))
>>>sum(d)
# 根据键访问字典
>>> dict1 = {'name':'张三','sex':'男', 'college':'南京大学'}
>>>dict1['name']
>>>dict1['college']
# 判断字典中是否存在键
```

```
>>> 'name' in dict1
>>> '张三' in dict1
>>> '李四' not in dict1
# 求字典中的键值对数量
>>>len(dict1)
# 修改键值对的值
>>>dict1['age'] = 21
>>>dict1
>>>dict1['name'] = '王五'
>>>dict1
# 删除字典中指定的键值对
>>>del dict1['sex']
>>>dict1
# 删除字典
>>>del dict1
>>>dict1
dict1 = {'name':'张三','sex':'男', 'college':'南京大学'}
# 得到字典中所有的键
>>>dict1.keys()
>>>list[dict1.keys()]
>>> 'college' in dict1.keys()
# 得到字典中所有的值
>>>dict1.values()
>>>list(dict1.values())
# 得到字典中的所有键值对
>>>dict1.items()
>>>list(dict1.items())
# 修改字典中的内容
>>>dict1 = {'name':'张三', 'sex':'男', 'college':'南京大学'}
>>>dict2 = {'college': '南京大学'}
>>>dict1.update(dict2)
>>>dict1

>>>lst = [('profession', '计算机科学与技术')]
>>>dict1.update(lst)
>>>dict1
# 复制字典中的内容
>>>dict2 = dict1.copy()
>>>dict2
>>>dict3 = dict1
>>>dict3
# 修改字典中的内容，看复制的字典中内容是否改变
>>>dict1['name'] = 'Mike'
>>>print(dict1)
>>>print(dict2)
>>>print(dict3)
# 根据字典中的键得到对应的值，如没有，使用指定值进行返回
>>>dict1.get('name')
>>>dict1.get('name', '张三')
>>>dict1.get('class', '二班')
```

任务二：仿照上例，自己编程。

有一个字典dct={k1': 'v1', k2': 'v2', k3': 'v3'}，请完成以下操作。

（1）获得字典dct中所有的键。

（2）获得字典dct中所有的值。

（3）获得字典dct中所有的键和值。

（4）在字典dct中增加一个键值对'k4：'v4'。

（5）删除字典dct中键值对'k1'：v1'。

（6）获取字典中'k2'对应的值。

（7）获取字典中k6'对应的值，如果不存在，则不报错，返回None。

任务三：编写代码完成如下功能。

（1）建立字典 d，包含内容是："数学":101, "语文":202, "英语":203, "物理":204, "生物":206。

（2）向字典中添加键值对"化学":205。

（3）修改"数学"对应的值为 201。

（4）删除"生物"对应的键值对。

（5）按顺序打印字典 d 全部信息，参考格式如下（注意，其中冒号为英文冒号，逐行打印）：

```
201:数学
202:语文
........
```

2. 课后练习

1）填空题

（1）已知字典 x = {i:str(i+3) for i in range(3)}，那么：表达式x的值为________；表达式 sum(x) 的值为________；表达式''.join(x.values()) 的值为________。

（2）字典d = {' abc' :123, ' def' :456, ' ghi':789 }，len(d)的结果是________。

（3）DictColor = {"seashell":"海贝色", "gold":"金色", "pink":"粉红色", "brown":"棕色", "purple":"紫色", "tomato":"西红柿色"}，________操作能输出"海贝色"。

2）编程题

（1）给出代码运行的结果________。

```
math_score = {'Madonna': 89, 'Cory': 99, 'Annie': 65, 'Nelly': 89}
math_score['Baade'] = 77
print(math_score)                                  # 1
print(math_score.setdefault('Madonna', 22))        # 2
print(math_score.setdefault('Tony', 22))           # 3
print(math_score)                                  # 4
```

（2）给出代码运行的结果________。

```
math_score = {'Madonna': 89, 'Cory': 99, 'Annie': 65, 'Nelly': 89}
print(math_score.get('Madonna'))       # 1
print(math_score.get('Tony'))          # 2
print(math_score.get('Tony',22))       # 3
print('Tony' in math_score)            # 4
print(math_score)                      # 5
```

（3）给出代码运行的结果________。

```
math_score = {'Madonna': 89, 'Cory': 99, 'Annie': 65, 'Nelly': 89}
print(math_score)                      # 1
```

```
math_score['Madonna'] = 100
print(math_score)                          # 2
math_score['Madna'] = 88
print(math_score)                          # 3
```

（4）给出代码运行的结果________。

```
math_score = {'Madonna': 89, 'Cory': 99, 'Annie': 65, 'Nelly': 89}
d = math_score.items()
print(d)                           # 1
b = math_score.copy()
print(b)                           # 2
```

（5）给出代码运行的结果________。

```
x = ['a', 'b', 'c']
y = [1,2,3]
b = dict(zip(x,y))
print(b)          # 1
```

实验 3-6 集　　合

一、实验目的

掌握集合的使用方法。

二、实验环境

1．硬件需求：计算机。

2．软件需求：Python 3.x。

三、实验任务和指导

1．集合

任务一：集合的基本操作。

编程样例：

```
# 创建集合
>>>a = {1, 2, 3, 'a'}
# 通过 set() 函数创建集合
>>>b=set('2ab')
>>>b
# 求集合中元素数量
>>>len(b)
# 判断元素包含关系
>>>2 in a
>>>4 in a
# 求差集
>>>a-b
# 求并集
>>>a | b
# 求交集
>>>a & b
```

```
# 求对称集
>>>a ^ b
# 判断子集关系
>>>b < a
>>>{1, 2} < a
```

任务二：仿照上例，自己编程。

在一所高校中，属于学院领导的人员包括张老师、王老师、程老师，属于教授的人员包括张老师、王老师、刘老师和马老师。用集合的特性来求解如下问题。

（1）有哪些人员既是学院领导也是教授？

（2）有哪些人员是教授但不是学院领导？

（3）有哪些人员是学院领导但不是教授？

（4）刘老师是学院领导吗？

（5）只担任一职的人有谁？

（6）学院领导和教授共有几人？

2. 课后练习

1）填空题

（1）表达式 set([1,2,3]) == {1, 2, 3} 的值为________。

（2）表达式 set([1,2, 2,3]) == {1, 2, 3} 的值为________。

2）编程题

（1）给出程序的运行结果。

```
list_1 = [1, 3, 4, 5, 6, 66, 3, 6]
set_1 = set(list_1)
print(set_1)
set_2 = {1, 3, 3, 4, 4, 77}
print(set_2)
```

（2）给出程序的运行结果。

```
list_1 = [1, 3, 4, 5, 6, 66, 3, 6]
set_1 = set(list_1)
set_1.add(66)
print(set_1)
set_1.update([1, 222, 3333])
print(set_1)
```

（3）给出程序的运行结果。

```
list_1 = [1, 3, 4, 5, 6, 66, 3, 6]
list_1.remove(1)
print(list_1)
list_1.clear()
print(list_1)
```

（4）给出程序的运行结果。

```
set_1 = {1, 3, 5, 777}
set_2 = {1, 3}
print(set_1 < set_2)
print(3 not in set_1)
```

程序的控制结构

实验4-1 选择结构

一、实验目的

1. 理解和掌握单分支if语句的使用方法。
2. 理解和掌握多分支if语句的使用方法。

二、实验环境

1. 硬件需求：计算机。
2. 软件需求：Python 3.x。

三、实验任务和指导

1. if 语句

任务一：判断所给的数是奇数还是偶数。

分析：首先需要从键盘接收给定的数，然后要想判断奇数还是偶数可以将是否能够对2进行整除作为if语句的条件进行判断，从而得到结果。

编程样例：

```
data = int(input("请输入要判断的数:"))
if data%2 == 1:
    print("{}是奇数".format(data))
else :
    print("{}是偶数".format(data))
```

说明：第三行中“{}”和 format() 函数的作用是格式化输出，将键盘输入的 data 中的值原样输出在 {} 的位置。

任务二：仿照上例，判断所给的数是否是水仙花数。

提示：水仙花数是一个三位数，它个位的立方 + 十位的立方 + 百位的立方 = 数自己本身。

```
data = ________________              # 从键盘获取一个三位数
gewei = data % 10                    # 根据获取到的三位数，求它的个位数
shiwei = ______________              # 根据获取到的三位数，求它的十位数
baiwei = ______________              # 根据获取到的三位数，求它的百位数
if ______________ :                  #if 判断三位数是否是水仙花数
        print("%d 数是水仙花数 "%data)
______________:
        print("%d 不是水仙花数。"%data)
```

2. 较为复杂的条件表达式

任务一：判断所给年份是否是闰年。

分析：满足以下两个条件的整数才可以称为闰年：

（1）普通闰年：能被4整除但不能被100整除（如2004年就是普通闰年）；

（2）世纪闰年：能被400整除（如2000年是世纪闰年，1900年不是世纪闰年）。

编程样例：

```
year = int(input(" 请输入需要查询的年份 :"))
if year % 400 == 0 or (year % 4 == 0 and year % 100 != 0 ):
    print("{} 年是闰年 ".format(year))
else :
    print("{} 年不是闰年 ".format(year))
```

任务二：仿照上例从键盘输入一个字符，判断这个字符是字母字符还是数字字符。

```
s = input(" 请从键盘输入一个字符: ")
if ______________ :          # 判断 s 是否是字母包含大写字母和小写字母
        print(" 字符 %s 是一个字母字符。", s)
_________ :
        print((" 字符 %s 是一个数字字符。", s)
```

3. 多分支 if 语句

任务一：某公司根据员工的工龄来决定员工工资的涨幅。

（1）工龄小于5年时，工资涨幅为0。

（2）工龄大于等于5年并小于10年时，涨幅是现工资的5%。

（3）工龄大于等于10年并小于15年时，涨幅是现工资的10%。

（4）工龄大于等于15年时，工资涨幅为15%。

从键盘输入员工工龄，求该员工的工资涨幅。

分析：工龄的判断条件拥有多种情况，且互相冲突，不会同时满足，因此可以使用if语句的多分支结构来进行编程。

编程样例：

```
workYear = int(input(" 请输入需要查询的工龄 :"))
if workYear >= 15 :
    print(" 工资涨幅为 15%")
elif workYear >= 10:
    print(" 工资涨幅为 10%")
elif workYear >= 5 :
    print(" 工资涨幅为 5%")
else:
    print(" 工资涨幅为 0%")
```

任务二：仿照上例，自己编程。

根据所给的年龄，进行以下判断。

（1）年龄小于10，显示小孩。

（2）年龄在10到18之间，显示小朋友。

（3）年龄在18到30之间，显示年轻人。

（4）年龄在30到50之间，显示中年人。

（5）年龄大于50，显示老年人。

```
age = int(input("请输入需要判断的年龄:"))
if age < 10 :
    ___________                          # 根据条件输出对应的结果语句
elif ________ :
    print("小朋友")
________ :                               # 注意多条件判断的语法
    print("年轻人")
________ :
    print("中年人")
________ :
    print("老年人")
```

4. if语句的嵌套

任务一：《中国人民共和国民法典》第一千零四十七条规定：“结婚年龄，男不得早于二十二周岁，女不得早于二十周岁。”判断一个人是否到了合法结婚年龄，并输出判断结果，Yes、No。

分析：首先先要判断性别是男还是女，性别不同，判断内容也不同；如果是男，则判断年龄是否大于22，如果是女，则判断年龄是否大于20。

编程样例：

```
sex = input("请输入性别:(M或F)")
age = input("请输入年龄:")
if sex == 'M':
    if age >= 22:
        print('Yes')
    else:
        print('No')
else:
    if age >= 20:
        print('Yes')
    else:
        print('No')
```

任务二：仿照上例，自己编程。

对于多分支if语句中的任务一，首先判断输入的工龄是否为正常值（大于等于0，小于等于42），正常值则输出对应的工资涨幅，否则输出“您所输入的工龄异常”。

```
workYear = int(input("请输入需要查询的工龄:"))
if ____________ :                       # 根据下面的输出语句选择正确的判断条件
    print("您所输入的工龄异常")
else:
    if workYear >= 15 :
```

```
        print(" 工资涨幅为 15%")
    elif ____________ :
        print(" 工资涨幅为 10%")
    _______:
        print(" 工资涨幅为 5%")
    _______:
        print(" 工资涨幅为 0%")
```

5. **课后练习**

（1）输入x，根据如下公式计算分段函数y的值。

$$y=\begin{cases} x^3+2|x|-1, & x<5 \\ \dfrac{1}{x}+3x^2+3, & 5\leqslant x<30 \\ \sin(x)+1, & x\geqslant 30，x\text{是角度} \end{cases}$$

测试数据：

```
x=3.00, y=32.00
x=25.00, y=1878.04
x=90.00, y=2.00

____________            # 导入 math 库
x = eval(input('x='))
if__________:
    y = x**3+2*abs(x)-1
elif ________:
    y = 1/x+3*x**2+3
else:
    ____________________
print('x=%.2f, y=%.2f'%(x, y))
```

（2）输入学生的成绩（0～100有效），成绩大于等于90分的学生用A表示，成绩大于等于80分小于90分的学生用B表示，成绩大于等于60分小于80分的学生用C表示，60分以下的用D表示（提示：使用多条件判断语句if...elif....elif....else）。

```
result = int(input(" 输入学生的成绩（0-100）: "))
if ______________:
    print(" 成绩无效 ")
else:
    if ____________:
        print(" 该学生成绩为 A！ ")
    _____________:
        print(" 该学生成绩为 B！ ")
    _____________:
        print(" 该学生成绩为 C！ ")
```

（3）体型判断。身体质量指数BMI的计算公式为：BMI=体重/身高^2。

当BMI<18 时，为偏瘦；

当18≤BMI<25时，为正常体重；

当25≤BMI<28时，为超重体重；

当BMI≥28时，为肥胖。

编写程序，要求输入某人的身高h(m)和体重w(kg)（w单位为公斤，h单位为米），根据公式计算体指数BMI，然后判断他的体型属于哪种类型（提示：使用多条件判断语句if...elif...elif...else）。

（4）有一元二次方程$ax^2+bx+c=0$，给定a、b、c的值，求方程的根，情况分析如图4-1-1所示。

提示： 使用多个 if...else 循环嵌套。

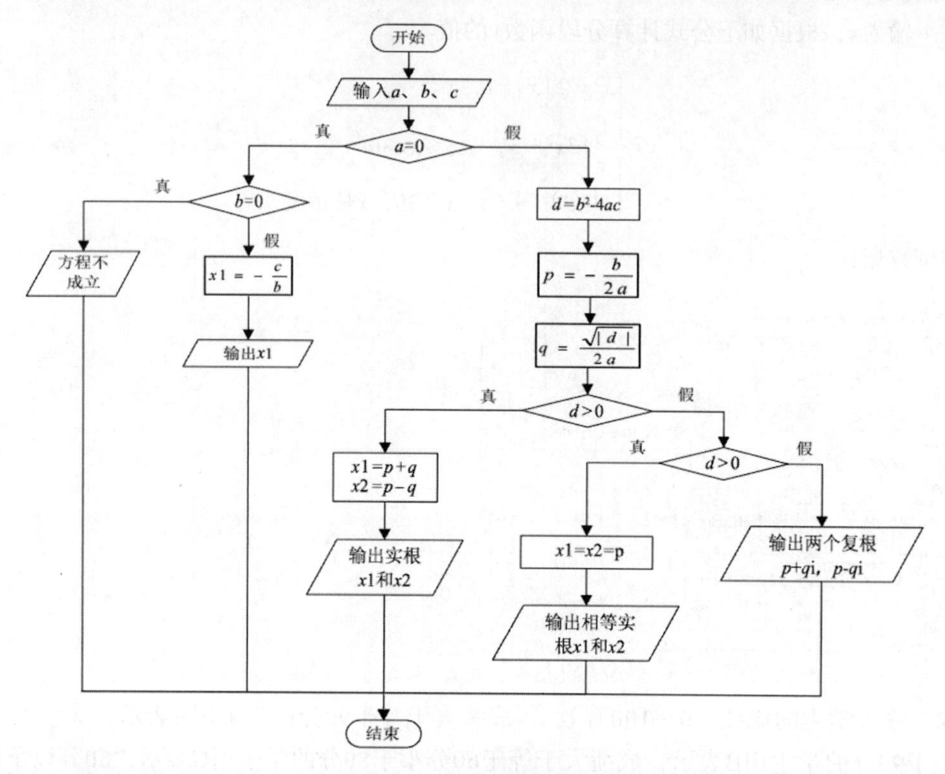

图 4-1-1　一元二次方程流程图

实验 4-2　循环结构

一、实验目的

1．掌握for语句的使用。

2．掌握while语句的使用。

二、实验环境

1．硬件需求：计算机。

2．软件需求：Python 3.x。

三、实验任务和指导

1．for 循环语句

任务一：求自然数1～10的和。

```
sum = 0
for i in range(1,11):
    sum = sum + i
print("1 + 2 + 3 + … + 10= {}".format(sum))
```

任务二：本金10 000元存入银行，年利率是2‰。每过一年，将本金和利息相加作为新的本金。要求计算5年后的本金。

分析：根据题意5年可知循环的次数；循环体为每过一年新本金的计算方式，可以根据本金和固定的年利率进行计算。

```
benjin = 10000
for ___________:                        # 根据实践可以确定循环次数
    benjin = ___________                # 根据年利率可以算出新的本金
print("5 年后的本金是：%.2f"%benjin)
```

任务三：将一个列表中所有的单词首字母转换成大写。

```
输入：["python", "is", "opening"]
输出：['Python', 'Is', 'Opening'], ls = ["python", "is", "opening"]
for ___________ :        # 对 ls 列表中的每个元素进行遍历
    ls[i] = ___________  # 使用 capitalize() 方法将单词首字母转换成大写
print(ls)
```

任务四：求$s=a+aa+aaa+\cdots+aa\cdots a$的值（最后一个数中$a$的个数为$n$），其中$a$是一个1~9的数字，例如，2+22+222+2222+22222（此时$a=2, n=5$）。

编程样例：

```
a = int(input("请输入 1 ～ 9 中任意一个数字 a="))
n = int(input("请输入 n="))
m = a
s = 0
for i in range(n):
    s += m
    m = m*10+a
print("和为：", s)
```

分析：

（1）根据表达式可知需要人为指定的有a和n，可通过键盘进行获取。

（2）通过题中的例子可以发现，表达式中相加的项数与n有关，因此可以使用n决定循环次数。

（3）分析规律，后一项的值 = 前一项的值 * 10 + a。

（4）使用for循环对表达式的每一项进行相加，将结果累计到s中用于输出。

2. while 循环语句

任务一：求自然数1～10的和。

```
sum = 0
i = 10
while i>0:
    sum = sum + i
    i = i - 1
print("1 + 2 + 3 + … + 10= {}".format(sum))
```

任务二：2016年国家总人口为13.8亿，增长率为5.9‰，现估算多少年后国家总人口能达到20亿。

```
population = 13.8
years = 0
while population < 20:
    years = years + 1
    population = population * (1 + 0.0059)
print("{}年后，国家总人口达到20亿".format(years))
```

任务三：假设有一足够大的纸，其厚度为0.15 mm，编程计算对折多少次后其厚度能超过珠穆朗玛峰的高度（8 848.43 m）（提示：注意单位差别）。

```
height = 0.15
number = 0
while __________ :                #循环次数未知的情况下，可以通过循环条件结束循环
    number = __________           #每循环一下说明纸对折一次，次数加一
    height = __________
print("对折{}次后厚度能超过珠穆朗玛峰的高度".format(number))
```

任务四：输入任意一个正整数，求出它是几位数。

分析：要判断正整数的位数，可以对10进行整除，当只剩个位数时，对10整除得到0，根据计算了多少次对10整除就可以判断正整数为几位数。使用count变量来统计对10整除的运算次数，当整数变为0时，结束循环。

```
number = int(input("请输入一个正整数:"))
tmp = number
count = 0
while __________:
    number = __________
    count += 1
print("%d是一个%d位数"%(tmp, count))
```

任务五：从键盘输入一个数number，求number的阶乘。number的阶乘=1×2×3×…×number。

```
number = ____________
result = 1
num_tmp = number        #用于最后打印时输出原number的值
____________ :
    result = __________
    number = __________
print("%d的阶乘=%d "%(num_tmp, result))
```

3. 循环语句嵌套

任务一：根据n的不同的值，输出相应的形状。例如，当n=5时输出如下形状。

```
    1
   121
  12321
 1234321
123454321
```

分析：通过观察可以发现整个输出可以分为三部分：①数字左边的空格；②从小到大的数字；③从大到小的数字。

当n=5时，在第1层中，先输出4个空格，再输出升序数字1；

在第2层中，先输出3个空格，再输出升序数字12，再输出降序数字1；

在第3层中，先输出2个空格，再输出升序数字123，再输出降序数字21；

在第4层中，先输出1个空格，再输出升序数字1234，再输出降序数字321；

在第5层中，先输出0个空格，再输出升序数字12345，再输出降序数字4321。

根据上述过程就可以找到每层中空格、升序数字、降序数字的规律，然后可以写出如下代码。

编程样例：

```
n = int(input("请输入n的值:"))
for i in range(0, n):
    for x in range(1, n-i+1):
        print(" ", end="")
    for y in range(1, i+1):
        print(y, end="")
    for z in range(i+1,0,-1):
        print(z, end="")
    print()
```

任务二：仿照上例实现如下功能。输入层数x，输出类似下面的等腰三角形。

当x=5时，如图4-2-1所示。

```
n = int(input("请输入n的值: "))
for ___________:                    #控制输出的层数
    for ______________:             #控制输出每一层的空格
        print(" ", end="")
    for ______________:             #控制输出每一层的*
        print("*", end="")
    print()
```

```
    *
   ***
  *****
 *******
*********
```

图 4-2-1　x=5 运行结果

4. 选择、循环语句嵌套

任务一：使用循环结构，输入1 000～2 000年所有的闰年，要求每行输出5个年份。

分析：由于指定了年份区间为1 000～2 000，因此使用。

编程样例：

```
k = 0
for i in range(1000, 2000+1):
    if i%400 == 0 or (i%4==0 and i%100!=0):
        k += 1
        print("{}".format(i),end=" ")
        if k%5 == 0:
            print("")
```

任务二：查找给定的范围内整除7或者整除5的第一个数。

编程样例：

```
startnum = int(input("请输入查找数据的起始值: "))
endnum = int(input("请输入查找数据的终止值: "))
for ___________________:            #遍历给定的范围
    if ______________:              #判断是否满足题目中的条件
        print("找到数值{}符合要求".format(i))
```

```
        break
    ___________:
        print("该范围内找不到符合要求的数")
```

任务三：求1～10 000所有的完美数。所谓“完美数”是指，这个数的所有真因子（即除了自身的所有因子）的和恰好等于它本身。例如，6（6=1+2+3）和28（28=1+2+4+7+14）就是完美数。

```
for number in range(2, 10000):
    sum = 0
    for ________________ :                    #遍历除了自身所有的因子
        if ____________:
         ______________
    if number == sum:
        print(number, end=' ')
```

5. 循环控制语句

任务一：尝试运行下列两个代码，并思考结果为什么不同。

```
for s in "苏锡常":
    if s=="锡":
        continue
    print(s, end=" ")
```

```
for s in "苏锡常":
    if s=="锡":
       break
    print(s, end=" ")
```

任务二：实现猜数游戏。在程序中随机生成一个范围在0～9的随机整数T，让用户通过键盘输入所猜的数。如果输入的数大于T，则显示“遗憾，太大了”；如果输入的数小于T，则显示“遗憾，太小了”；如此循环，直至猜中该数，显示“预测*N*次，你猜中了”，其中*N*是指用户在这次游戏中一共尝试的次数。

分析：需要随机生成一个0～9的整数，可以使用random库的randint()方法来产生。需要不断的进行猜测，对于猜测的次数是不可预计的，所以使用while循环。

编程样例：

```
import random
T = random.randint(0,9)
print("系统刚随机产生了范围在0～9的一个整数")
count = 0
while 1:
user = int(input("现在输入你猜的数:"))
    count += 1
    if user > T:
        print("遗憾，太大了!")
    elif user < T:
        print("遗憾，太小了!")
    else:
        print("预测{}次，你猜中了!".format(count))
        break
```

说明：当猜中的时候需要输出猜了多少次，因此在while循环体里使用count变量来统计循环执行的次数，还需要结束循环，不再继续执行，可以使用条件控制语句break。

任务三：编程找出15个由1、2、3、4这4个数字组成的各位不相同的3位数，要求用break控制输出值的个数。

```
count = 0
for i in range(1, 5):                        # 百位
    for j in range(1, 5):                    # 十位
        for x in ________:                   # 个位
            if ________________:             # 判断各位不相同的三位数
                if count == 15:
                                             # 题目仅需寻找 15 个数
                __________
                print(i, j, x)
                count = _______
```

任务四：将一个正整数分解质因数。例如，输入90，输出90=2*3*3*5。

```
num = int(input("请输入一个正整数: "))
lst = []
num_cp = num
while _________:
    for ___________:
        if num%i == 0:
            lst.append(str(i))
            num = _________
            ___________
print("%d=%s"%(num_cp, "*".join(lst)))
```

6. 课后练习

1）填空题

（1）执行语句lst = [i for i in range(1,5,2)]后lst值为________。

（2）表达式 [x for x in [1,2,3,4,5] if x<3] 的值为________。

（3）已知x = [3,5,3,7]，那么表达式 [x.index(i) for i in x if i==3] 的值为________。

（4）已知vec = [[1,2], [3,4]]，则表达式[col for row in vec for col in row]的值为________。

（5）已知vec = [[1,2], [3,4]]，则表达式 [[row[i] for row in vec] for i in range(len(vec[0]))]的值为________。

2）编程题

（1）执行以下代码，输出结果为________。

```
L = [ ]
for i in range(10):
    if i %2 ==0:
        continue
    L += [i]
print(L)
```

（2）执行以下代码：

```
s = input("请输入一个正整数: ")
result = " "
for ch in s:
    result += ch
print(result)
```

若用户的输入是1234，则输出结果为________。

（3）执行以下代码，输出结果为________。

```
for s in "HelloWorld":
    if s == "W":
        continue
    print(s,end="")
```

（4）执行以下代码：

```
k = 50
while k > 1:
    print(k)
    k = k/2
```

① 输出结果为________。

② 补充代码，输出循环次数。

（5）以下代码的输出结果是________。

```
d = {}
for i in range(26):
    d[chr(i+ord("A"))] = chr((i+13) % 26 + ord("A"))
for c in "Python ":
    print(d.get(c,c), end= " ")
```

（6）以下代码的输出结果是________，程序的功能是________。

```
for s in "PythonNCRE ":
    if s == "N":
        break
print(s, end = " ")
```

（7）以下代码的输出结果是________，程序的功能是________。

```
S = 'Pame'
for i in range(len(S)):
    print(S[-i], end= " ")
```

（8）以下程序的输出结果是________，程序的功能是________。

```
for i in "miss":
    for j in range(3):
        print(i, end='')
    if i == "i":
        break
```

（9）下面代码的输出结果是________，程序的功能是________。

```
letter = ['A', 'B', 'C', 'D', 'D', 'D']
for i in letter:
    if i == 'D':
        letter.remove(i)
print(letter)
```

（10）下面代码的输出结果是________，程序的功能是________。

```
for i in reversed(range(7,4,-1)):
```

```
    print(i, end = " ")
```

（11）下面代码的输出结果是________，程序的功能是________。

```
for i in range(3):
    for j in "dream":
        if  j == "e":
            continue
        print(j, end = " ")
```

（12）下面代码的输出结果是________，程序的功能是________。

```
ls = [[0,1],[5,6],[7,8]]
lis = []
for i in range(len(ls)):
    lis.append(ls[i][1])
print(lis)
```

3）程序填空题

（1）输出1000以内的6的倍数的最大值

```
k = 1 000
while k > 0:
    if_________:
        print(k)
        break
    _________
```

（2）找出1000以内各位数字的平方和是3的倍数的数（例如，112,1 × 1 + 1 × 1 +2 × 2 = 6,6是3的倍数，所以112是符合条件的数），请将程序补充完整。

```
L = [ ]
for i in range(1,1001):
    istr = str(i)
    ______
    for ch in istr:
        ______
    if isum % 3 == 0:
        L+= [i]
print(L)
```

实验 4-3　程序控制结构综合应用

一、实验目的

1. 掌握Python交互式编程环境的使用。
2. 掌握Python文件式编程环境的使用。
3. 学会基本的IPO程序设计方法。

二、实验环境

1. 硬件需求：计算机。
2. 软件需求：Python 3.x。

三、实验任务和指导

1. 列表

任务一：编写程序，将两个三行三列的矩阵对应位置的元素相加，返回一个新的矩阵。

分析：通过列表的嵌套来实现矩阵。要实现对应位置元素相加，首先可以使用两层嵌套的for循环，外层循环控制行索引 i（取值范围是0到2，对应3行），内层循环控制列索引j（取值范围是0到2，对应3列）。在循环内部，将x和y对应位置（i行j列）的元素相加，并赋值给 res 的对应位置元素。

编程样例：

```
x = [[10,7,5],
     [6,3,8],
     [3,6,9]]
y = [[5,7,9],
     [2,3,4],
     [4,5,7]]
res = [[0,0,0],
       [0,0,0],
       [0,0,0]]
for i in range(len(x)):
    for j in range(len(x[0])):
        res[i][j] = x[i][j] + y[i][j]
for r in res:
    print(r)
```

任务二：设有如下矩阵。

$$
\begin{bmatrix}
1 & 2 & 3 & 4 & 5 \\
10 & 9 & 8 & 7 & 6 \\
11 & 12 & 13 & 14 & 15 \\
20 & 19 & 18 & 17 & 16 \\
21 & 22 & 23 & 24 & 25
\end{bmatrix}
$$

编写程序计算所有元素之和，主对角线元素及次对角线元素之和。

编程样例：

```
d = ____________
s = 0                        # 保存元素之和
sz = sc = 0                  # 分别保存主对角线和次对角线的和
# 计算所有元素之和
for _________:
    for _________:
        s _________
print("所有元素的和=", s)
for __________:              # 计算主、次对角线元素之和
    sz __________
    sc __________
print("主对角线元素之和 = ", sz)
print("次对角线元素之和 = ", sz)
```

任务三：给定一个列表[2, 7, 11, 15, 1, 8]，找出列表中任意两个元素相加等于9的元素存放到新的列表里（提示：任意两个元素相加不包括自身）。

```
nums = [2, 7, 11, 15, 1, 8]
```

```
list1 = []
for ______________:
    for ______________:
        if ______________:
            list1.append((nums[i], nums[j]))
print(list1)
```

任务四：给定一个列表，找出列表中哪些元素是独一无二的。

```
nums = [1,3,5,3,7,5,9]
list1 = []
________________:                      # 遍历 nums 列表
    ________________:                  # 元素没有在 list1 中出现过就进行添加
        list1.append(nums[i])
print(list1)
```

2. 字符串

任务一：输入一个字符串，将字符串中所有的小写字母变成对应的大写字母输出。例如，输入"Abc123def456"，输出"ABC123DEF456"。

```
aString = input("请输入一个字符串：")
bString = ''
for char __________:
    if __________:                     # 判断是否是小写字母
        bString += char.upper()
    _________:
        bString += char
print(bString)
```

3. 字典

任务一：编写程序，从键盘输入一个字符串，将其排序后存储成压缩格式输出。示例格式如下：

请输入字符串：aabbbccdeccdffagaag

压缩后的结果是：5a3b5c2d1e2f2g

编程样例：

```
string = input("请输入字符串 :")
str_sort = ___________             # 对输入的字符串排序
tmp_map = {}
target = ""
for key in string:
                                   # 统计字符串中字母的次数
    ______________
for s, count in _________:
    target += str(count) + s
print("压缩后的结果是: ,target)
```

字典中的项目是没有顺序的，这一点从Python 3.7版本开始有所改变，字典中的项目是按照插入的顺序排列的，但在此之前的版本中字典都是无序的。

任务二：编写程序，模拟轮盘抽奖游戏，轮盘上有一个指针和不同的颜色，不同颜色表示一等奖、二等奖、三等奖，转动轮盘，轮盘慢慢停下后依靠指针所指向的不同颜色来判定获奖等级，模拟随机抽奖1 000次，统计中奖情况。其中：

```
0 ~ 0.08: 一等奖
```

```
0.08 ～ 0.3: 二等奖
0.3 ～ 1.0: 三等奖
```

编程样例：

```
import random
prize = {'一等奖':(0,0.08),'二等奖':(0.08,0.3),'三等奖':(0.3,1.0)}
result = {}
for i in range(1000):
    n = random.random()
    for key,value in prize.items():
        if value[0]<=n<value[1]:
            result[key] = result.get(key,0)+1
for item in result.items():
    print(item)
```

任务三：通过键盘输入如下一组水果名称并以空格分隔，输入内容共一行。示例格式如下：

苹果 芒果 草莓 芒果 苹果 草莓 芒果 香蕉 芒果 草莓

统计各词汇重复出现的次数，按次数的降序输出词汇及对应次数，以英文冒号分隔。输出格式如下：

```
芒果:4
草莓:3
苹果:2
香蕉:1
```

编程样例：

```
txt = input("请输入水果类型（以空格分隔）：")
fruits = ____________                    #将输入的字符串按照空格进行分隔
d = {}
____________:
    d[fruit] = ____________
ls = list(d.items())
ls.sort(key = lambda x:x[1], reverse = ______) #按照次数降序排序
for k in ls:
    print("{}:{}".format(k[0],k[1]))
```

4．课后练习

（1）打印输出100以内所有的素数。素数即符合以下条件的数：除了1和自身，没有其他因子；该数是大于1的自然数。

```
primelist = []
for i in range(2,101):
      ______
        if i % j == 0:
            break
    else:
      ______
print(primelist)
```

（2）采用顺序查找法在序列seq中，查找给定值x所在的位置。

```
import random
______                          #定义一个空序列 searchseq
for i in range(20):
    searchseq += [random.randint(1,100)]
print("查找序列：{}".format(searchseq))
```

```
x = int(input("请输入待查找数值: "))    # 在序列 searchseq 中查找 x 的位置
for i in range( ______ ):
    if searchseq[i] == x:
        print("{} 在查找序列中的下标为 {}".format(x,i))
        break
else:
    print("查无此数")
```

（3）采用选择排序法对随机序列进行升序排列。

```
import random
# 生成随机序列 sortseq
sortseq = []
for i in range(5):
    sortseq += [random.randint(10,99)]
print("初始序列: {}".format(sortseq))
# 对序列 sortseq 进行升序排序
for i in range(4):
    min = i
    for j in range(i + 1,5):
        if______:
            min = j
    if min != i:
        ______
print("排序后: {}".format(sortseq))
```

（4）将十进制的数转换成十六进制的数。

```
Dnum = int(input("请输入十进制整数: "))
if Dnum == 0:
    Hnum = "0"
else:
    Hnum = ""
    Hdigits = "0123456789ABCDEF"
    while _________:
        remainder = _________          # 根据下标获取到 10 进制数对应的 16 进制
        Hnum = ____________
        Dnum //= 16
print("对应的十六进制值为: {}".format(Hnum))
```

（5）现在有一个猜数字的游戏，随机生成一个1-100之间的整数，如果观众猜测的数与随机生成的数一致，则输出“猜中了”并结束猜测，如果猜测的数较大，则提示观众“猜小一点”并继续猜测，如果猜测的数较小，则提示“猜大一点”并继续猜测，现要求根据以上规则编写代码。

```
______________    # 导入随机库
number = random.randint(1,100)
_____________:
    tmp = int(input("1-100 猜一个数: "))
    if number == tmp:
        print("恭喜你，猜中了")
        _____________
    elif number > tmp:
        print("你猜的太小了，再猜大一点")
        continue
    ______:
        print("你猜的太大了，再猜小一点")
        _________
```

实验 5 函数

实验 5-1 函数的参数与返回值

一、实验目的

1. 掌握函数的定义和调用方法。

2. 掌握使用位置参数和关键参数来调用函数。

二、实验环境

1. 硬件需求：计算机。

2. 软件需求：Python 3.x。

三、实验任务和指导

1. 无参无返回值函数

任务一：定义一个无参无返回值欢迎函数welcome()，调用函数时输出"欢迎大家进入Python编程世界"。

分析：无参函数是指函数不接收用户传递的数据在定义时可以不带参数。无返回值函数是指在定义时，未指定返回值，默认返回None，在调用时不需要使用赋值语句或者print( )函数。该类函数可应用于欢迎界面、显示菜单、执行一些初始化操作、打印输出信息、调用其他函数来完成特定任务。

编程样例：

```
def welcome():
    print("欢迎大家进入 Python 编程世界")
welcome()
```

运行结果：

```
欢迎大家进入 Python 编程世界
```

任务二：编写一个函数，输出"Hello, World!"。

任务三：编写一个函数，输出1～10的所有奇数。

任务四：编写一个函数，输出一个九九乘法表。

2. 无参有返回值

任务一：定义一个无参有返回值欢迎函数welcome()，调用函数时输出"欢迎大家进入

Python编程世界"。

分析：该函数在定义时，不需要定义参数，返回值用return语句将函数的处理结果返回给调用处，在函数调用处可以使用print()函数输出处理结果，也可以用赋值语句为返回结果命名，用于后续处理。该类函数可应用于获取系统时间、日期等信息，生成随机数或随机字符串，读取配置文件或外部数据源。

编程样例：

```
def welcome():
    return "欢迎大家进入Python编程世界"
print(welcome())
```

运行结果：

```
欢迎大家进入Python编程世界
```

任务二：编写一个无参有返回值的函数，返回一个列表包含1～10的偶数。

任务三：编写一个无参有返回值的函数，返回当前日期和时间。

任务四：编写一个无参有返回值的函数，返回一个列表包含100以内的所有完全平方数。

3. 有参无返回值

任务一：定义一个有参无返回值函数welcome_human()，调用函数可以输入人名XXX，返回值为"欢迎XXX进入Python编程世界"。

编程样例：

```
def welcome_human(name):
    print("欢迎%s进入Python编程世界"%name)
welcome_human("小明")
```

运行结果：

```
欢迎小明进入Python编程世界
```

任务二：编写一个函数，接收用户输入的年份，然后判断该年份是否为闰年，并打印输出对应结果。

任务三：编写一个函数 count_vowels(s)，统计字符串s中元音字母的个数并打印出来。

4. 有参有返回值

任务一：定义一个有参有返回值函数welcome_human()，调用函数可以输入人名XXX，返回值为"欢迎XXX进入Python编程世界"。

分析：参数为字符串类型人名，返回值为字符串类型。

编程样例：

```
def welcome_human(name):
    return("欢迎%s进入Python编程世界"%name)
result = welcome_human("小红")
print(result)
```

运行结果：

```
欢迎小红进入Python编程世界
```

任务二：编写一个函数，接受两个整数参数a和b，返回它们的和。

任务三：编写一个函数，接受一个可变长参数args（元组），返回元组中所有偶数的和。

任务四：编写一个函数，接受一个可变长参数kwargs（字典），返回字典中所有值的和。

5. 含多个参数

任务一：定义一个有参有返回值函数welcome_human_gender，调用函数可以输入人名（XXX）和性别（男/女），返回值为"欢迎XXX先生/女士进入Python编程世界"。

分析：自定义函数有两个参数，分别为字符串类型人名和字符串类型性别，返回值为字符串类型，需要根据输入的性别判断是先生还是女士。在调用函数时，要根据自定义函数的参数数量和位置传入相应的值，如果形参和实参的数量和位置不一致，会产生异常。

编程样例1：

```
def welcome_human_gender(name,gender):
    if gender == "男":
        return "欢迎%s先生进入Python编程世界"%name
    else:
        return "欢迎%s女士进入Python编程世界"%name
result = welcome_human_gender("张三","男")
print(result)
```

运行结果：

```
欢迎张三先生进入Python编程世界
```

编程样例2：

```
result2 = welcome_human_gender("张三")
print(result2)
```

运行结果：

```
TypeError: welcome_human_gender() missing 1 required positional argument: 'gender'
```

任务二：编写一个Python函数，接收一个字符串和一个整数作为参数，返回字符串重复指定次数后的结果。

任务三：编写一个Python函数，接收一个列表和一个整数作为参数，返回列表中所有大于该整数的元素。

任务四：编写一个Python函数，接收一个字符串和一个字符作为参数，返回字符串中包含指定字符的次数。

6. 含默认值参数

任务一：定义一个有参有返回值函数welcome_human_gender，函数含2个参数name和gender，其中为gender指定默认值为“男”，返回值为"欢迎XXX先生/女士进入Python编程世界"。

分析：有默认值参数可以不输入该参数的值，使用默认的形参值。读者可以尝试只输入一个参数姓名和两个参数姓名和性别。

应用场景：①配置选项：当函数需要处理一系列配置选项时，可以使用默认值参数。②设置默认行为：在某些情况下，函数需要执行某些默认操作，但也允许用户覆盖这些操作。③简化接口：默认值参数可以帮助简化函数接口，使其更易于使用。这在编写库或框架时尤为有用，因为它允许用户在必要时自定义功能，同时保持简单的调用方式。

编程样例1：

```
def welcome_human_gender(name,gender= "男"):
    if gender == "男":
        return "欢迎%s先生进入Python编程世界"%name
    else:
        return "欢迎%s女士进入Python编程世界"%name
result = welcome_human_gender("张三")
print(result)
```

运行结果：

```
欢迎张三先生进入Python编程世界
```

编程样例2：

```
result2 = welcome_human_gender("李霞","女")
print(result2)
```

运行结果：

```
欢迎李霞女士进入Python编程世界
```

任务二：编写一个函数，接受一个字符串和一个数字n作为参数，返回重复*n*次的该字符串。如果参数*n*没有提供，默认为1。

任务三：编写一个函数，接受一个整数n作为参数，返回n的阶乘。如果参数n没有提供，默认为1。

任务四：设计一个函数，接受一个字符串string参数，并返回倒序的字符串。如果没有传入参数，则默认string值为"Hello, World!"。

7. 可变长参数

任务一：输入多个人名，分别输出"欢迎XXX进入Python编程世界"。

分析：在Python中可变长参数分为两种：*args和**kwargs。*args 是一个元组，代表任意多个参数；**kwargs 是一个字典，代表任意多个关键字参数。多个人名，可以设置形参为*args，并采用迭代的方式输出。

可变长参数应用于：进行多个数值的计算；处理多个输入的情况，如多个文件的读取、多个数据源的合并；对列表或集合进行操作，如查找、过滤、统计等。

编程样例：

```
def welcome_human(*args):
    for name in args:
        print("欢迎%s进入Python编程世界"%name)
welcome_human("张三","李四","小明","小红")
```

运行结果：

```
欢迎张三进入Python编程世界
欢迎李四进入Python编程世界
欢迎小明进入Python编程世界
欢迎小红进入Python编程世界
```

任务二：编写一个Python函数，接收任意数量的参数，并返回这些参数的和。

任务三：编写一个Python函数，接收任意数量的字典作为参数，并返回这些字典合并后的结果。

任务四：编写一个函数count_vowels()，接受任意数量的字符串作为参数，统计所有字符串中元音字母的个数并返回。

实验 5-2 匿名函数

一、实验目的

1. 理解匿名函数的语法结构，包括lambda关键字和参数列表。

2. 尝试在实际编程场景中使用匿名函数，例如，在字符串、列表和字典操作、排序、过滤等方面。

二、实验环境

1. 硬件需求：计算机。

2. 软件需求：Python 3.x。

三、实验任务和指导

1. 筛选学生成绩

任务一：在一个学生成绩的列表中，使用匿名函数筛选出所有及格（成绩大于等于60分）的分数。

分析：采用random库随机生成10位学生的成绩储存在列表中，采用filter()函数过滤低于60分的成绩，采用lambda()函数生成筛选条件。

编程样例：

```
import random
grades = [random.randint(0,100) for i in range(10)]
passed_grades = list(filter(lambda x: x >= 60, grades))
print(passed_grades)
```

运行结果：

```
[89, 89, 100, 82]
```

任务二：请仿照上例，筛选出成绩大于等于80的分数。

任务三：请仿照上例，筛选出成绩小于60的分数。

2. 字符串排序

任务一：给定一个字符串列表，使用匿名函数将列表中的字符串按长度从短到长进行排序。

分析：采用sorted()函数对字符串按照长度进行排序，采用lambda()函数生成排序条件。

编程样例：

```
words = ["apple", "banana", "orange", "kiwi", "grape"]
sorted_words = sorted(words, key=lambda x: len(x))
print(sorted_words)
```

运行结果：

```
['kiwi', 'apple', 'grape', 'banana', 'orange']
```

任务二：对上述字符串按照长度进行降序排序。

任务三：对上述字符串按照首字母进行升序和降序排序。

3. 字典排序

任务一：在一个字典列表中，使用匿名函数按字典中某个键的值进行排序。

分析：在列表中存储着若干的学生成绩，每位学生成绩由字典组成，字典中存储着学生姓名和各项成绩，采用sorted()函数对学生的成绩进行排序，采用lambda()函数生成排序条件。

编程样例：对数学成绩进行升序排列。

```
students = [
    {'name': 'Alice', 'math': 75,'english':86},
    {'name': 'Bob', 'math': 92,'english':93},
    {'name': 'Charlie', 'math': 88,'english':81},
    {'name': 'David', 'math': 64,'english':76}
]
sorted_math = sorted(students, key=lambda x: x['math'])
print(sorted_math)
```

运行结果：

```
[{'name': 'David', 'math': 64, 'english': 76}, {'name': 'Alice', 'math': 75, 'english': 86}, {'name': 'Charlie', 'math': 88, 'english': 81}, {'name': 'Bob', 'math': 92, 'english': 93}]
```

任务二：请仿照上例，对英语成绩进行升序和降序排序。

任务三：请仿照上例，对数学加英语成绩总分进行升序和降序排序。

实验 5-3 变量的作用域

一、实验目的

1. 理解局部变量、全局变量和同名变量的概念。
2. 掌握局部变量、全局变量和同名变量在函数中的作用范围。
3. 掌握处理在函数内修改全局变量的值。

二、实验环境

1. 硬件需求：计算机。
2. 软件需求：Python 3.x。

三、实验任务和指导

1. 局部变量与全局变量

任务在掷骰子游戏中，要求玩家在键盘上输入1～6，电脑在1～6随机生成一个数，然后比较玩家输入和电脑生成的数大小，最后输出赢家。请根据上述要求填写完成代码。

分析：采用input()函数实现键盘输入，采用random库随机生成1～6的一个整数。如果玩家大于电脑分数，输出：恭喜您，获胜；如果玩家小于电脑分数，输出：很遗憾，请再来一次；

如果玩家大于电脑分数，输出：平局。

编程样例：

```
import random
def throw_dice(player):
    ________________________________
    ________________________________
    ________________________________
    ________________________________
    ________________________________
    ________________________________
    ________________________________
player = int(input("请输入1-6:"))
throw_dice(player)
```

运行结果：

```
请输入1-6: 4
恭喜您，获胜
```

2. 函数内修改全局变量

任务：在掷骰子游戏中，进行多轮对比，并增加一个计分器，赢局得2分，平局得1分，输局减1分。请根据上述要求填写完成代码。

分析：在函数外增加一个全局变量score记录分数，并在函数内部修改其值。

编程样例：

```
import random
score = 0
def throw_dice(players):
    ________________________________          #声明全局变量
    for player in players:
        computer = random.randint(1,6)
        ________________________________
        ________________________________
        ________________________________
        ________________________________
        ________________________________
        ________________________________
players = [int(input("请输入1-6:")) for i in range(3)]
throw_dice(players)
```

运行结果：

```
请输入1-6:2
请输入1-6:3
请输入1-6:4
您得分为： 3
```

实验 5-4 函数的嵌套和递归

一、实验目的

1. 理解递归函数的定义和工作原理。

2. 熟练使用递归函数解决实际问题。

二、实验环境

1. 硬件需求：台式计算机、笔记本计算机或手机。

2. 软件需求：Python 3.x。

三、实验任务和指导

1. 求和

任务一：创建一个递归函数numbers_sum()，该函数计算从1到给定整数n的所有整数之和。

编程样例：

```
def numbers_sum (n):
    if n <= 1:
        return 1
    else:
        return n + numbers_sum (n - 1)
m = 10
print(numbers_sum (m))
```

运行结果：

```
55
```

任务二：修改m的值，观察输出结果。

2. 求最大值

任务一：设计一个递归函数find_max()，该函数接受一个数字列表并返回列表中的最大值。

分析：采用random()函数随机生成5个两位数列表，采用递归函数返回列表中得最大值。

编程样例：

```
import random
def find_max(lst, n):
    if n == 1:
        return lst[0]
    return max(lst[n - 1], find_max(lst, n - 1))
lst = [random.randint(10,99) for i in range(5)]
print(find_max(lst, len(lst)))
```

运行结果：

```
78
```

任务二：仿照上例，采用递归查找列表中的最小值。

3. 偶数

任务一：编写一个使用递归找到列表中所有偶数数字，并返回新列表的函数find_evens()。

分析：采用random()函数随机生成10个1～100的列表，采用递归函数返回列表中的偶数。

编程样例：

```
import random
def find_evens(lst):
    if not lst:
```

```
        return []
    else:
        first = lst[0]
        rest_evens = find_evens(lst[1:])
        if first % 2 == 0:
            return [first] + rest_evens
        else:
            return rest_evens
lst = [random.randint(1,100) for i in range(10)]
print(find_evens(lst))
```

运行结果：

```
[26, 94, 4, 30, 34]
```

任务二：仿照上例，使用递归查找列表中的所有奇数。

4. 跳台阶问题

任务：一个人一次可以跳上1级台阶，也可以跳上2级台阶。求一个人跳上一个*n*级的台阶总共有多少种跳法。

编程样例：

```
def jump (n):
    if n == 1:
            return   1
    elif n==2:
            return   2
    else:
            return   jump(n-1) + jump(n-2)
print(jump (5) )
```

运行结果：

```
8
```

5. 汉诺塔

任务一：用递归方法解决汉诺塔问题。三根金刚石柱子，在一根柱子上从下往上按大小顺序摞着*n*片黄金圆盘。把圆盘从下面开始按大小顺序重新摆放在另一根柱子上。并且规定，在小圆盘上不能放大圆盘，在三根柱子之间一次只能移动一个圆盘，如图5-4-1所示。

图 5-4-1　汉诺塔

编程样例：

```
def move(n,a,b,c):
    if n==1:
        print(a,"→",c)
    else:
        move(n-1,a,c,b)
        print(a,"→",c)
        move(n-1,b,a,c)
move(3,"A","B","C")
```

运行结果：

```
A → C
```

```
A → B
C → B
A → C
B → A
B → C
A → C
```

解释：参数*n*表示盘子的数量，a表示起始柱子，c表示目标柱子，b表示辅助柱子。在函数中，首先检查是否只有一个盘子，如果是，则直接将其从起始柱子移动到目标柱子。否则，将*n*-1个盘子借助目标柱子移动到辅助柱子上，然后将最后一个盘子从起始柱子移动到目标柱子上，最后将*n*-1个盘子从辅助柱子移动到目标柱子上。

任务二：修改上例中圆盘数量，观察程序运行的结果。

实验 5-5 函数综合应用

一、实验目的

1. 巩固基本概念。
2. 掌握问题求解能力。
3. 理解函数的灵活运用。
4. 增强编程技能。

二、实验环境

1. 硬件需求：台式计算机、笔记本计算机或手机。
2. 软件需求：Python 3.x

三、实验任务和指导

1. 孪生质数

任务一：求解100以内的所有质数。

编程样例：

```
def is_prime(n):# 判断一个数是否为质数
    if n <= 1:
        return False
    for i in range(2, int(n**0.5) + 1):
        if n % i == 0:
            return False
    return True
numbers = [num for num in range(1,100) if is_number(num)]
print("1 ～ 100 之间的质数为 :",numbers)
```

运行结果：

```
1 ~ 100 的质数为： [2, 3, 5, 7, 11, 13, 17, 19, 23, 29, 31, 37, 41, 43, 47,
53, 59, 61, 67, 71, 73, 79, 83, 89, 97]
```

任务二：求解100以内所有的超级素数。

超级素数是指一个素数，每去掉最后一个数字，总能保证剩下的数为质数。例如，53是一个素数，去掉3以后，剩下的5仍然是一个素数。

任务三：求解100以内所有的孪生质数。

孪生质数就是指相差2的素数对，例如，3和5，5和7，11和13……。孪生素数猜想正式由希尔伯特在1900年国际数学家大会的报告上第8个问题中提出，可以这样描述：

存在无穷多个素数p，使得$p+2$是素数，素数对（$p,p+2$）称为孪生素数。

2. 因数分解

任务一：因数分解是将一个正整数写成几个约数的乘积，在代数学、密码学、计算复杂性理论和量子计算机等领域中有重要意义。例如，给出45这个数，它可以分解成$3\times3\times5$。

编程样例：

```
def factorize(n):
    lst = []
    divisor = 2
    while n > 1:
        while n % divisor == 0:
            lst.append(divisor)
            n //= divisor
        divisor += 1
    return lst
# 输入一个整数进行因数分解
num = int(input("请输入一个整数进行因数分解:"))
result = factorize(num)
print("{0}的因数分解结果为:{1}".format(num,result))
```

运行结果：

```
请输入一个整数进行因数分解：66
66的因数分解结果为:[2, 3, 11]
```

任务二：输入多个数，观察因数分解结果。

3. 整数划分

任务一：整数划分是将一个正整数n拆分成若干个正整数的和，顺序不同的拆分被视为不同的划分。例如，对于整数$n=4$，它可以被拆分为1+1+1+1, 1+1+2，1+3，2+2，4这几种方式，因此它的整数划分数为5。

分析：整数划分问题可以通过递归方式进行求解，其递归方程可以描述为：若n等于1或0，则只有一种划分方式；若n等于2，则有两种划分方式（2和1+1）；对于n大于2的情况，假设最大加数为m（$m=n$），则划分可分为两种情况：包含m和不包含m。不包含m的情况则是对n进行整数划分数为m-1的问题，包含m的情况则是对n-m进行整数划分数为m的问题。

编程样例：

```
def partition_count(n, m):
    if n == 0:
        return 1  # 只有一种方式来划分0
    if n < 0 or m <= 0:
        return 0  # 没有方式来划分负数
    # 划分为两个部分:包含至少一个m的划分和完全不包含m的划分
    # 第一个部分递减n(尝试包含m),第二个部分递减m(不考虑m)
    return partition_count(n-m, m) + partition_count(n, m-1)
# 测试函数
```

```
n = 5
partitions  = partition_count(n, n)
print(" 整数 %d 的划分数量为：%d"%(n,partitions))
```

运行结果：

```
整数 5 的划分数量为 :7
```

任务二：输入多个数，观察其整数划分的结果。

4. 自幂数

任务一：自幂数是指一个n位整数，每个数位上的数字的n次幂之和等于它本身。3 位自幂数称为水仙花数，其每个数位上的数字的 3次幂之和等于它本身。例如，$1^3 + 5^3 + 3^3 = 153$。

编程样例：

```
def is_number(num):
    sum = 0
    for i in str(num):
        sum += int(i)**3
    return sum == num
numbers = [num for num in range(100,1000) if is_number(num)]
print(" 三位数中水仙花数为 :" , numbers)
```

运行结果：

```
三位数中水仙花数为： [153, 370, 371, 407]
```

任务二：求所有的四叶玫瑰数。4 位自幂数称为四叶玫瑰数，其每个数位上的数字的 4次幂之和等于它本身。例如，$1^4 + 6^4 + 3^4 + 4^4 = 1634$。

任务三：求所有的五角星数。5 位自幂数称为五角星数，其每个数位上的数字的 5次幂之和等于它本身。例如，$5^5 + 4^5 + 7^5 + 4^5 + 8^5 = 54748$。

文 件

实验 6-1 文件基本操作

一、实验目的

1. 掌握文件的打开、关闭方法。
2. 掌握文件的读写方法。
3. 掌握文件和目录的操作。

二、实验环境

1. 硬件需求：计算机。
2. 软件需求：Python 3.x。

三、实验任务和指导

1. 文件的打开、关闭操作

（1）在Python 中，以只读模式打开一个文本文件，可以使用模式字符串________。

（2）如果要以写入模式打开一个文件（如果文件不存在则创建，如果存在则覆盖），对应的模式是________。

（3）以追加模式打开文件（在文件末尾添加内容），文件打开模式为________。

（4）________方法可以将缓冲区内容写入文件。

（5）readlines()函数读入文件内容后返回________，元素划分依据是文本文件中的换行符。

（6）read() 一次性读入文本文件的全部内容后，返回________。

（7）readline() 函数________，返回一个字符串。

（8）writelines(ls)功能是________。

（9）write(str)功能是________。

2. 文件的打开、关闭和读写操作

阅读题目并补全代码

（1）以下代码片段用于从文件中读取一行内容。

```
f = open('example.txt', 'r')
line = f.______()
```

```
f.close()
```

（2）要读取整个文件内容并将其作为一个字符串。

```
f = open('example.txt', 'r')
content = f.______()
f.close()
```

（3）当以写入模式打开文件后，要向文件写入一个字符串 "Hello, World!"。

```
f = open('new_file.txt', 'w')
f.______('Hello, World!')
f.close()
```

（4）如果要写入多行内容到文件中，可以多次调用写入方法，或者使用特殊的字符组合来表示换行。

```
f = open('poem.txt', 'w')
f.write('Roses are red\n')
f.______('Violets are blue')
f.close()
```

（5）在下面的代码中，打开文件用于读取，读取完成后应该关闭文件。

```
try:
    f = open('data.txt', 'r')
    data = f.read()
    print(data)
    f.______
except FileNotFoundError:
    print('File not found')
```

（6）以下是一个将用户输入写入文件的程序片段，但是缺少文件关闭操作。

```
user_input = input('Enter some text: ')
f = open('user_text.txt', 'w')
f.write(user_input)
______
```

（7）当使用“with”语句打开文件时，它会自动处理文件的关闭操作。

```
with open('test.txt', 'r') as f:
    f.______()
```

（8）当使用“with”语句打开文件时，它会自动处理文件的关闭操作。

```
with open('test.txt', 'w') as f:
    f.______("hello,world!")
```

3. 文件定位操作

（1）在 Python 中，要获取当前文件指针在文件中的位置（以字节为单位），对于一个已打开的文件对象f，可以使用方法f.________。

（2）若要将文件指针移动到文件开头，对于文本文件模式打开的文件对象f，可以使用f.seek(________)。

（3）当以二进制模式打开一个文件后，要将文件指针从当前位置向后移动10个字节，可以使用f.seek(f.tell() + ________)。

（4）对于一个已打开的文件f，如果要把文件指针移动到相对于文件末尾向前 5 个字节的位置，可使用f.seek(-5, ________)。

（5）打开文件后，想知道当前文件指针的位置，补全相关代码。

```
f = open('example.txt', 'r') # 此处获取文件指针位置
pos = f.______
print(f"当前文件指针位置：{pos}")
f.close()
```

（6）假设f是一个已打开的文件对象，要将文件指针定位到文件的第 20 个字节处（从文件开头开始计数），应该使用f.seek(________)。

（7）以下代码尝试在文件中间进行读取操作，但是文件指针定位部分不完整，请补全：

```
f = open('data.txt', 'r') # 将文件指针移动到文件中间（假设文件长度为 100 字节，移
动到第 50 字节处）
f.seek(______)
content = f.read()
print(content)
f.close()
```

（8）如果f是一个已打开的文件对象，且当前文件指针在第30字节处，要将文件指针再向后移动15字节，代码为f.seek(f.tell() + ________)。

（9）在读取大型文件时分块读取，每次读取 1 024 字节并打印内容，在每次读取前需要重新定位文件指针，补全相关代码。

```
f = open('big_file.txt', 'r')
chunk_size = 1024
while True:
# 定位文件指针
    f.seek(______)
    chunk = f.read(chunk_size)
    if not chunk:
        break
    print(chunk)
f.close()
```

（10）对于一个以二进制模式打开的文件f，文件总长度为file_length字节，要将文件指针定位到文件中间偏后的位置（假设为文件长度的 3/4 处），可以使用f.seek(int(file_length * 3 / 4), ________)。

4．编程题

（1）请随机生成1 000个100~1 000的数字，写入到1.txt中，然后统计其中第100~200个数的和。

```
import random
with open__________
    for i in range(1000):
        k=random.randint(100,1000)
        fw.write(str(k)+',')
with open__________
    s=fr.read().split(',')
```

```
print(s)
sum = 0
for i in range(99,200):
    sum = sum+int(s[i])
print(sum)
```

（2）随机生成1~99的500个整数，每个整数占一行，写入D:\test.txt文件中。

```
import random
________open("D:\\test.txt",'w') as f:
    for i in range(500):
        f.______________(str(random.randrange(1,99))+ '\n')
```

（3）随机生成100～999的1 000个整数，每个整数占一行，写入d:\test.txt中。

```
import random
with____(1)________as f:
for i in range(1,1001):
    f.__________________
```

（4）将d:\test.txt文件中的随机生成的100～999的1 000个整数进行统计，统计其中个位数为5的数字的个数。

```
count = 0
with open("D:\\test.txt", 'r')as f:
for line in f:
    t = int(line)
    if(____________):
        ______________
print(count)
```

（5）将d:\test.txt文件中的随机生成的100～999的1 000个整数中的第100，200，…，1000个数进行加1。

```
with open("D:\\test.txt",'r+')as f:
for i in range(1,11):
    f.seek(i*5*100-5)
    t=_________
    print(t)
    f.seek(i*5*100-5)
    f._________
```

（6）查找二进制文件1.xls中“DPB”出现的位置，并将其替换为“DPx”。

```
with open("1.xls", 'rb+')as fr:
fcontent=fr.read()
i=fcontent._________
if(i!=-1):
        print(i)
fr.seek(i,0)
________
```

（7）请随机生成20个10～50的数字，写入到1.txt中，然后统计其中第10～15个数的和。

分析：

① 随机生成整数数字使用random模块的randint()函数实现；

② 生成20个随机整数，需要使用for循环实现；

③ 将随机数字写入1.txt文件需要以写模式打开文件；

④ 数字之间用逗号隔开，以便统计时利用split()函数进行分隔；

⑤ 统计第10～15个数的和，同样需要使用for循环取出第10~15个数。

编程样例：

```
import random
with open('D:\\1.txt','w') as fw:
    for i in range(20):
        k = random.randint(10,50)
        fw.write(str(k)+',')
with open('D:\\1.txt','r') as fr:
    s = fr.read().split(',')
sum = 0
for i in range(9,14):
    print(s[i])
    sum = sum+int(s[i])
print('第10到第15个数之和为:',sum)
```

说明： 第三句中'r'的作用是使句中的'\'还原本意，不看作转义字符。

运行结果：

```
12
26
48
19
21
```

第10到第15个数之和为：126

说明： 试着求第5～10个数之和，观察结果的变化。

（8）将d:\1.txt文件中的随机生成的0～20的30个整数进行统计，统计其中个位数为5的数字的个数。

分析：

① 随机生成整数数字使用random模块的randint()函数实现；

② 生成30个随机整数，需要使用for循环实现；

③ 将随机数字写入1.txt文件需要以写模式打开文件；

④ 统计个位数字为5的个数，首先采用for循环读出其中每个数，然后用当前数对10求余数，若结果为5，则该数字个位数为5，若结果不为5，则该数字个位数不为5。

编程样例：

```
import random
with open('D:\\1.txt','w') as fw:
     for i in range(30):
        k = random.randint(0,20)
        fw.write(str(k)+'\n')
with open("D:\\1.txt",'r')as f:
```

```
        count = 0
        for line in f:
            t = int(line)
            if(t%10==5):
                print(t)
                count = count + 1
print('个位数为 5 的数字的个数为：',count)
```

运行结果：

```
15
5
个位数为 5 的数字的个数为：2
```

说明：试着统计个位数字为 7 的数字个数，观察结果的变化。

（9）将d:\1.txt文件中的随机生成的30之间的10～20个整数中的第5，10，15，20，25，30个数加1。

分析：

① 随机生成整数数字使用random模块的randint()函数实现；

② 生成30个随机整数，需要使用for循环实现；

③ 将随机数字写入1.txt文件需要以写模式打开文件；

④ 取出文件中第5个数，通过seek()方法将文件指针定位到第5个数（注意：这里的换行符占用2位，所以每一行一共占用4位，所以定位到第5个数应该用方法f.seek(1*5*4-4),则定位到第5个数字的前面）；

⑤ 将第5个数字加1，再写入文件同样的位置，定位的方法和之前定位到第5个数的方法一样。

编程样例：

```
import random
with open('D:\\1.txt','w') as fw:
    for i in range(30):
        k = random.randrange(10,20)
        fw.write(str(k)+'\n')
with open("D:\\1.txt",'r+')as f:
    for i in range(1,7):
        f.seek(i*4*5-4)
        a = f.readline()
        t = int(a)
        print("第 %d 个数为 %d"%(i*5,t))
        f.seek(i*4*5-4)
        f.write(str(t+1))
        f.flush()
        f.seek(i*4*5-4)
        b = f.readline()
        c = int(b)
        print("重新写入文件中的第 %d 个数为 %d"%(i*5,c))
```

运行结果：

```
第 5 个数为 18
重新写入文件中的第 5 个数为 19
```

```
第 10 个数为 19
重新写入文件中的第 10 个数为 20
第 15 个数为 16
重新写入文件中的第 15 个数为 17
第 20 个数为 10
重新写入文件中的第 20 个数为 11
第 25 个数为 12
重新写入文件中的第 25 个数为 13
第 30 个数为 11
重新写入文件中的第 30 个数为 12
```

说明：试着将文件中的第 3，6，9，12，15，18，21，24，27，30 数扩大 10 倍，再写入原文件中。

（10）复制文件1.jpg为2.jpg，1.jpg如图6-1-1所示。

图 6-1-1 1.jpg

分析：

① 以二进制读取的方式打开文件1.jpg，注意打开文件时，如果采用相对路径，则1.jpg文件需要和该Python文件放置在同一目录下，如果采用绝对路径则必须把路径补充完整；

② 以二进制写模式打开文件2.jpg。采用for循环读取1.jpg里面的内容，并将内容写入2.jpg文件。

编程样例：

```
with open("1.jpg", 'rb') as fr, open("2.jpg", 'wb') as fw:
    for line in fr.readlines():
        fw.write(line)
```

运行结果如图6-1-2所示。

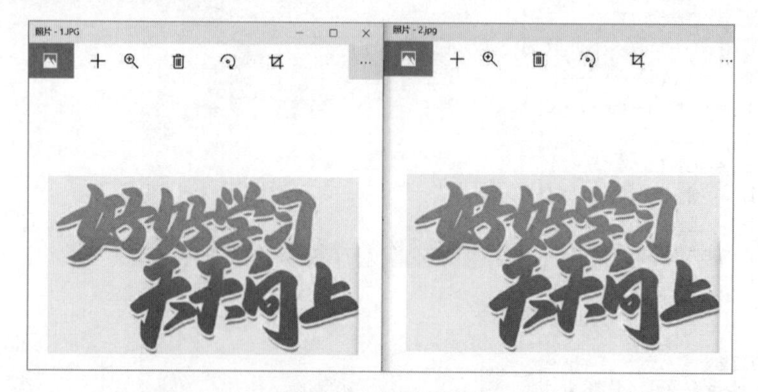

图 6-1-2 运行结果

说明： 修改图片路径为绝对路径，完成图片的复制。

（11）截取2.txt文件的前18个字节，如图6-1-3所示。

分析：

① 打开文件2.txt，注意打开文件时，如果采用相对路径，则1.jpg文件需要和该Python文件放置在同一目录下，如果采用绝对路径则必须把路径补充完整；

② 利用seek()方法定位前18个字节；

③ 利用truncate()方法截取文件前18个字节；

④ 将指针重新定位至文件开头；

⑤ 读取文件全部内容。

```
2.txt - 记事本
文件(F) 编辑(E) 格式(O) 查看(V) 帮助(H)
ABCDE
FGHIJ
KLMNO
PQRST
UVWXY
Z
```

图 6-1-3　2.txt 文件

注意： 2.txt 每行除了可以显示的五个字母，还有回车和换行符，每行共有 7 个字符。

编程样例：

```
with open("2.txt",'r+',encoding="utf-8")as fr:
    fr.seek(18)
    fr.truncate()
    fr.seek(0,0)
    line = fr.readlines()
    print(" 剩余行 :%s"%(line))
```

运行结果：

```
剩余行：['ABCDE\n', 'FGHIJ\n', 'KLMN']
```

拓展：试着截取2.txt文件的前三行字母。

```
with open("2.txt",'r+',encoding="utf-8")as fr:
fr.______________
fr.seek(0,0)
str=fr.__________
print(" 剩余数据 :%s"%(str))
```

实验 6-2　OS 和 time 库

一、实验目的

1．掌握OS库的基本用法。

2．掌握time库的使用方法。

二、实验环境

1．硬件需求：计算机。

2．软件需求：Python 3.x。

三、实验任务和指导

1. OS 库常用方法的使用

（1）在Python 中，要获取当前工作目录，可以使用os.________函数。

（2）要创建一个新目录，可使用os.________函数，例如，os.mkdir('new_folder')。

（3）如果要列出指定目录下的所有文件和目录名（不包含子目录内容），可以使用os.________函数。

（4）要删除一个空目录，可以使用os.________函数。

（5）要获取文件或目录的大小（以字节为单位），可以使用os.________函数。

（6）要检查一个路径是否是一个文件，可以使用os.________函数，例如，if os.________('test.txt'): print('It is a file')。

（7）要检查一个路径是否是一个目录，可以使用os.________函数。

（8）要重命名一个文件或者目录，可以使用os.________函数，例如，os.________('old_name.txt', 'new_name.txt')。

（9）要获取当前操作系统的名称（如 'posix'、'nt' 等），可以使用os.________函数。

（10）要在操作系统中执行一个 shell 命令，可以使用os.________函数。

2. time 库常用方法的使用

（1）在Python 中，要获取当前时间的时间戳（从1970年1月1日00:00:00UTC到指定时间的秒数），可以使用time.________函数。

（2）要让程序暂停指定的秒数，可以使用time.________函数，例如，time.sleep(5)表示暂停5秒。

（3）要将一个时间戳转换为 struct_time 对象（包含年、月、日等时间信息的结构体），可以使用time.________函数。

（4）要获取当前的格林威治时间（UTC）的 struct_time 对象，可以使用time.________函数。

（5）在Python 3.8及以上版本中，更精确地获取当前时间（性能计数器值）可以使用time.________函数。

3. 编程填空题

（1）读取文件当前的工作目录。

```
import os # 获取当前工作目录并存储在变量 current_dir 中
current_dir = ______
print("当前工作目录:", current_dir)
```

（2）创建一个文件，判断文件是否存在。

```
import os # 创建一个名为 'my_folder' 的新文件夹（如果不存在）
if not ______('my_folder'):
os.______('my_folder')
```

（3）列出当前目录下所有文件和子目录。

```
import os
file_list = ______('.')
for file in file_list:
```

```
print(file)
```

（4）将文件'old_name.txt'重命名为'new_name.txt'。

```
import os # 重命名文件 'old_name.txt' 为 'new_name.txt'
if os.______('old_name.txt'):
os.______('old_name.txt', 'new_name.txt')
```

（5）获取文件大小。

```
import os # 获取文件 'test.txt' 的大小（以字节为单位）
if os.______('test.txt'):
    file_size = ______('test.txt')
    print("文件 'test.txt' 的大小 :", file_size, "字节")
```

（6）获取当前时间的格式化字符串，格式为'YYYY - MM - DD HH:MM:SS'

```
import time
formatted_time = time.______('%Y - %m - %d %H:%M:%S')
print("当前时间 :", formatted_time)
```

（7）按照指定格式'HH:MM:SS'格式化一个表示3666秒的时间。

```
import time
seconds = 3666
formatted_seconds = time.______('%H:%M:%S', time.gmtime(seconds))
print("3666 秒格式化后的时间 :", formatted_seconds)
```

（8）计算代码块的执行时间。

```
import time
start_time = time.______()
for _ in range(1000000):
    pass
end_time = time.______()
print("代码块执行时间 :", end_time - start_time, "秒")
```

4. 编程题

（1）编写一个程序，使用Python的time库实现一个简单的计时器，当计时器达到指定时间时，打印一条提示信息。

分析：

① 导入time库，利用time.time()函数获取开始时间；

② 设置倒计时时间为5秒；

③ 使用sleep()函数暂停1秒；

④ 计算时间差，若大于5秒，则计时结束，输出结果。

编程样例：

```
import time
start_time = time.time()
target_time = 5  # 目标时间为 5 秒
while True:
    current_time = time.time()
    elapsed_time = current_time - start_time
    if elapsed_time >= target_time:
```

```
            print(" 倒计时 %d 秒 "%elapsed_time)
            print(" 倒计时结束！！！ ")
            break
        time.sleep(1)
        if(elapsed_time==0):
            print(" 倒计时开始！！！ ")
        else:
            print(" 倒计时 %d 秒 "%elapsed_time)
```

运行结果：

```
倒计时开始！！！
倒计时 1 秒
倒计时 2 秒
倒计时 3 秒
倒计时 4 秒
倒计时 5 秒
倒计时结束！！！
```

注意： 试着将时间改为倒计时 5 秒，4 秒，3 秒，2 秒，1 秒，倒计时结束。

（2）编写一个程序，使用Python的time库计算两个时间点之间的时间差，并以"天：小时：分钟：秒"的格式打印出来。

分析：

① 导入time库，利用time.time()函数获取开始时间；

② 获取两个时间点的时间戳；

③ 计算时间差；

④ 将时间差转换成指定的格式。

注意： 这里为了演示方便将时间差设置为 10 秒。

编程样例：

```
import time
start_time = time.time()
while True:
    end_time = time.time()
    time_difference = end_time - start_time
    if(time_difference>=10):
        days, seconds = divmod(time_difference, 86400)
        hours, remainder = divmod(seconds, 3600)
        minutes, seconds = divmod(remainder, 60)
        break;
print(f"{int(days)} 天: {int(hours)} 小时: {int(minutes)} 分钟: {int(seconds)} 秒 ")
```

运行结果：

```
0 天：0 小时：0 分钟：10 秒
```

说明： 试着将该代码应用于实际工程中统计完成某项工程所需的时间差。

（3）进度条常用于计算机处理任务，它能够实时显示任务或软件的执行进度。编写程序实现带刷新的文本进度条功能。

分析：

① 完成简单的文本进度条功能的基本思想是按照程序执行百分比将整个任务划分为100个单位，每执行N%（N取5）输出一次进度条。每一行输出程序执行进度百分比，（**）表示已经执行完成的部分，（..）表示程序未执行完成的部分，箭头跟随完成度表示；

② 完成单行动态刷新进度条的基本思想是将每一次逐输出都固定在同一行，并不断地用新生成的字符串覆盖之前的输出，形成进度条不断刷新的动态效果。通过在print()函数中设置end的默认值为''，使得每次输出不进行换行。下一次输出时，在字符串前部增加转义符'r'，使得指针移动到行首而不换行；

③ 完成带刷新的文本进度条的是将前两小节的程序合并，再添加开始和结束提示语，可以很好地实现带刷新的文本进度条。为了进一步提高用户体验，在文本进度条中增加运行时间的监控，采用time.perf_counter()函数返回第二次及后续调用时与第一次计时之间的时间差，单位为秒。

编程样例：

```
import time
scale = 50
print("执行开始".center(scale//2,'-'))
t = time.perf_counter()
for i in range(scale+1):
    a = '*'*i
    b = '.'*(scale-i)
    c = (i/scale)*100
    t1 = time.perf_counter()
    t2 = t1 - t
    print("\r{:^3.0f}%[{}->{}]{:.2f}s".format(c,a,b,t2),\
           end = '')
    time.sleep(0.5)
print("\n"+"执行结束".center(scale//2,'-'))
```

运行结果：

```
-----------执行开始----------
100% [**************************************************->]25.05s
-----------执行结束----------
```

说明： 修改文件执行进度百分比为10%，对比所用时间差。

（4）在D:\\log文件夹下创建一个以今天日期命名的日志文件，文件内容记录当前的时间。如果D:\\log不存在，创建该目录。如果当天的日志文件不存在则新建文件，文件存在则在文件结尾以当前时间写入一条信息"Hello"。

分析：

① 判断D盘下log文件夹是否存在，若不存在，则创建该文件夹；

② 获取当前时间；

③ 取出当前时间的年月日，以当前年月日命名该日志文件；

④ 获取当前时间的时分秒；

⑤ 判断当前日志文件是否存在；

⑥ 将当前的时分秒写入日志文件以"Hello"结尾。

注意： 若当前日志文件存在则以追加写的方式向该日志文件中写入新的内容，否则会覆盖原来的内容。

编程样例：

```
import os
import time
if not os.path.exists("D:\\log"):
    os.mkdir("D:\\log")
now = int(time.time())
timeStruct = time.localtime(now)
strDate = time.strftime("%Y%m%d", timeStruct)
strTime = time.strftime("%H:%M:%S", timeStruct)
logfile = "D:\\log\\"+strDate+".txt"          # 日志文件名
if not os.path.exists(logfile):
    f = open(logfile,'w')
else:
    f = open(logfile,'a')
f.write(strTime+": Hello\n")
f.close()
```

运行结果如图6-2-1所示。

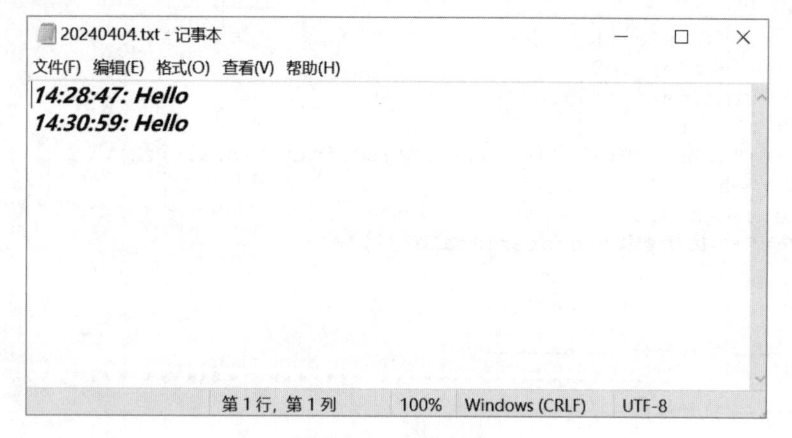

图 6-2-1　运行结果

说明： 试着修改当前日志文件的结尾字符串。

实验 6-3 格式文件

一、实验目的

1. 掌握CSV格式文件的读写方法。

2．掌握JSON格式文件的读写方法。

二、实验环境

1．硬件需求：计算机。

2．软件需求：Python 3.x。

三、实验任务和指导

1. CSV 模块的常用方法的使用

（1）在Python 中，读取 CSV 文件可以使用________库。

（2）如果要以追加模式打开 CSV 文件，在 open()函数中的模式参数应该设置为________。

（3）在处理CSV文件时，为了避免出现额外的空行，在open()函数中需要设置________参数。

（4）在使用csv.reader 读取CSV文件后，得到的数据是一个________类型的对象。

（5）要统计CSV文件中的行数（不包括标题行），可以在读取文件时使用一个计数器变量，每读取一行（除标题行外）________计数器。

（6）如果CSV文件中的某一列数据为数字类型，读取后默认是________类型。

（7）要跳过CSV文件中的前 3 行数据进行读取，可以在循环之前使用________函数 3 次。

（8）假设一个CSV文件有多列数据，要按照某一列（如第2列）进行排序，可以先将数据读取为列表，然后使用lambda()函数配合________函数进行排序。

（9）如果要读取一个UTF-8编码的CSV文件，在open()函数中需要设置________参数为'utf - 8'。

（10）当使用csv.reader读取 CSV 文件时，如果文件中的每行数据结尾有多余的空格，在处理数据时可能需要使用________方法去除空格（针对字符串类型数据）。

2. JSON 模块的常用方法的使用

1．在Python中，要将字典转换为JSON字符串，可以使用JSON模块的________函数。

2．如果JSON数据中有特殊字符（如中文字符），在使用JSON模块时可能需要设置________参数为utf-8来正确处理编码。

3．假设要将一个包含复杂嵌套结构（如字典嵌套列表）的Python对象转换为JSON字符串，并且希望格式化输出（缩进等），可以在使用json.dumps时设置________参数。

4．要将多个 Python 对象逐个写入到JSON文件中（追加模式），需要先打开文件为追加模式（'a'），然后每次调用JSON模块的dump()函数，但是需要注意添加________来分隔每个对象（在 JSON 格式下）。

5．如果 JSON 数据中的键名不符合Python变量命名规则（如包含-），在将其转换为Python 对象时，会被转换为________类型的键（在Python字典中）。

6．在处理大型 JSON 数据时，如果不想一次性将整个数据读入内存，可以使用json.JSONDecoder的________方法逐步解析。

3. 格式文件相关操作

（1）以下代码将一个包含元组的列表写入 CSV 文件，将元组中的元素转换为字符串。

```
data = [(1, 2), (3, 4)]
```

```
with open('output.csv', 'w', newline='') as csvfile:
    writer = csv.writer(csvfile)
    for row in data:
        new_row = list(map(str, row))
        writer.______(new_row)
```

（2）将 CSV 文件中的数据转换为列表。

```
import csv
data = []
with open('test.csv') as f:
    reader = csv.reader(f)
    for row in reader:
        data.______(row)
```

（3）读取CSV文件的第一行（标题行）。

```
import csv
with open('data.csv') as f:
    reader = csv.reader(f)
    headers = next(______)
```

（4）假设有一个 CSV 文件，每行有三个字段，要读取这个文件并只获取每行的第二个字段，可以使用如下代码。

```
import csv
with open('file.csv') as f:
    reader = csv.reader(f)
    for row in reader:
        print(row[______])
```

（5）将列表数据写入CSV文件。

```
import csv
data = [[1, 'Alice'], [2, 'Bob']]
with open('test.csv', 'w', newline='') as f:
    writer = csv.______(f)
    for row in data:
        writer.____________(row)
```

（6）将一个包含嵌套字典的 Python 对象转换为JSON字符串。

```
import json
my_dict = {'person': {'name': 'Eve', 'age': 28}}
json_string = json.___(my_dict)
print(json_string)
```

（7）要将一个包含多种数据类型（如字符串、数字、列表）的Python字典转换为JSON 字符串，并且确保非ASCII字符被正确处理。

```
    import json
    my_dict = {'message': '你好', 'number': 123, 'fruits': ['苹果', '香蕉']}
json_string = json.dumps(my_dict, ensure_ascii=___)
    print(json_string)
```

（8）从一个 JSON 文件中读取数据并转换为 Python 对象。

```
import json
```

```
with open('data.json', 'r') as f:
    my_obj = json.___(f.read())
print(my_obj)
```

（9）将一个 Python 字典写入到一个JSON文件中。

```
import json
my_dict = {'city': 'New York', 'population': 8000000}
with open('data.json', 'w') as f:
    json.___(my_dict, f)
```

（10）在将JSON字符串转换为Python对象时，如果JSON字符串中的数据类型不完全匹配Python 中的默认类型转换，可以使用一个参数来处理这种情况。

```
import json
json_string = '{"number": "42"}'
my_obj = json.loads(json_string, ___=int)
print(type(my_obj['number']))
```

4. 编程题

（1）编写一个程序，读取data.csv（见图6-3-1）文件中内容，并将结果存入字典data中。

	A	B	C	D	E	F
1	mike	31				
2	jack	18				
3	jone	22				
4	tom	33				
5	justin	25				
6	jim	13				

图 6-3-1　data.csv

分析：

① 导入csv模块，打开data.csv文件；

② 通过csv.reader()方法读取文件内容；

③ 将结果存入data字典。

编程样例：

```
import csv
# 打开 CSV 文件并读取数据
with open('data.csv', 'r') as file:
    reader = csv.reader(file)
    data = {}
    for row in reader:
        name = row[0]
        age = int(row[1])
        data[name] = age
print(data)
```

运行结果：

```
{'mike':31, 'jack':18, 'jone': 22, 'tom': 33, 'justin': 25, 'jim': 13}
```

说明：试着在 data.csv 文件中再增加几条数据。

（2）编写一个程序，将data.csv中的数据写入新的文件sorted_data.csv。

分析：

① 使用csv.reader()函数读取数据；

② 利用csv.writer()函数将数据写入sorted_data.csv文件中。

编程样例：

```
import csv
# 打开 CSV 文件并读取数据
with open('data.csv', 'r') as file:
    reader = csv.reader(file)
    data = {}
    for row in reader:
        name = row[0]
        age = int(row[1])
        data[name] = age
# 将数据写入新的 CSV 文件
with open('sorted_data.csv', 'w', newline='') as file:
    writer = csv.writer(file)
    writer.writerow(['Name', 'Age'])  # 写入表头
    for item in sorted_data:
        writer.writerow(item)
```

运行结果如图6-3-2所示。

说明： 试着将该代码应用于实际工程中统计完成某项工程所需的时间差。

（3）编写程序，实现将Python数据转换为JSON数据格式，写入jasontest.json文件中。

Name	Age
mike	31
jack	18
jone	22
tom	33
justin	25
jim	13

图 6-3-2　运行结果

分析：

① 导入JSON模块；

② 通过json.dump()将Python数据转换为JSON格式；

③ 将数据写入jasontest.json文件。

编程样例：

```
import json
languages = ["English","Chinese"]
stu = {
      "name": "Jack",
      "sex": "男",
      "languages": languages,
}
with open("jasontest.jason","w") as f:
    json.dump(stu,f,ensure_ascii=False)
```

运行结果如图6-3-3所示。

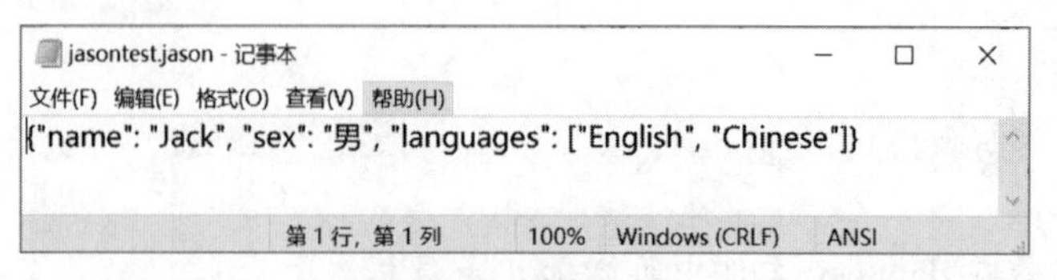

图 6-3-3　运行结果

说明：试着修改字典内容，查看输出 JSON 数据的变化。

（4）读取jasontest.json文件中的数据，并打印输出。

分析：

① 导入JSON模块；

② 通过load()将JSON数据格式转换为python数据格式。

编程样例：

```
import json
with open('jsontest.json',encoding='utf-8') as f:
    data = json.load(f)
print(data)
print(type(data))
```

运行结果：

```
{'name': 'Tom', 'sex': ' 男 ', 'age': 17, 'language': ['English', 'Chinese']},
<class'dict'>
```

说明：试着修改文件内容，查看输出结果的变化。

实验 6-4 文件综合应用

一、实验目的

1. 掌握文件的打开关闭方法。
2. 掌握文件的读写方法。
3. 掌握time库和os库的用法。
4. 掌握格式文件的读取方法。

二、实验环境

1. 硬件需求：计算机。
2. 软件需求：Python 3.x。

三、实验任务和指导

1. 文件综合应用

阅读题目并补全相关代码。

（1）以下程序读取一个文件，将其中的所有数字提取出来并求和。

```
with open('content.txt', 'r') as file:
content = file.read()
numbers = [int(char) for char in content if char.______________]
total = sum(______)
print(f'数字之和为: {total}')
```

（2）将一个字典数据写入到 JSON 文件。

```
import json
data = {'name': 'John', 'age': 30}
with open('new_data.json',__________) as file:
     json.______(data, file)
```

（3）读取一个 JSON 文件并打印其中的内容。

```
import
with open('data.json', 'r') as file:
     data = json.______
     print(data)
```

（4）向一个新的 CSV 文件写入一些数据。

```
import csv
data = [['Name', 'Age'], ['Alice', '25'], ['Bob', '30']]
with open('new_data.csv', 'w', newline='') as file:
     writer = csv.______()
     writer.______________
```

（5）读取一个 CSV 文件并打印每一行内容。

```
import csv
with open('data.csv', 'r') as file:
     reader = csv.______()
     for__________________
          print(row)
```

（6）使用os库判断一个路径是否存在，如果存在则使用time库打印当前时间戳。

```
import os
import time
path = 'some_path'
if os.___________(path):
timestamp = time.______()
print(f'当前时间戳: {timestamp}')
else:
print(f'{path} 不存在')
```

（7）将两个文件的内容合并到一个新文件中。

```
file1 = 'file1.txt'
file2 = 'file2.txt'
output_file = 'combined.txt'
try:
     with open(file1, 'r') as f1, open(file2, 'r') as f2, open(output_file,
'w') as out:
     content1 = f1.______()
     content2 = f2.______()
     out.__________________
except FileNotFoundError:
     print('有文件不存在')
```

（8）读取一个文件的所有内容，并将其转换为大写后写入另一个文件。

```
input_file = 'input.txt'
```

```
output_file = 'output.txt'
try:
    with open(input_file, 'r') as infile, open(output_file, 'w') as outfile:
        content = infile.______
        upper_content = content.______
        outfile.______
except FileNotFoundError:
    print(f'{input_file} 文件不存在 ')
```

2. 编程题

（1）编写一个程序，实现一个简单的文件管理器。

分析：

① 列出当前目录下的所有文件和文件夹；

② 创建一个新的文件夹；

③ 删除一个指定的文件夹（如果存在）；

④ 创建一个新的文本文件，并向其中写入一些内容；

⑤ 读取一个指定的文本文件的内容并打印出来。

> **提示：**可以使用 os 库的 os.listdir()、os.mkdir()、os.rmdir()、os.path.join() 等函数。

编程样例：

```
import os
# 列出当前目录下的所有文件和文件夹
def list_files():
    files = os.listdir()
    print(" 当前目录下的文件和文件夹: ")
    for file in files:
        print(file)

# 创建一个新的文件夹
def create_folder(folder_name):
    if not os.path.exists(folder_name):
        os.mkdir(folder_name)
        print(f" 文件夹 {folder_name} 创建成功! ")
    else:
        print(f" 文件夹 {folder_name} 已存在! ")

# 删除一个指定的文件夹(如果存在)
def delete_folder(folder_name):
    if os.path.exists(folder_name):
        os.rmdir(folder_name)
        print(f" 文件夹 {folder_name} 删除成功! ")
    else:
        print(f" 文件夹 {folder_name} 不存在! ")

# 创建一个新的文本文件，并向其中写入一些内容
def create_file(file_name, content):
    with open(file_name, "w") as f:
        f.write(content)
        print(f" 文件 {file_name} 创建成功，并写入了内容! ")
```

```
# 读取一个指定的文本文件的内容并打印出来
def read_file(file_name):
    with open(file_name, "r") as f:
        content = f.read()
        print(f"文件 {file_name} 的内容:
{content}")

if __name__ == "__main__":
    list_files()
    create_folder("test_folder")
    delete_folder("test_folder")
    create_file("test_file.txt", "Hello, World!")
    read_file("test_file.txt")
```

运行结果如图6-4-1所示。

```
当前目录下的文件和文件夹:
.idea
1.JPG
2.jpg
2.txt
data.CSV
L6-1.py
L6-2.py
L6-3.py
L7-1.py
L7-2.py
L9-1.py
L9-2.py
Python程序设计学习和实训指导（目录）.docx
sy6-1-1.py
sy6-1-2.py
sy6-1-3.py
sy6-1-4.py
sy6-1-5.py
sy6-2-1.py
sy6-2-2.py
sy6-2-3.py
sy6-2-4.py
sy6-3-1.py
sy6-4-1.py
~$-9章 学习指导.docx
~$6-4文件综合应用.docx
~$thon程序设计学习和实训指导（目录）.docx
实验1-1 python的安装与配置.docx
实验1-4 python程序设计入门.docx
实验6-1文件基本操作 .docx
实验6-2OS和time库 .docx
实验6-3格式文件.docx
实验6-4文件综合应用.docx
实验6源码.docx
第6-9章 学习指导.docx
文件夹 test_folder 创建成功!
文件夹 test_folder 删除成功!
```

图 6-4-1　运行结果

说明： 试着将文件的路径改为绝对路径，查看效果。

（2）编写一个程序，读取dy.csv文件中内容，将评分最高的五部的电影推荐给用户。

分析：

① 导入csv模块，打开文件；

② 通过reader()方法读取文件内容；

③ 将结果进行排序；

④ 将排序结果输出。

注意：这里为了演示方便将时间差设置为 10 秒。

编程样例：

```
import csv
with open("dy.csv",'r',newline='',encoding='gbk',errors='ignore')as f:
lines = csv.reader(f)
Header = next(lines)
    score = []
    newline = sorted(lines,key=lambda item:item[5],reverse=True)
    for i in range(5):
        print(newline[i])
```

运行结果如图6-4-2所示。

```
['肖申克的救赎', '导演: 弗兰克·德拉邦特 Frank Darabont主演: 蒂姆·罗宾斯 Tim Ro
bbins ', '1994', '美国', '犯罪 剧情', '9.7', '2821383人评价', '希望让人自由。']
['霸王别姬', '导演: 陈凯歌 Kaige Chen主演: 张国荣 Leslie Cheung / 张丰毅 Fengyi
Zha...', '1993', '中国', '剧情 爱情', '9.6', '2086857人评价',
'风华绝代。']
['美丽人生', '导演: 罗伯托·贝尼尼 Roberto Benigni主演: 罗伯托·贝尼尼 Roberto B
eni...', '1997', '意大利', '剧情 喜剧 爱情 战争', '9.6', '1298484人评价', '最美
的谎言。']
['辛德勒的名单', '导演: 史蒂文·斯皮尔伯格 Steven Spielberg主演: 连姆·尼森 Liam
 Neeson...', '1993', '美国', '剧情 历史 战争', '9.6', '1081698人评价', '拯救一个
人，就是拯救整个世界。']
['控方证人', '导演: 比利·怀尔德 Billy Wilder主演: 泰隆·鲍华 Tyrone Power / 玛
琳·...', '1957', '美国', '剧情 犯罪 悬疑', '9.6', '533842人评价', '比利·怀德满
分作品。']
```

图 6-4-2　运行结果

说明：试着修改代码按照电影日期进行筛选。

（3）查找文件1.txt中“P”出现的位置，并将其替换为“C”。1.txt中的内容为“Python is a programming language,welcome to Python!”。

分析：

① 打开文件，读取内容；

② 通过find()方法找到字母'P'所在位置；

③ 通过seek()方法定位到要替换的字母'P'；

向文件写入字母'C'，其他内容不做改变。

编程样例：

```
with open("1.txt",'r+',encoding='utf-8')as f:
fcontent = f.read()
print(f.tell())                  # 返回文件指针当前位置
i = fcontent.find('P')           # 查找字母 P 所在位置
while(i != -1):
print(i)
f.seek(i,0)                      # 文件指针定位至需要替换的位置
f.write('C')
i = fcontent.find('P',i+1)       # 查找字母第二次所在位置
```

```
print(f.read())          #读取剩下内容
```

运行结果：

```
51
0
44
ython!
```

（4）遍历指定路径找到相应的文件，并将路径下的所有文件作为列表内容进行输出。

分析：

① 输入路径，选择当前路径下的文件列表。

② 若为文件夹，则继续递归调用上述方法选择当前文件夹下的文件列表。

注意： 递归调用为下一章节内容，在后面会深入讲解。

编程样例：

```
import os
def allfiles(path, name, all_files=[]):
    # 当输入路径存在时才获取路径下文件列表
    if os.path.exists(path):
        files = os.listdir(path)

    # 遍历files列表
    for file in files:
        # 判断是否为文件夹
        if os.path.isdir(os.path.join(path, file)):
            # 递归调用
            allfiles(os.path.join(path, file), name, all_files)
        else:
            if name in file:
                all_files.append(os.path.join(path, file))
    return all_files
path = "D:\\Mrs Diao"
name = 'test.doc'
allfiles_list = allfiles(path,name,)
print(allfiles_list)
```

运行结果：

返回指定路径下文件test.doc的所有路径。

```
['D: \\Mrs Diao\\Mrs Diao\\test.doc', 'D: \\Mrs Diao\\test.doc']
```

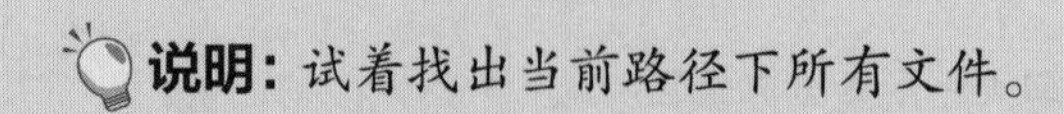
说明： 试着找出当前路径下所有文件。

（5）有一个文本文件I have a dream.txt，每行包含一个英文单词。编写一个 Python 程序，统计文件中以字母“a”开头的单词数量，并将这些单词写入到一个新的文件words_starting_with_a.txt中。

文件内容如图6-4-3所示。

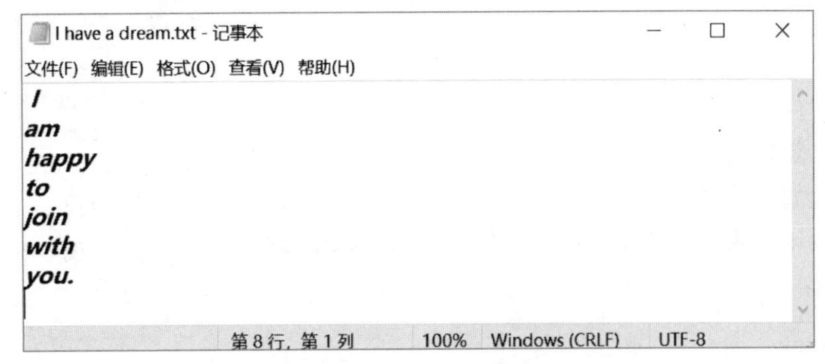

图 6-4-3　文件内容

分析：

① 打开文件进行读写；

② 匹配首字母是'a'的单词；

③ 统计首字母是'a'的单词的个数；

④ 将首字母是'a'的单词写入words_starting_with_a.txt文件。

编程样例：

```
count = 0
try:
    with open('I have a dream.txt', 'r') as f, open('words_starting_with_a.txt', 'w') as new_f:
        for line in f.readlines():
            word = line.strip()
            if word.startswith('a'):
                count += 1
                new_f.write(word + '\n')
    print(f"以 'a' 开头的单词数量为 : {count}")
except FileNotFoundError:
    print("文件不存在，请检查文件名和路径。")
```

运行结果：

```
以 'a' 开头的单词数量为: 1
```

words_starting_with_a.txt文件中内容如图6-4-4所示。

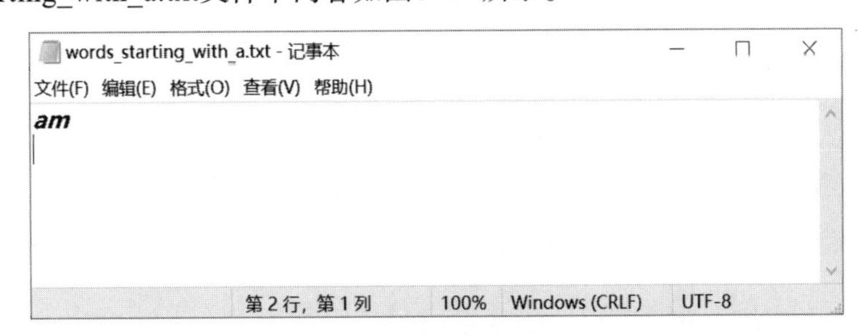

图 6-4-4　文件内容

（6）给定一个CSV文件'data.csv'，其结构是一个包含多个对象的数组，每个对象有'name'和'age'两个属性。编写一个程序，找出年龄最大的人的姓名，并将这个姓名写入到一个新的文件'oldest_person.txt'中。

文件内容如图6-4-5所示。

mike	31
jack	18
jone	22
tom	33
justin	25
jim	13

图 6-4-5 文件内容

分析：

① 打开文件进行读写；

② 读取年龄数据；

③ 求最大的年龄数据；

④ 将最大年龄数据所对应的名字写入oldest_person.txt文件。

编程样例：

```
import csv
with open('data.csv', 'r') as f, open('oldest_person.txt', 'w') as new_f:
           reader = csv.reader(f)
           max_age = 0
           oldest_name = ""
           for person in reader:
               age = int(person[1])
               if age > max_age:
                   max_age = age
                   oldest_name = person[0]
           new_f.write(oldest_name)
           print(" 年龄最大的人是 %s, 最大的年龄是 %d"%(oldest_name,max_age))
```

运行结果：

```
年龄最大的人是 tom，最大的年龄是 33
```

文件oldest_person.txt中写入年龄最大的人的姓名，运行结果如图6-4-6所示。

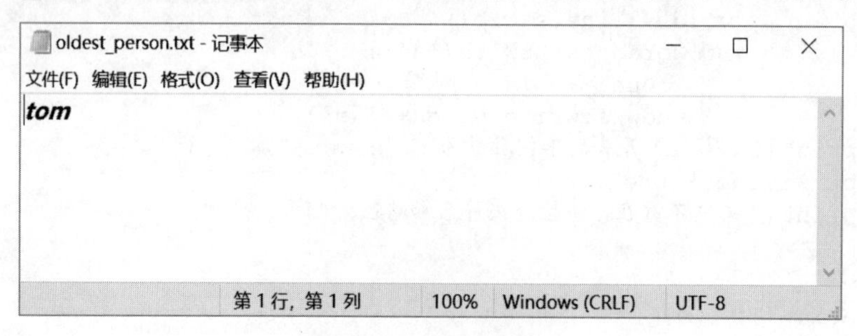

图 6-4-6 运行结果

程序的异常处理

一、实验目的

掌握程序异常处理的方法。

二、实验环境

1. 硬件需求：计算机。
2. 软件需求：Python 3.x。

三、实验任务和指导

1. 异常处理应用

阅读题目并补全相关代码。

（1）根据程序补全代码。

```
while True:
        ____________:
        x = int(input("请输入一个数字 ： "))
        print(x)
        break
_______ValueError:
        print('您输入的不是数字，请再次尝试输入！ ')
```

（2）根据程序补全代码。

```
try:
s = eval(input('s='))
    if s>0:
        s=s+1
        print(s)
except ________ as e:
    print("语法错误")
except NameError   as e:
    print("变量未赋值")
_______:
    print("出现未知错误")
```

（3）给一个不多于 5 位的正整数（如 a = 12346），求它是几位数。

```
def flen(num):
try:
```

```
length = 0
while num != 0:
    length += 1
    num = int(num) // 10
if length > 5:
    return "请输入正确的数字"
return________
except_______:
return "请输入正确的数字"
```

（4）尝试打开一个文件并检查其大小，如果文件不存在或获取失败则捕获异常并打印错误信息。

```
file_path = 'size_check.txt'
try:
    if os.path.exists(file_path):
    with open(file_path, 'r') as f:
    size = os.path.getsize(file_path)
print(f'文件大小为: {size} 字节')
else:
    raise FileNotFoundError
except ______as e:
print(f'文件不存在错误: {e}')
except ______ as e:
    print(f'大小获取错误: {e}')
```

（5）尝试逐行读取一个文件，如果读取过程中出现错误则捕获异常并打印错误信息。

```
file_path = 'lines.txt'
try:
    with open(file_path, 'r') as f:
        for ______ in f:
        print(line)
except FileNotFoundError as e:
    print(f'文件不存在错误: {e}')
except ______ as e:
    print(f'逐行读取错误: {e}')
```

（6）尝试读取一个二进制文件，如果文件不存在或读取错误则捕获异常并打印错误信息。

```
file_path = 'binary.dat'
try:
    with open(file_path,  ______) as f:
        data = f.read()
        print(data)
except FileNotFoundError as e:
    print(f'文件不存在错误: {e}')
except ______ as e:
    print(f'二进制读取错误: {e}')
```

（7）尝试打开一个文件并检查其大小，如果文件不存在或大小获取失败则捕获异常并打印错误信息。

```
file_path = 'size_check.txt'
try:
    if os.path.exists(file_path):
```

```
        with open(file_path, 'r') as f:
            size = os.______
            print(f'文件大小为: {size} 字节')
    else:
        FileNotFoundError
except FileNotFoundError as e:
    print(f'文件不存在错误: {e}')
except ______ as e:
    print(f'大小获取错误: {e}')
```

（8）尝试复制一个文件，如果源文件无法读取或目标文件无法创建则捕获异常并打印错误信息。

```
source_file = 'source.txt'
destination_file = 'destination.txt'
try:
    with open(source_file, 'r') as src, open(destination_file, 'w') as dst:
        dst.write(______)
except ______ as e:
    print(f'源文件不存在错误: {e}')
except ______ as e:
    print(f'复制错误: {e}')
```

（9）尝试打开一个文件并将其内容转换为大写后写入另一个文件，如果任何操作出现错误则捕获异常并打印错误信息。

```
input_file = 'input.txt'
output_file = 'output.txt'
try:
    with open(input_file, 'r') as infile, open(output_file, 'w') as outfile:
        content = infile.read()
        upper_content = content.______
        outfile.write(upper_content)
except FileNotFoundError as e:
    print(f'文件不存在错误: {e}')
except ______ as e:
    print(f'转换写入错误: {e}')
```

2. 编程题

（1）编写一个程序，计算a/b，如果b等于零，输出分母为零异常，否则输出a/b的值。

分析：

利用try...except...else...finally实现函数异常的捕捉。

编程样例：

```
try:
    a,b = eval(input("请输入两个整数: "))
    s = a / b
except ZeroDivisionError:
    print('分母为零异常')
else:
    print(s)
finally:
    print("程序结束")
```

运行结果：

```
请输入两个整数：12，13
0.9230769230769231
程序结束
请输入两个整数：12，0
分母为零异常
程序结束:
```

**说明：**试着修改代码，使得运算结果为整数。

（2）编写一个程序，给定一个数 a，若输入的数不是整数则抛出异常，并重新进行数字的输入，再判断输入的数是否为奇数或偶数。

分析：

利用try...except实现函数异常的捕捉。

编程样例：

```
while True:
    try:
        # 判断输入是否为整数
        num = int(input('输入一个整数: '))
    # 不是纯数字需要重新输入
    except ValueError:
        print("输入的不是整数! ")
        continue
    if num % 2 == 0:
        print('偶数')
    else:
        print('奇数')
    break
```

运行结果：

```
输入一个整数: a
输入的不是整数!
输入一个整数: 12
偶数

输入一个整数: ,
输入的不是整数!
输入一个整数: 13
奇数
```

**说明：**试着修改代码，加入 finally 模块，完成完整的代码编写。

（3）编写程序，进行除法计算，判断可能出现的异常。

分析：

利用try...except...else...finally实现函数异常的捕捉。

编程样例：

```
try:
```

```
    n = eval(input(' 请输入一个整数: '))
    s = 100/n
except ZeroDivisionError:
    print(' 除数为 0')
except NameError:
    print(' 输入的不是数字 ')
else:
    print(s)
finally:
    print(' 程序结束 ')
```

运行结果：

```
请输入一个整数: 0
除数为 0
程序结束

请输入一个整数: a
输入的不是数字
程序结束

请输入一个整数: \
程序结束
```

说明：试着修改输入数据，查看异常情况。

（4）编写程序，打开一个文件，在该文件中的内容写入内容，判断可能出现的异常。

分析：

利用try...except...else...finally实现函数异常的捕捉。

编程样例：

```
try:
    fh = open("D:\\1.txt", "x")
    fh.write(" 这是一个测试文件，用于测试异常 !!")
except IOError:
    print ("Error: 没有找到文件或读取文件失败 ")
else:
    print (" 内容写入文件成功 ")
    fh.close()
```

运行结果：

```
Error: 没有找到文件或读取文件失败
```

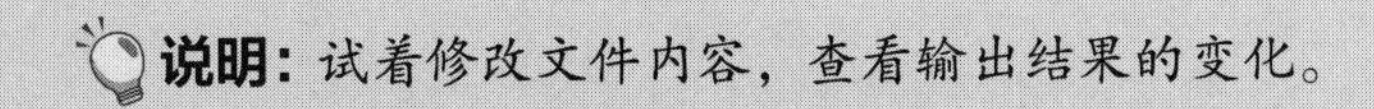
说明：试着修改文件内容，查看输出结果的变化。

（5）编写程序，实现若列表下标越界则给予提示。

分析：

利用try...except实现函数异常的捕捉。

编程样例：

```
list_1 = [1,2,3,4]
```

```
try:
    print(list_1[20])
except:
    print('index out of bound!')
```

运行结果：

```
index out of bound!
```

**说明：**试着修改列表索引，查看输出结果的变化。

（6）编写程序，捕获数据类型转换异常，当捕获到异常时，输出“元素x不能转换为整数”。

分析：

利用try...except实现函数异常的捕捉。

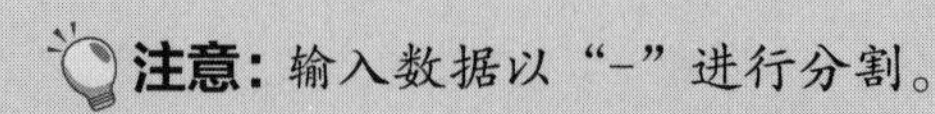**注意：**输入数据以“-”进行分割。

编程样例：

```
str1 = input("输入数据：")
list1 = str1.split("-")
for x in list1:
    try:
        value =int(x)
    except:
        print("元素%s不能转换为整数"%x)
    else:
        print(x)
    finally:
        print("程序结束!")
```

运行结果：

```
输入数据：100-200-300
100
当前元素转换结束!
200
当前元素转换结束!
300
当前元素转换结束!

输入数据：100-12-a
100
当前元素转换结束!
12
当前元素转换结束!
元素 a 不能转换为整数
当前元素转换结束!
```

说明：若输入数据为浮点数，结果会如何变化，怎样修改代码？

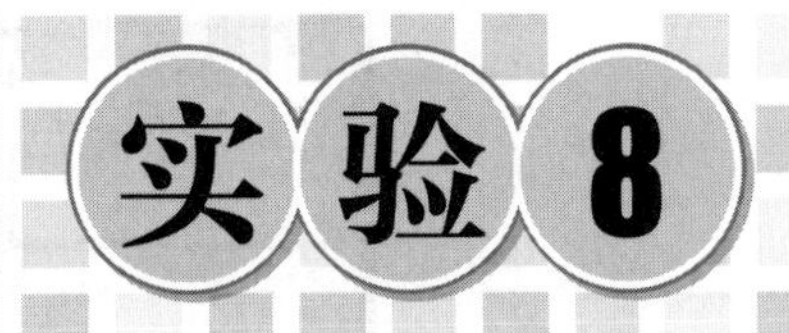

实验 8 turtle绘图

实验 8-1 turtle 绘图基础

一、实验目的

1. 掌握turtle库的引用方法。
2. 熟悉turtle库窗口函数的使用。
3. 掌握turtle库常用画笔状态函数和运动函数的使用。

二、实验环境

1. 硬件需求：计算机。
2. 软件需求：Python 3.x，turtle库。

三、实验任务和指导

1. 设置绘图窗体

任务一：设置绘图窗体1。

要求：设置绘图一个窗体，宽800像素，高400像素，放置在屏幕左上角。

分析：使用函数turtle.setup(width, height, startx, starty)，startx、starty均为0 。

编程样例：

```
import turtle
turtle.setup(800,400,0,0)
```

任务二：设置绘图窗体2。

要求：设置绘图一个窗体，宽800像素，高400像素，默认位置放置。

编程样例：

```
import turtle
turtle.setup(800,400)
```

运行结果如图8-1-1所示。

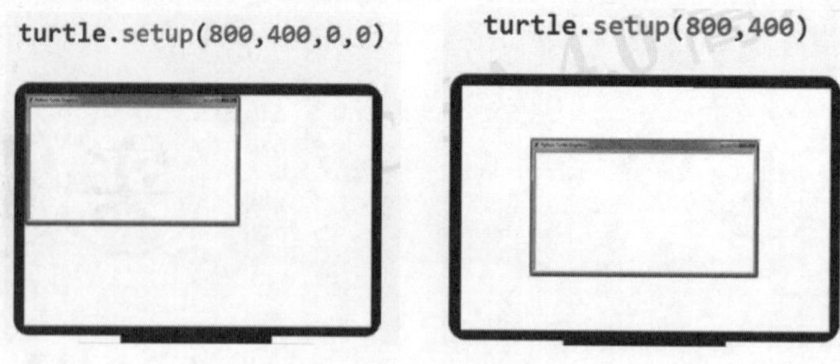

图 8-1-1　运行结果

2. goto() 函数画图

任务一：绘制正方形。

要求：用goto()函数画一个边长为100像素的蓝色的正方形。

效果如图8-1-2所示。

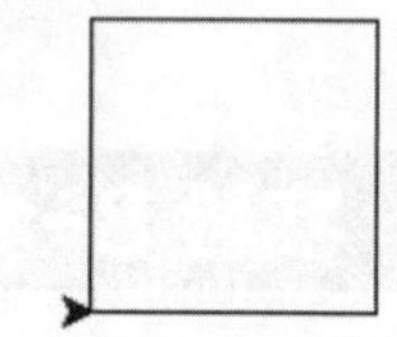

图 8-1-2　效果图

分析：计算正方形四个点的坐标，用goto()函数依次落在每一个点上，画出正方形来。画笔颜色使用pencolor()函数。

编程样例：

```
import turtle  as t
t.speed(1)                 #值可修改，调节绘画速度
t.pencolor('blue')         #设置画笔颜色
t.goto(100,0)
t.goto(100,100)
t.goto(0,100)
t.goto(0,0)
```

注意：

① 画笔笔头方向一直没有变化；

② 修改 speed() 的值，观察不同的绘画速度。

任务二：绘制一个长方形。

要求：自己编程，用goto()函数，画一个长100像素、宽60像素的红色的长方形。

效果如图8-1-3所示。

3. seth() 和 fd() 函数

任务一：绘制三角形。

要求：用seth()和fd()函数，绘制一个边长为100像素的三角形。

效果如图8-1-4所示。

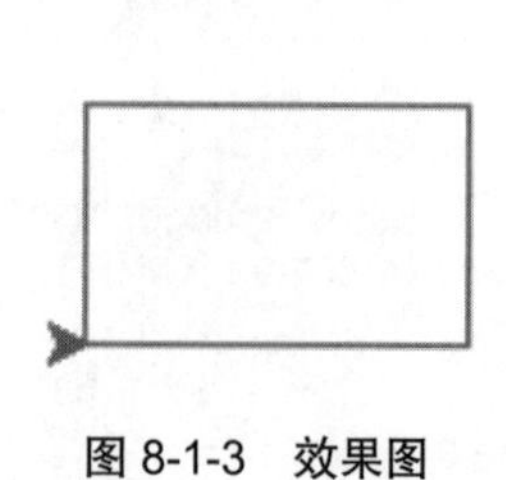

图 8-1-3　效果图

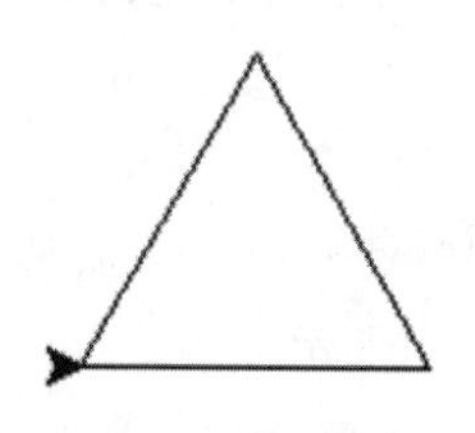

图 8-1-4　效果图

分析：使用seth()函数控制画笔运动方向，使用fd()函数使画笔前行。因为3*120° =360° ，所

以每次再转120° 。

编程样例：

```
from turtle import *
for i in range(____________):           #i 取值为 0,1,2，画三笔
    fd(_________)                       # 画笔前进
seth((i+1)*120)                         # 画笔转换方向
```

注意：画笔笔头方向有变化。

任务二：绘制一个填充三角形。

要求：在任务一的基础上拓展。用seth()和fd()函数绘制边长为100像素的三角形，三角形为红色，内部用黄色填充，画完后隐藏画笔，将程序补充完整。效果如图8-1-5所示。

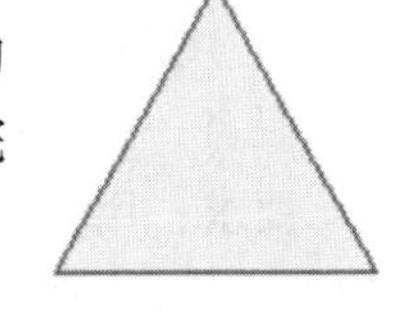

图 8-1-5 效果图

分析：见程序注释。

编程样例：

```
from turtle import *
color('red','yellow')
begin_fill()                            # 开始填充
for i in range(3):
    fd(____________)                    # 填空
    seth(____________)                  # 填空
end_fill()                              # 结束填充
hideturtle()                            # 隐藏画笔
done()                                  # 绘图结束
```

任务三：绘制一个五边形。

要求：编程填空，用seth()和fd( )函数绘制一个五边形，边长60像素，画笔粗2个像素，五边形为棕色，海贝色填充。

效果如图8-1-6效果图。

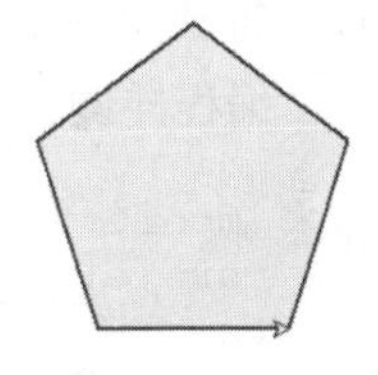

图 8-1-6 效果图

分析：正五边形5个内角均为108° ，所以每次画笔需要在之前的方向上继续转72° ，5*72° =360° ；画笔尺寸使用pensize()函数。

编程样例：

```
import  turtle
turtle.pensize(2)                       # 画笔尺寸
turtle.color('brown','seashell')
d = 72
turtle.____________                     # 开始填充
for i in range(5):
    turtle.seth(d)                      # 画笔转向
    d += 72
    turtle.____________                 # 画笔前进
turtle.____________                     # 结束填充
turtle.done()
```

任务四：绘制正方形

要求：使用seth()和fd()函数绘制一个边长为200像素的正方形。

效果如图8-1-7所示。

图 8-1-7 效果图

提示： 4*90=360°，所以每笔画完再转 90°。

任务五：绘制正八边形。

要求：使用seth()和fd()函数绘制一个边长为200像素的正八边形，画笔宽2像素。

效果如图8-1-8所示。

注意： 8*45=360°，所以每笔画完再转 45°。

4. right()、left() 和 fd() 函数

任务一：绘制填充三角形。

要求：用right()或left()和fd()函数绘制边长为100像素的三角形，三角形为蓝色，内部用粉色填充，画完后隐藏画笔。

效果如图8-1-9所示。

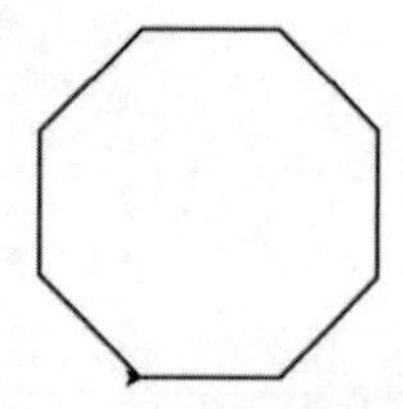

图 8-1-8　效果图

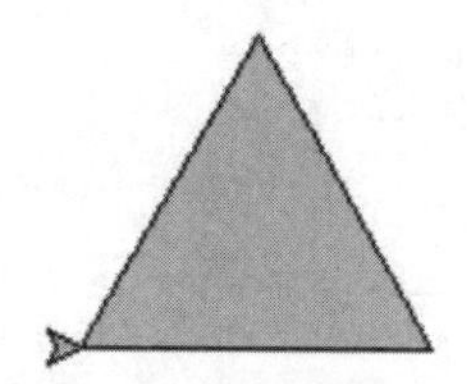

图 8-1-9　效果图

分析：分别用pencolor()和fillcolor()设置画笔色和填充色，也可以用color(c1,c2)一次性设置。每画完一条边后，使用left()函数转向。

编程样例：

```
import turtle
turtle.________('blue','pink')        #设置颜色
turtle.begin_fill()
for i in range(3):
    turtle.fd(100)
    turtle.________(120)              #左转120°
turtle.end_fill()
```

拓展：对比2、3中三角形的画法有什么不同，进而对turtle绘图有进一步的认识。

任务二：绘制五角星。

要求：用right()或left()和fd()函数绘制边长为110像素的五角星，五角形为红色，内部用黄色填充，画笔尺寸2像素，画完后隐藏画笔。

效果如图8-1-10所示。

分析：五角星5个内角的度数均为36°，所以可以每画完笔后右转144°继续。

图 8-1-10　效果图

编程样例：

```
import turtle  as t
t.____________                        #设置画笔尺寸
t.__________('red','yellow')          #设置颜色
```

```
t.begin_fill()                           # 开始填充
for i in range(5):
    t.________(110)
    t.right(144)                         # 右转
t.____________                           # 结束填充
____________()                           # 隐藏画笔
t.done()
```

任务三：绘制太阳花。

要求：用right()或left()和fd()函数绘制长为200像素的太阳花，红笔黄色填充。

效果如图8-1-11所示。

分析：太阳花可以看作是一个是36角星。每个内角的度数均为10°，所以可以每画完笔后左转或右转170° 继续，一共画36笔。

图 8-1-11　效果图

编程样例：

```
i import turtle as___________            # 设置 turtle 的别名
___________('red','yellow')              # 设置颜色
t.begin_fill()                           # 开始填充
for i in range(36):                      #36 次循环
____________(200)                        # 前进 200
____________(170)                        # 向左或向右偏移 170°都可以
t.end_fill()                             # 结束填充
t.____________()                         # 隐藏画笔
t.done()
```

任务四：绘制正方形。

要求：用left()或right()和fd()函数绘制一个边长为200像素的紫色正方形。

效果如图8-1-12所示。

5. circle() 函数绘图

任务一：画圆。

要求：逆时针画一个半径为50像素的圆，红色填充。

效果如图8-1-13所示。

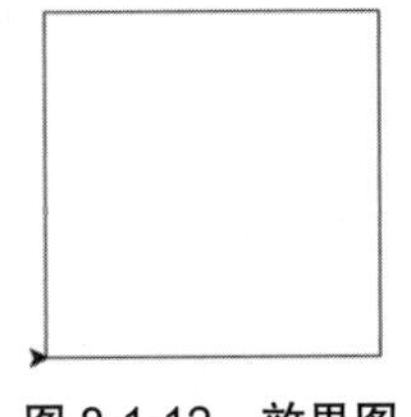

图 8-1-12　效果图

图 8-1-13　效果图

分析：画半径是r的圆circle(r)。逆时针画圆半径是正数。

编程样例：

```
import turtle as t
t.____________('red')              # 红色填充
t.begin_fill()
t.circle(___________)              # 画圆
t.end_fill()
```

任务二：画半圆。

要求：顺时针画一个半径为50像素的半圆，红色填充。

效果如图8-1-14所示。

分析：顺时针画圆半径是负数，半圆是180°。

编程样例：

```
import turtle as t
t.______('red')                  #设置填充色
t.begin_fill()
t.circle(_________,180)          #顺时针画半圆
t.end_fill()
```

任务三：画圆内接三角形。

要求：画一个半径为40像素的红色圆，再画一个圆内接蓝色实心的三角形，画笔3像素。

效果如图8-1-15所示。

图 8-1-14　效果图

图 8-1-15　效果图

分析：画半径是r的圆circle(r)，画圆内接*n*边形circle(r,steps=n)。实心蓝色指画笔和填充色都是蓝色。

编程样例：

```
from turtle import  *
____________               #设置画笔尺寸
____________('red')        #设置画笔红色
____________               #画圆
begin_fill()
color('blue')              #设置实心蓝色
circle(40,steps=3)         #画圆内接三角形
end_fill()
```

任务四：画圆内接六边形。

要求：自己编程，画一个半径为60像素圆内接六边形，紫色。

效果如图8-1-16所示。

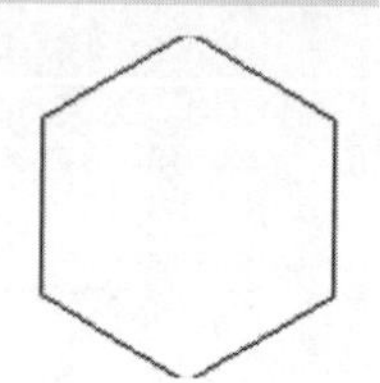

图 8-1-16　效果图

6. write() 函数写字

任务一：用write()函数写字。

要求：用turtle绘制一个蓝色正六边形，边长100像素，画笔宽4像素，下方用18号字黑体加粗写“正六边形”。

效果如图8-1-17所示。

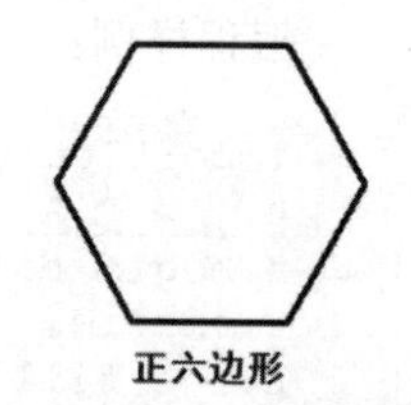

图 8-1-17　效果图

分析：六边形内角120°，所以每一笔左转60°，循环6次可以画出一个六边形来。在图形下方写字，中间的轨迹不能显示出来，所以用penup()函数把笔飞起来，goto()函数到目标为止，再用pendown()函数落笔后写字。write()函数的用法见程序。

编程样例：

```
from turtle import *
pensize(4)                    #设置画笔尺寸
pencolor('blue')
for i in range(6):
__________(100)               #前行
    left(60)
__________()                  #画笔飞起来
goto(1,-40)                   #写字的位置
__________()                  #落地
hideturtle()
__________('正六边形',font=('黑体',18,'bold'))  #写字
done()
```

任务二：模仿上例用write()函数写字

要求：自己编程，画一个蓝色正方形，边长80像素，画笔宽2像素，用黄色填充。下方用20号字写“正方形”。

效果如图8-1-18所示。

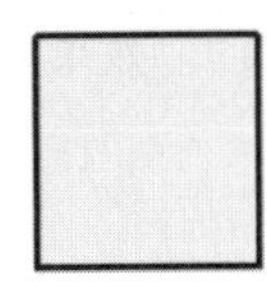

图 8-1-18　效果图

实验 8-2　turtle 绘图综合应用

一、实验目的

1. 掌握turtle库中各种绘图函数的综合应用。
2. 了解复杂图形的绘制思路和设计方法。

二、实验环境

1. 硬件需求：计算机。
2. 软件需求：Python 3.x，turtle库。

三、实验任务和指导

1. 绘制螺旋图

任务一：绘制方形螺旋。

要求：用turtle绘制一个方形螺旋，画笔宽4像素，画笔蓝色，下方用10号字写“方形螺旋”。效果如图8-2-1所示。

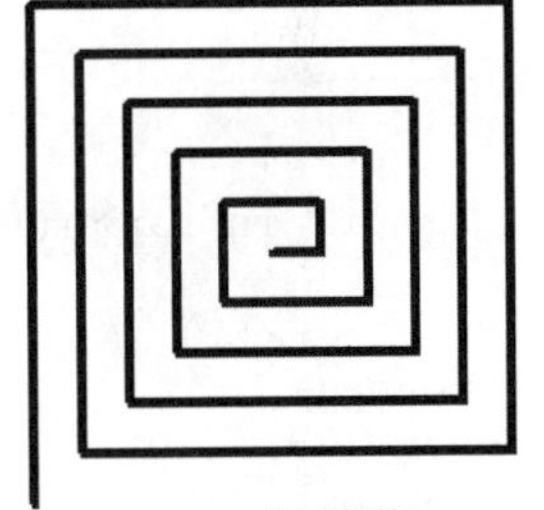

图 8-2-1　效果图

分析：每一圈有四条边，第一、二条边一样长，为d；第三、四条长为d+w。以后每一次边增长为w。此图一共5圈，每个循环画两条一样长度的边，每圈用两次循环实现，所以一共10次循环。画完图形，画笔飞到目标位置，落下来，写字。

编程样例：

```
from turtle import *
d = 20
w = 20
                              #设置画笔尺寸
__________                    #设置画笔颜色
__________
```

```
for i in range(10):
    forward(d)                               # 画第一条边
    left(90)
    forward(d)                               # 画第二条边
    left(90)
    d = d+w
__________()                                 # 抬画笔
goto(-5,-120)
__________()                                 # 落画笔
__________('方形螺旋',font=(10))             # 写字
done()
```

任务二：绘制圆形螺旋。

要求：用turtle绘制一个圆形螺旋，画笔宽3像素，画笔颜色红色，下方用10号字写“圆形螺旋”。效果如图8-2-2所示。

图 8-2-2　效果图

分析：每一圈有两个不同半径的半圆，每半圈半径增加10像素，每一圈循环2次，五圈循环10次。

编程样例：

```
from turtle import *
____________('red')                  # 设置画笔颜色
R = 10
pensize(3)                           # 设置画笔
for i  in range(10):
                                     # 画半圆
  R = R+10
penup()                              # 抬画笔
goto(-5,-120)                        # 到目的位置
pendown()                            # 落画笔
write('圆形螺旋',font=(10))          # 写字
done()
```

2. 绘制旋转图

任务一：绘制旋转的圆。

要求：绘制4个圆形螺旋，颜色分别为红、绿、黄、蓝，画笔宽2像素，效果如图8-2-3所示。

分析：依次用每一种颜色画一个圆，然后左转90°，画下一个。每个螺旋25次，四个螺旋一共循环100次。

编程样例：

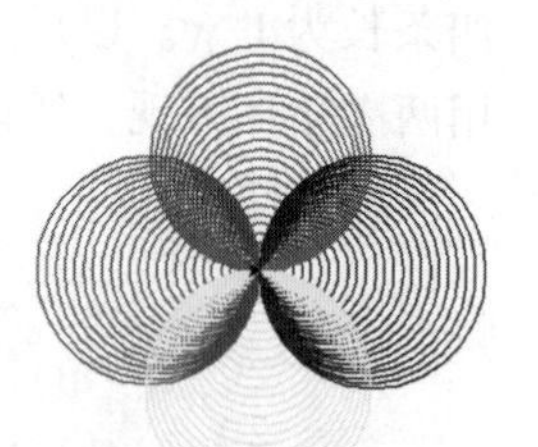

图 8-2-3　效果图

```
import turtle
turtle.____________(2)                     # 设置画笔宽度
colors = ['red','green','yellow','blue']
for i in range(100):
    turtle.pencolor(colors[i%4])           # 依次换画笔颜色
    turtle.____________(i)                 # 画半径为 i 的圆
    turtle.____________(90)                # 左转 90°
turtle.done()
```

任务二：绘制旋转的正方形。

要求：绘制红色的旋转的正方形。效果如图8-2-4所示。

分析：如图8-2-5所示，每画完一个正方形，左转45° 画下一个。45*8=360，画完8个回到初始位置。

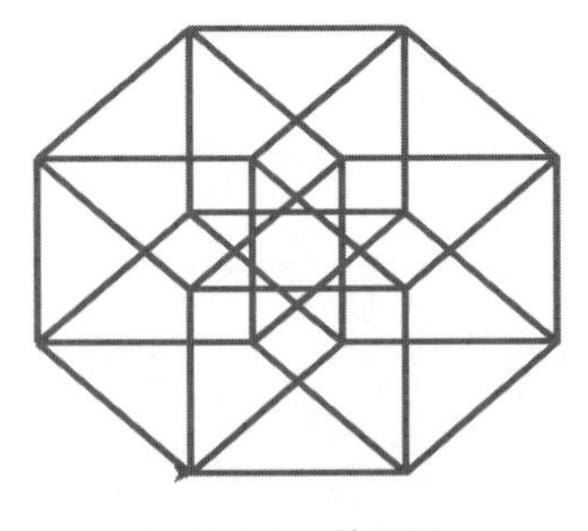

图 8-2-4　效果图

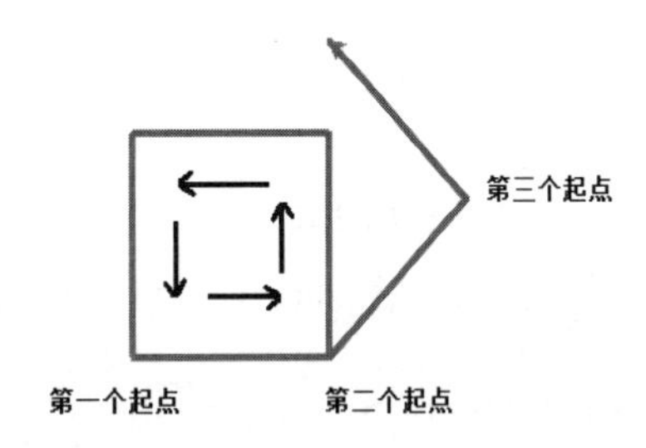

图 8-2-5　分析图

编程样例：

```
from turtle import *
d = 120
setup(800,600,300,400)              # 设置图形边界
                                    # 设置画笔颜色
                                    # 设置画笔宽度
_________
for i in range(8):                  # 大循环 8 次
    for j in range(4):              # 小循环 4 次
        forward(d)
        left(90)
    ____________                    # 画笔起
    forward(d)
    ____________                    # 画笔落
    left(45)
done()
```

任务三：绘制空心五角星（旋转的三角形）。

要求：绘制效果如图8-2-6所示。

分析：如图8-2-7所示，先绘制一个黄笔红芯的三角形，然后左转72° 画下一个。72*5=360，画完5个，回到初始位置。如右上图所示，首先绘制第一个三角形，从第一个起点开始，初始角度 A=0°，移动d=100，再向左偏转108°，移动d1=d*1.68，再向左偏转144°，移动d1=d*1.68，即完成第一个三角形的绘制并填充；第二个起点的确定：角度不变，抬起笔，沿着上次的角度前进d=100，落下笔，使A=A+72°，重复第一次的画法。这样循环5次，完成图形的绘制。

图8-2-6　效果图

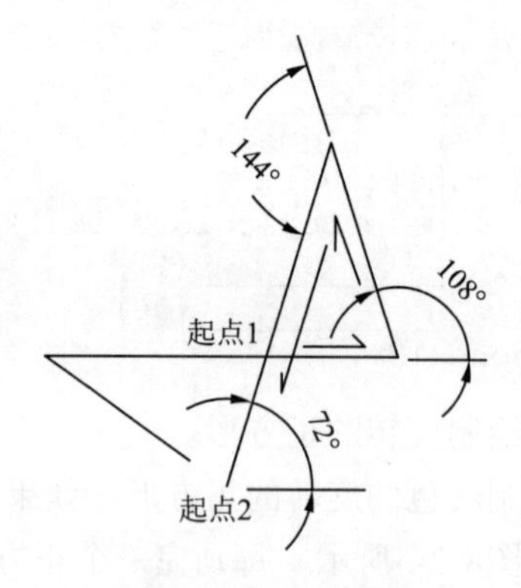

图8-2-7　分析图

编程样例：

```
from turtle import *
d=100
d1 = d*1.68
setup(800,600,300,200)
pensize(8)
color('yellow','red')
A = 0
for i in range(5):
    seth(A)                        # 设置绝对角度
    begin_fill()
    ____________(d)                # 前进 100
    ____________(108)              # 左偏转 108°
    ____________(d1)               # 前进 168
    ____________(144)              # 左偏转 144°
    forward(d1)                    # 前进 168
    end_fill()                     # 填充
    up()                           # 抬笔
    forward(d)                     # 沿着最后的角度前进 100
    down()                         # 笔落下
    A = A + 72                     # 改变初始角度，五次刚好 360°
```

任务四：绘制双六边形。

要求：绘制效果如图8-2-8所示。

分析：编程思路分为两个步骤：

第一步是按照上一例五角星的例子画出六个顶角向外三角形并填充；

第二步是将画笔移动到中心，再分别画出六个顶角向内的三角形并填充。

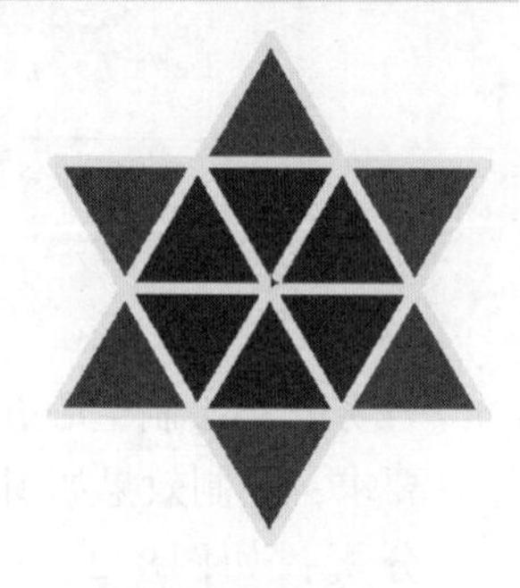

图 8-2-8　效果图

编程样例：

```
from turtle import *
d = 100
setup(800,600,300,400)
pensize(8)
# 外六三角形
________# 设置画笔色，填充色
A = 0
for i in range(6):
```

```
    seth(A)
    begin_fill()
    forward(d)
    left(120)
    forward(d)
    left(120)
    forward(d)
    end_fill()
    up()
    forward(d)
    down()
    A=A+60
# 移动到中心
up()
left(120)
forward(d)
# 调整方向，内六三角形
________# 设置画笔色，填充色
down( )
A = 0
for i in range(6):
    seth(A)
    left(60)
    begin_fill()
    forward(d)
    left(120)
    forward(d)
    left(120)
    forward(d)
    end_fill()
    A = A + 60
done()
```

任务五：绘制四瓣儿花图形。

要求：在横线处补充代码，完成以下功能。要求：绘制一个四瓣儿花图形，效果如图8-2-9所示。

图 8-2-9　效果图

编程样例：

```
import turtle
for i in range(________):
    turtle.seth(________)
    turtle.circle(50,90)
    turtle.seth(________)
    turtle.circle(50,90)
turtle.
```

分析：从左上角开始画一个花瓣，依次左转，画4次。每个花瓣由两个90° 曲线合成。

turtle.seth()函数用来改变画笔绘制方向，该角度为绝对方向角度；turtle.circle(r,90)函数用来绘制一个半径为r的90° 的弧形；最后使用turtle.hideturtle()函数隐藏画笔箭头。

3. 画连接图

任务一：在横线处补充代码，完成以下功能。

要求：绘制一个边长为100像素的正六边形，再用circle()函数绘制半径为60像素的红色圆内接正六边形，效果如图8-2-10所示。

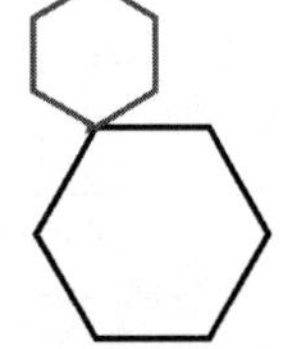

图 8-2-10　效果图

编程样例：

```
from turtle import *
pensize(5)
for i in range(6):
    fd(________)
    right(________)
color('red')
circle(60,________)
```

分析：首先绘制正六边形，题目要求正六边形的边长为100像素，fd()函数的参数就是边长;每绘制完一条边后，画笔要右转60度绘制下一条边，然后，用circle()函数绘制红色的圆内接正六边形，circle()函数一般有两个参数，第一个参数为半径，第二个参数有两种形式:参数extent(角度)是指绘制弧形的角度;参数steps(n>=3)表示绘制圆内接n边形，这两个参数不能同时使用。

任务二：在横线处补充代码，完成以下功能。

要求：使用turtle库的turtle.fd()函数和turtle.left()函数绘制一个边长为200像素的正方形及一个紧挨四个顶点的圆形，效果如图8-2-11所示。

图 8-2-11　效果图

编程样例：

```
import turtle
turtle.pensize(2)
for i in range(____________):
    turtle.fd(200)
    turtle.left(90)
turtle.left(____________)
turtle.circle(____________*pow(2,0.5))
```

分析：本题要绘制一个多边形，需要使用turtle库，首先使用import保留字把turtle库导入。由于绘制的是正方形，for循环遍历中应该循环4次，i的取值从0开始到3结束。

turtle.fd()函数用于控制画笔向当前行进方向前进一个指定距离，题目要求边长为200像素；一条边绘制完成后，要左转90度绘制下一条边。正方形绘制完成后，开始绘制紧挨四个顶点的圆形，这时画笔方向应向右旋转45度，即向左旋转-45度。正方形的边长为200，则圆的直径为$200*2^{0.5}$，半径为$100*2^{0.5}$，以此数值为半径开始绘制圆，pow(2,0.5)表示$2^{0.5}$。

任务三：在横线处补充代码，完成以下功能。

要求：编写代码替换横线，实现下面功能：使用turtle库，在屏幕上绘制正方形及其内接圆形。其中，正方形左下角坐标为(0.0)，边长为黑色长度200像素，线宽1像素；内切圆为绿色，线宽5像素，内部以红色填充。

效果如图8-2-12所示。

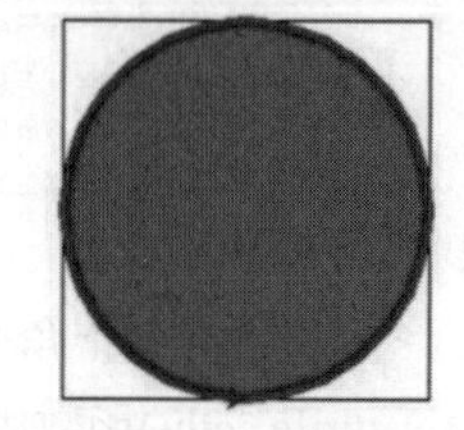

图 8-2-12　效果图

编程样例：

```
import turtle as t
for i in range(4):

    __________
    t.left(90)
t.penup()

__________
t.pendown()
```

```
________
t.pensize(5)
t.begin_fill()
________
________
t.done()
```

分析：题目要求绘制一个正方形及圆形，分析代码，首先循环四次，每次旋转90度，第1空使用t.fd()函数；后续开始绘制内接圆形，首先得将起点移动到正方形最下边终点，第2空使用t.goto()函数；然后需要设置画笔颜色及填充颜色，第3空使用t.color()函数；接下来画圆和填充，第4空使用t.circle()函数；第5空使用结束填充t.end_fill()函数。

4. **画直方图**

任务一：在横线处填写代码，完成如下功能。

要求：根据列表中保存的数据采用turtle库画图直方图，显示输出在屏幕上，效果如图8-2-13所示。

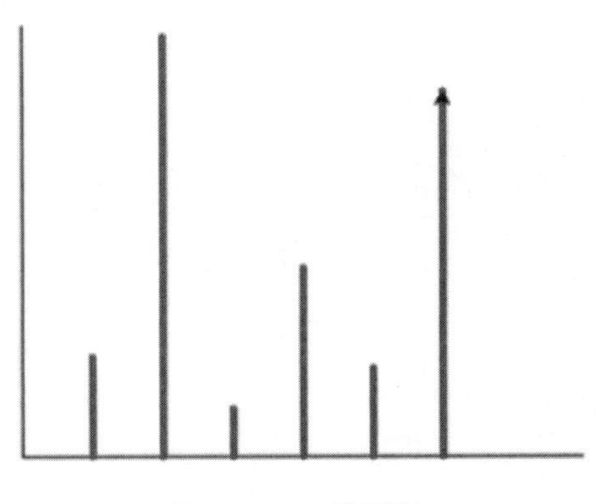

图 8-2-13　效果图

编程样例：

```
import turtle as t
ls = [69,292,33,131,61,254]
X_len = 400
Y_len = 300
x0 = -200
y0 = -100

________                    #画笔飞
t.goto(x0,y0)
________                    #画笔落

t.fd(X_len)
t.fd(-X_len)
t.seth(________)            #转向，准备画Y轴
t.fd(Y_len)

t.pencolor('red')
t.pensize(5)
for i in range(len(ls)):
    t.penup()
    t.goto(x0 + (i+1)*50,-100)
    t.seth(90)
    t.pendown()
```

```
    t.fd(________)
t.done()
```

分析：根据已有的代码可以知道导入turtle库时采用了别名t，第一行导入turtle。然后绘制坐标系，绘制X轴后，旋转90度绘制Y轴。进入循环体，在绘制直方图的时候只需要切换坐标和绘制。切换坐标使用goto()方法，注意切换之前需要将画笔提起，不然会留下移动轨迹。最后一行需要根据表格内的长度1s[i] 绘制直方图的高度。

5. 画多个图

任务一：在横线处填写代码，完成如下功能。

要求：利用random库和turtle库，在屏幕上绘制3个黑色的正方形，正方形的左下角点坐标和正方形边长由randint()函数产生，参数在代码中给出，效果如图8-2-14所示。

图 8-2-14 效果图

编程样例：

```
import turtle as t
import random as r
r.seed(1)
t.pensize(2)
for i in range(3):
    length = r.____________(20,80)
    x0 = r.randint(-100, 100)
    y0 = r.randint(-100, 100)

    t.penup()
    t.goto(____________)
    t.____________
    for j in range(4):
        t.____________(length)
        t.____________(90*(j+1))
t.done()
```

分析：首先分别导入绘图模块turtle和随机数模块并设置别名。进入循环语句，length是正方形边长，根据随机函数产生的20～50的随机整数，x0和y0分别是绘圆的坐标位置，画笔飞起，落到x0和y0设置的目标位置，按length值画线，用seth()函数设置每一笔的起始方向。

任务二：在横线处填写代码，完成如下功能。

要求：利用random库和turtle库，在屏幕上绘制5个圆圈，圆圈的半径和圆初始坐标由randint()函数产生，圆的x和y坐标范围在[-100,100]之间；半径的大小范围在[20,50]之间，圆圈的颜色随机在color列表里选择。效果如图8-2-15所示。

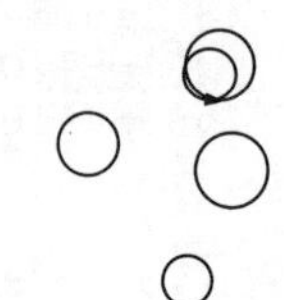

图 8-2-15 效果图

编程样例：

```
____________
import random as r
color = ['red','orange','blue','green','purple']
r.seed(1)
for i in rang1e(5):
    rad = r.____________
    x0 = r.____________
    y0 = r.randint(-100,100)
    t.color(r.choice(color))
    t.penup()
```

```
        t.____________
        t.pendown()
        t.____________(rad)
    t.done()
```

任务三：在横线处填写代码，实现下面功能。

要求：使用turtle库绘制三个彩色的圆，圆的颜色按顺序从颜色列表color中获取，圆的圆心位于(0.0)坐标处，半径从里至外分别是10像素，30像素，60像素。

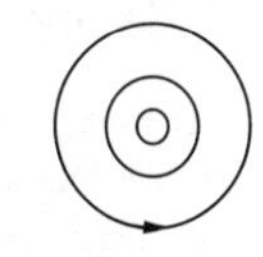
图 8-2-16　效果图

效果如图8-2-16所示。

编程样例：

```
    import turtle as t
    color = ['red','green','blue']
    rs = [10,30,60]

    for i in range(____________):
        t.penup()
        t.goto(0,__________)
        t. (_________)
        t.pencolor(__________)
        t.circle(_________)
    t.done()
```

分析：本题要求生成三个同心圆，且因为绘制完成后箭头在最外层圆上，所以，依次应从内向外绘制。分析已有程序，第一空填画圆次数。循环内，先抬起画笔，利用goto()函数将画笔移动到绘制起始点，圆心是(0,0)，半径依次rs列表的每一个值，起始位置在圆心下方，第二空填半径的负值。分析后续代码，修改了画笔的颜色，然后绘制圆，但应先将画笔放下，才能绘制出移动轨迹，所以第三空落下画笔。第四空填入color列表索引对应的画笔颜色。最后根据rs列表中的半径绘制圆。

任务四：在横线处填写代码，实现下面功能。

要求：绘制4个等距排列的正方形，边长40像素，间距40像素。最左边左上角的坐标是(0,0)。

效果如图8-2-17所示。

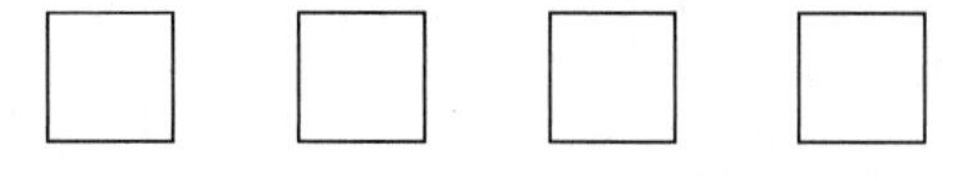

图 8-2-17　效果图

编程样例：

```
    import turtle
    n = _________
    for j in range(n):
        turtle.____________
        for i in range(4):
            turtle.____________
            turtle.right(____________)
        turtle.penup()
        turtle.fd(__________)
    turtle.done()
```

任务五：绘制5个彩色的圆。

要求：在屏幕上绘制5个彩色的圆。随机获取颜色。圆的坐标x,y值[-100,100]，半径[10,30]。

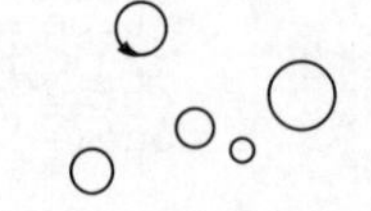

图 8-2-18 效果图

效果如图8-2-18所示。

编程样例：

```
import turtle as t
import random as r
color = ['red','green','blue','purple','black']
for j in range(____________):
    t.pencolor(color[r.____________])
    t.penup()
    t.goto(____________________)
    t.________
    t.circle(___________)
t.done()
```

任务六：在横线处填写代码，完成如下功能。

要求：利用random库和turtle库，在屏幕上绘制4个小雪花，雪花的中心点坐标由列表points给出，雪花的半径长度由randint()函数产生。雪花的颜色是红色，效果如图8-2-19所示。

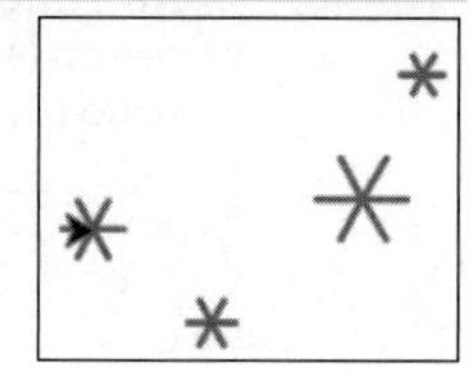

图 8-2-19 效果图

编程样例：

```
import turtle as t
import random as r

r.seed(1)
t.pensize(2)
t.____________('red')
angles = 6
points = [[0,0],[50,40],[70,80],[-40,30]]

for i in range(____________):
    x0,y0 = points[i]
    t.penup()
    t.goto(____________)
    t.pendown()

    length = r.randint(6, 16)
    for j in range(angles):
        t.____________(length)
        t.____________(length)
        t.right(360 / angles)
t.done()
```

分析：本题要求生成随机半径的四个雪花，且雪花颜色为红色，分析代码，第1空后括号内有字符串'red'，即第1空设置画笔颜色。外层循环内通过points[i]获取坐标值，即索引i依次的值应为0，1，2，3，所以第2空应填入4，第3空应填入刚获取的坐标值;在内层循环的功能为绘制雪花，循环执行6次，第4空fd()函数用于绘制边，第5空backward()函数将画笔移到沿边返回原来的位置。

Python的第三方库

实验 9-1　第三方库安装

一、实验目的

1．掌握第三方库的安装方法。

2．学会使用jieba库和wordcloud库。

二、实验环境

1．硬件需求：计算机。

2．软件需求：Python 3.x。

三、实验任务和指导

主要安装的jieba库是一个第三方中文分词库主要功能：利用一个中文词库确定汉字之间的关联概率，汉字间概率大的组成词组，形成分词结果。worcloud库是一个优秀的词云展示第三方库。

（一）jieba 安装

1．在线安装方法

通过pip3语句进行安装：

```
pip3 install +'对应第三方库的名字'
```

有时在线镜像源安装可能会较缓慢，可以采用清华大学镜像源，安装语句如下：

```
pip3 install +'第三方库的名字'- i +'清华大学镜像源'
```

还有如下镜像源：

清华：https://pypi.tuna.tsinghua.edu.cn/simple；

阿里云：https://mirrors.aliyun.com/pypi/simple/；

中国科技大学：https://pypi.mirrors.ustc.edu.cn/simple/；

华中理工大学：http://pypi.hustunique.com/；

山东理工大学：http://pypi.sdutlinux.org/；

豆瓣：http://pypi.douban.com/simple/。

2. 在线安装步骤

打开命令提示符：通过在开始菜单寻找命令提示符或者在查找输入框输入cmd命令则会出现命令提示符，如图9-1-1所示。

图 9-1-1　命令提示窗口

输入安装命令：

```
pip3 install jieba
```

结果如图9-1-2所示。

```
命令提示符
Microsoft Windows [版本 10.0.19042.867]
(c) 2020 Microsoft Corporation. 保留所有权利。

C:\Users\Think>pip3 install jieba
Requirement already satisfied: jieba in d:\python311\lib\site-packages (0.42.1)

[notice] A new release of pip is available: 23.2.1 -> 24.0
[notice] To update, run: python.exe -m pip install --upgrade pip
```

图 9-1-2　运行结果

注意： *若出现提示：python.exe -m pip install --upgrade pip，则说明你的 pip 命令需要进行更新。*

在命令行输入命令：

```
python.exe -m pip install --upgrade pip
```

运行结果如图9-1-3所示。

```
命令提示符
Microsoft Windows [版本 10.0.19042.867]
(c) 2020 Microsoft Corporation. 保留所有权利。

C:\Users\Think>pip3 install jieba
Requirement already satisfied: jieba in d:\python311\lib\site-packages (0.42.1)

[notice] A new release of pip is available: 23.2.1 -> 24.0
[notice] To update, run: python.exe -m pip install --upgrade pip

C:\Users\Think>python.exe -m pip install --upgrade pip
Requirement already satisfied: pip in d:\python311\lib\site-packages (23.2.1)
Collecting pip
  Obtaining dependency information for pip from https://files.pythonhosted.org/packages/8a/6a/19e9fe04fca059ccf770861c7d5721ab4c2aebc539889e97c7977528a53b/pip-24.0-py3-none-any.whl.metadata
  Downloading pip-24.0-py3-none-any.whl.metadata (3.6 kB)
Downloading pip-24.0-py3-none-any.whl (2.1 MB)
   ---------------------------------------- 2.1/2.1 MB eta 0:00:00
Installing collected packages: pip
  Attempting uninstall: pip
    Found existing installation: pip 23.2.1
    Uninstalling pip-23.2.1:
      Successfully uninstalled pip-23.2.1
Successfully installed pip-24.0
```

图 9-1-3　运行结果

说明pip已经成功更新。

接下来继续输入安装命令：

```
pip3 install jieba
```

完成安装。

有时在线镜像源安装可能会较缓慢，可以采用清华大学镜像源，安装语句如下：

```
pip3 install jieba- i https://pypi.tuna.tsinghua.edu.cn/simple
```

3. 验证是否安装成功

在windows命令窗口 cmd下运行pip list，显示所有安装的第三方库，若能查到jieba库，则表示安装成功。

```
C:\Users\Admin>pip list
```

运行结果如图9-1-4所示。

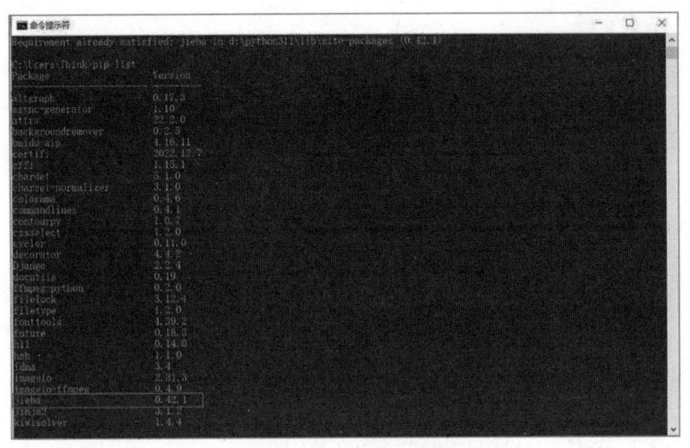

图 9-1-4　运行结果

4. 验证 jieba 库的使用

（1）打开命令提示符，方法同上。

（2）在命令提示符输入命令，可以进行Python命令的编辑。

输入命令验证jieba库的使用。

```
import jieba
```

运行结果如图9-1-5所示。

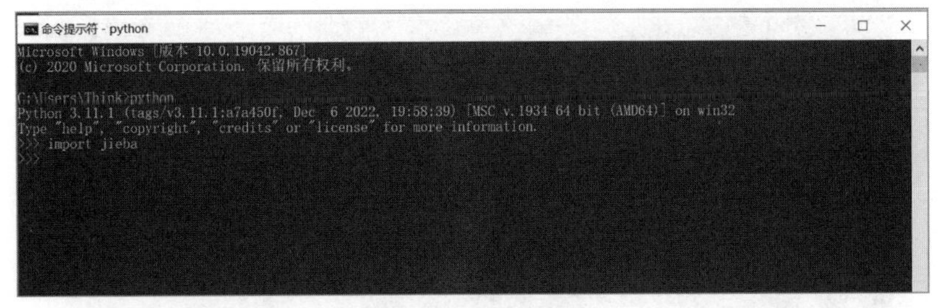

图 9-1-5　运行结果

说明jieba库导入成功。

（二）wordcloud 库安装

1. 在线安装方法

worcloud库安装方法有两种方法。

第一种方法同样在命令提示符里面进行操作，打开命令提示符的方法和jieba库安装时打开命令提示符的方法一样，这里不做解释。

安装方法具体步骤如下：

Wheel是Python的一种包格式，它是一种预编译的二进制包格式，将Python源码打包成一个轮子（Wheel），可以被其他用户直接安装，而无须重新编译。使用Wheel直接下载预编译好的二进制包进行安装，不需要再手动编译源代码。

（1）安装wheel：

```
pip3 install wheel
```

（2）安装wordcloud。

① 查看对应whl版本。

```
pip3  debug  --verbose
```

② 下载对应的wordcloud版本。

```
wordcloud-1.8.1-cp311-cp311-win_amd64.whl
```

③ 安装wordcloud，pip install'对应的wordcloud下载路径'。

```
pip3  install  D:/wordcloud-1.8.1-cp311-cp311-win_amd64, whl
```

④ 安装成功。

```
Installing collected packages: wordcloud
Successfully installed wordcloud-1.8.1
```

第二种方法，pip3 install - i +'清华大学镜像源'。

```
pip3  install-i  https://pypi.tuna.tsinghua.edu.cn/simple wordcloud
```

2. 验证是否安装成功

在windows命令窗口 cmd下运行pip list，显示所有安装的第三方库，若能查到jieba库，则表示安装成功。

```
C:\Users\Admin>pip list
```

运行结果如图9-1-6所示。

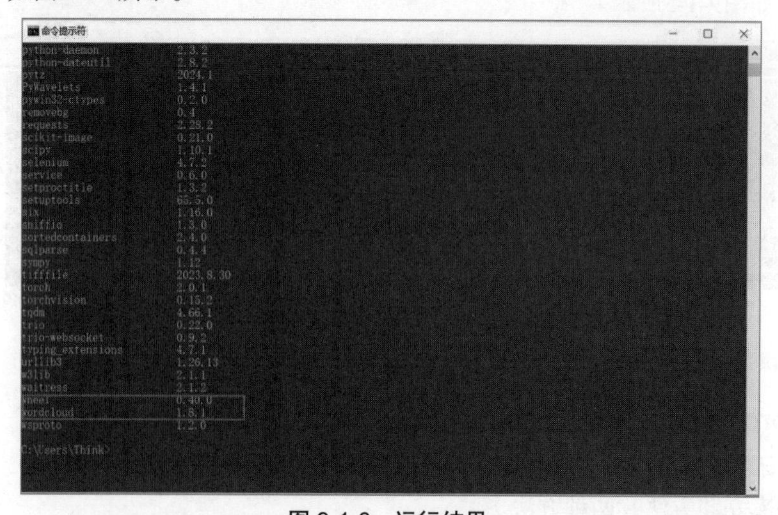

图 9-1-6　运行结果

3. 验证 wordcloud 库的使用

（1）打开命令提示符，方法同上。

（2）在命令提示符输入命令，可以进行Python命令的编辑。

（3）输入命令验证wordcloud库的使用。

```
import wordcloud
```

运行结果如图9-1-7所示。

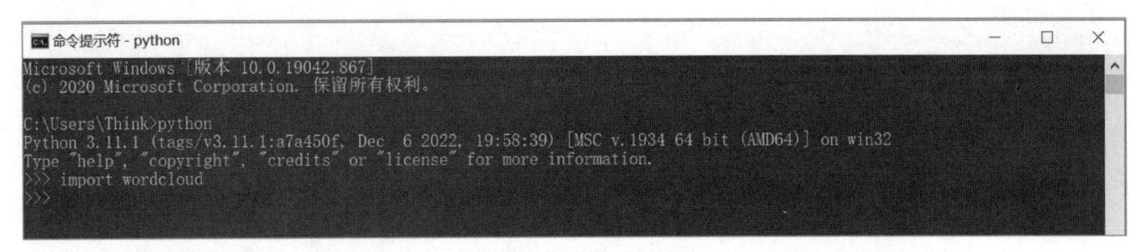

图 9-1-7　运行结果

说明wordcloud库导入成功。

实验 9-2　jieba 库

一、实验目的

1. 掌握jieba库的使用方法。
2. 掌握jieba库完成词频分析的过程。

二、实验环境

1. 硬件需求：计算机 。
2. 软件需求：Python 3.x。

三、实验任务和指导

1. jieba 库常用方法的使用

（1）jieba库是一个用于________的Python中文分词库。

（2）安装jieba库可以使用命令________。

（3）jieba.cut(s)是精确模式，返回一个________的数据类型。

（4）jieba.lcut(s)是精确模式，返回________类型。

（5）jieba.add_word(s)功能是________。

（6）导入jieba库可以使用语句________。

（7）jieba.cut_for_search()函数主要用于________场景下的分词。

（8）jieba.analyse.extract_tags()函数用于提取文本中的________。

（9）jieba.analyse.set_stop_words()函数用于设置________。

（10）以下代码jieba.cut("中华人民共和国")默认情况下会将其分为________个词。

2. 编程题

阅读题目并补全代码。

（1）以下程序使用jieba对一个字符串进行分词，然后将结果中的数量词提取出来。

```
    import jieba.posseg as pseg
    text = "这有两个苹果。"
    words = pseg.______
    quantifiers = [word for word, flag in words if flag.startswith('m')]
print(quantifiers)
```

（2）以下程序使用jieba对一个字符串进行分词，然后判断是否存在特定的词。

```
    import ______
    text = "这是一个包含特定词的文本。"
    target_word = "特定词"
    words = jieba.______
    if ______:
        print(f"{target_word}存在于分词结果中")
    else:
        print(f"{target_word}不存在于分词结果中")
```

（3）以下程序使用jieba对一个字符串进行分词，然后统计长度最长的词。

```
    import jieba
    text = "这是一个比较长的文本。"
    words = jieba.______
    longest_word = ""
    for word in words:
        if ______:
            longest_word = word
    print(longest_word)
```

（4）以下程序使用jieba对一个字符串进行分词，然后将结果按字母顺序排序。

```
    import jieba
    text = "这是一个乱序的文本。"
    words = jieba.______
    sorted_words = ______
    print(sorted_words)
```

（5）以下程序使用jieba对一个字符串进行分词，然后将结果转换为大写。

```
    import jieba
    text = "这是一个小写的文本。"
    words = jieba.______
    upper_words = [______ for word in words]
    print(upper_words)
```

（6）以下程序使用jieba对一个文件中的内容进行分词。

```
    import ______
    file_path = "text.txt"
    with open(file_path, 'r', encoding='utf-8') as f:
    text = f.read()
    words = jieba.______
    print(words)
```

（7）以下程序使用jieba对一段长文本进行分词，并统计每个词出现的次数。

```
    import jieba
```

```
text = "这是一段很长的文本，里面有很多重复的词。"
words = jieba.______
word_count = {}
for word in words:
    if word in word_count:
        word_count[word] = ______
    else:
        word_count[word] = ______
print(word_count)
```

（8）以下程序设置停用词后提取关键词。

```
import ______
jieba.analyse.set_stop_words("stopwords.txt")
text = "这篇文章很有价值，值得一读。"
keywords = jieba.analyse.______
print(keywords)
```

（9）以下程序使用搜索模式分词并打印结果。

```
import jieba
text = "人工智能是未来的发展方向。"
words = jieba.______()
print(words)
```

3. 编程题

（1）编写一个程序，使用jieba库对给定的中文文本进行分词，并统计每个词的出现频率。

分析：

① 导入jieba库；

② 读取中文文本；

③ 使用jieba库进行分词；

④ 统计每个词的出现频率；

⑤ 输出结果。

编程样例：

```
import jieba
# 读取中文文本
text = "我们需要使用 jieba 库对这段文本进行分词，并统计每个词的出现频率。"
# 使用 jieba 库进行分词
words = jieba.cut(text)
# 统计每个词的出现频率
word_count = {}                                       # 生成一个空字典
for word in words:                                    # 统计每个单词的个数
    word_count[word] = word_count.get(word,0) + 1     # 有则加 1，没有返回 0+1
for k,v in word_count.items():
    print(k,v)                                        # 打印所有的键 - 值对
```

运行结果：

```
我们 1
需要 1
使用 1
jieba 1
库对 1
这段 1
```

```
文本 1
进行 1
分词 1
，1
并 1
统计 1
每个 1
词 1
的 1
出现 1
频率 1
。1
```

（2）编写一个程序，使用jieba库对给定的中文文本进行分词，并统计每个词的出现频率。

分析：

① 导入jieba库；

② 读取中文文本；

③ 使用jieba库进行分词；

④ 加载停用词表；

⑤ 判断符号是否在停用词表里，如果在停用词表里则不进行统计；

⑥ 输出结果。

编程样例：

```
import jieba
def stopwordslist(filepath):
    stopwords = [line.strip() for line in open(filepath, 'r', encoding=
'utf-8').readlines()]
    return stopwords
stopwords = stopwordslist('中文停用词.txt')  # 加载停用词表的路径
# 读取中文文本
text = "我们需要使用jieba库对这段文本进行分词，并统计每个词的出现频率。"
# 使用jieba库进行分词
words = jieba.cut(text)
# 统计每个词的出现频率
word_count = {}                         # 生成一个空字典
for word in words:                      # 统计每个单词的个数
    if word not in stopwords:
        if len(word)!= 1:               # 同时过滤长度为1的字
            word_count[word] = word_count.get(word,0) + 1
for k,v in word_count.items():
    print(k,v)                          # 打印所有的键-值对
```

运行结果：

```
jieba  1
库对 1
这段 1
文本 1
分词 1
统计 1
频率 1
```

说明：试着修改代码，统计文件中词频分析。

（3）编写一个程序，统计“水浒传.txt”中出现频率最高的二十个英雄人物及出现次数。

分析：

① 导入jieba库；

② 读取《水浒传》文件；

③ 使用jieba库进行分词；

④ 加载人名列表，判断分词结果在不在人名列表，如在则统计次数加1；

⑤ 按照人名出现次数进行排序；

⑥ 输出出现次数排名前20的人名和出现次数。

程序样例：

```
import jieba
import time
start = time.perf_counter()     #起始时间
txt=open("shuihuzhuan1.txt","r",encoding='utf-8').read()
names=['宋江', '卢俊义', '吴用', '公孙胜', '关胜', '林冲', '秦明', '呼延灼', '花荣', '柴进', '李应', '朱仝', '鲁智深', '武松', '董平', '张清', '杨志', '徐宁', '索超', '戴宗', '刘唐', '李逵', '史进', '穆弘', '雷横', '李俊', '阮小二', '张横', '阮小五', '张顺', '阮小七', '杨雄', '石秀', '解珍', '解宝', '燕青', '朱武', '黄信', '孙立', '宣赞', '郝思文', '韩滔', '彭玘', '单廷珪', '魏定国', '萧让', '裴宣', '欧鹏', '邓飞', '燕顺', '杨林', '凌振', '蒋敬', '吕方', '郭盛', '安道全', '皇甫端', '王英', '扈三娘', '鲍旭', '樊瑞', '孔明', '孔亮', '项充', '李衮', '金大坚', '马麟', '童威', '童猛', '孟康', '侯健', '陈达', '杨春', '郑天寿', '陶宗旺', '宋清', '乐和', '龚旺', '丁得孙', '穆春', '曹正', '宋万', '杜迁', '薛永', '施恩', '李忠', '周通', '汤隆', '杜兴', '邹渊', '邹润', '朱贵', '朱富', '蔡福', '蔡庆', '李立', '李云', '焦挺', '石勇', '孙新', '顾大嫂', '张青', '孙二娘', '王定六', '郁保四', '白胜', '时迁', '段景住']
words = jieba.lcut(txt)
cnt = {}  #用来计数
for word in words:
    if word not in names:               #如果根本不是人名，那就不记录这个分词了
        continue
    cnt[word]=cnt.get(word,0)+1
items = list(cnt.items())               #将其返回为列表类型
items.sort(key=lambda x:x[1],reverse=True)  #排序
for i in range(20):                     #输出二维列表
    name,ans=items[i]
    print("{0:<5}出现次数为：{1:>5}".format(name,ans))
end = time.perf_counter()               #结束时间
print('程序运行时间：%.4f'%(end - start))
```

运行结果：

```
宋江      出现次数为：    766
武松      出现次数为：    520
李逵      出现次数为：    362
林冲      出现次数为：    316
吴用      出现次数为：    177
杨志      出现次数为：    126
石秀      出现次数为：    121
花荣      出现次数为：    112
戴宗      出现次数为：    112
柴进      出现次数为：    107
朱仝      出现次数为：    104
史进      出现次数为：    101
```

```
秦明      出现次数为:    95
杨雄      出现次数为:    89
卢俊义    出现次数为:    85
张顺      出现次数为:    84
雷横      出现次数为:    74
公孙胜    出现次数为:    71
鲁智深    出现次数为:    59
施恩      出现次数为:    51
程序运行时间: 3.7155
```

说明: 试着统计《三国演义》中人物出现的次数。

实验 9-3 wordcloud 库

一、实验目的

1. 掌握wordcloud库的使用方法。
2. 掌握wordcloud库生成词云的过程。

二、实验环境

1. 硬件需求：计算机。
2. 软件需求：Python 3.x。

三、实验任务和指导

1. wordcloud 库的常用方法的使用

（1）wordcloud库是用于生成________的 Python 库。

（2）安装wordcloud库可以使用命令________。

（3）导入wordcloud库可以使用语句________。

（4）WordCloud对象的generate()方法用于根据输入生成________。

（5）WordCloud对象的to_file()方法可以将生成的词云保存为________格式的图像文件。

（6）可以通过设置WordCloud对象的________参数来排除特定的词。

（7）WordCloud对象的recolor()方法可以________词云的颜色。

（8）可以使用matplotlib.pyplot库的________方法来显示生成的词云图像。

（9）要从文本文件中读取内容并生成词云，可以使用________函数打开文件并读取文本。

（10）通过设置WordCloud对象的min_font_size参数可以控制词云中最小的________。

2. 编程题

阅读题目并补全代码。

（1）程序使用wordcloud库生成一个简单的词云。

```
import wordcloud
text = "这是一个示例文本，用于生成词云。"
wc = wordcloud._______()
wc.generate(text)
wc._______("wordcloud_output.png")
```

（2）以下程序设置词云的背景颜色为白色。

```
import wordcloud
text = "另一个示例文本。"
wc = wordcloud.______
wc.generate(text)
wc.______("white_bg_wordcloud.png")
```

（3）以下程序从文件中读取文本，生成词云并显示。

```
import wordcloud
import matplotlib.pyplot as plt
with open("text.txt", "r") as f:
text = f.read()
wc = wordcloud.______
wc.generate(text)
plt.______
plt.axis("off")
plt.show()
```

（4）程序从网页中获取文本并生成词云。

```
import ______
import wordcloud
from bs4 import BeautifulSoup
url = "https://example.com"
response = requests.get(url)
soup = BeautifulSoup(response.content, 'html.parser')
text = soup.get_text()
wc = wordcloud.______
wc.generate(text)
wc.______("web_wordcloud.png")
```

（5）以下程序使用自定义颜色函数生成彩虹色词云。

```
import ______
import numpy as np
def rainbow_color_func(word, font_size, position, orientation, random_
state=None, **kwargs):
h = int(360 * position[1])
return "hsl({}, 100%, 50%)".format(h)
text = "彩虹色文本。"
wc = wordcloud.______
wc.generate(text)
wc.______("rainbow_wordcloud.png")
```

（6）下程序从多个文件中读取内容生成词云。

```
import wordcloud
file_paths = ["file1.txt", "file2.txt"]
all_text = ""
for path in file_paths:
with open(path, 'r') as f:
all_text = ______
wc = wordcloud.______
wc.generate(all_text)
wc.______("multiple_files_wordcloud.png")
```

（7）以下程序从csv文件中读取内容生成词云。

```
import wordcloud
import csv
file_path = "data.csv"
all_text = ""
with open(file_path, 'r') as f:
reader = csv.reader(f)
for row in reader:
all_text = ______
wc = wordcloud.______
wc.generate(all_text)
wc.______("csv_wordcloud.png")
```

3. 编程题

（1）编写一个程序，使用WordCloud库对取文本文件生成一个词云。

分析：

① 导入wordcloud库；

② 读取中文文本；

③ 使用wordcloud库生成词云对象，将文本内容传递给该对象；

④ 使用matplotlib库显示词云。

编程样例：

```
import matplotlib.pyplot as plt
from wordcloud import WordCloud
with open('I have a dream.txt', 'r',encoding='utf-8') as f:
    text = f.read()
wc = WordCloud().generate(text)
plt.imshow(wc, interpolation='bilinear')
plt.axis('off')
plt.show()
```

运行结果如图9-3-1所示。

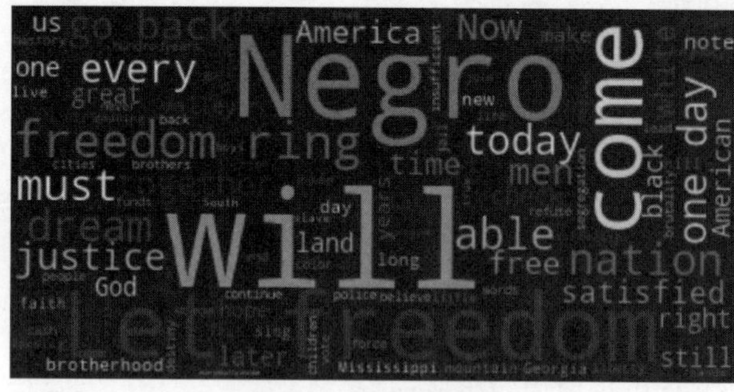

图 9-3-1 运行结果

（2）编写一个程序，生成一个词云，显示指定颜色范围内的词汇。

分析：

① 导入wordcloud库；

② 读取中文文本；

③ 利用get_single_color_func()方法指定颜色范围；

④ 使用wordcloud库生成词云对象，将文本内容传递给该对象；

⑤ 使用matplotlib库显示词云。

编程样例：

```
from wordcloud import get_single_color_func
import matplotlib.pyplot as plt
from wordcloud import WordCloud
with open('I have a dream.txt', 'r',encoding='utf-8') as f:
    text = f.read()
color_func = get_single_color_func('blue')
wc = WordCloud(color_func=color_func).generate(text)
plt.imshow(wc, interpolation='bilinear')
plt.axis('off')
plt.show()
```

运行结果如图9-3-2所示。

图 9-3-2　运行结果

（3）编写一个程序，生成一个词云，显示指定形状的词汇。

分析：

① 导入wordcloud、PIL、Image、numpy库；

② 读取中文文本；

③ 通过Image.open()方法打开图片；

④ 使用np.array()生成指定图片对象数组；

⑤ 使用matplotlib库显示词云。

说明： 这里的 shape 图片为圆形图片。

编程样例：

```
from wordcloud import WordCloud  # 从wordcloud库中导入WordCloud类，这个类用
来创建词云对象
from PIL import Image  # python imaging library PIL
import matplotlib.pyplot as plt
import numpy as np
with open('I have a dream.txt', 'r',encoding='utf-8') as f:
    text = f.read()
custom_mask = np.array(Image.open('shape.png'))
wc = WordCloud(background_color='white', mask=custom_mask).generate(text)
plt.imshow(wc, interpolation='bilinear')
plt.axis('off')
plt.show()
```

运行结果如图9-3-3所示。

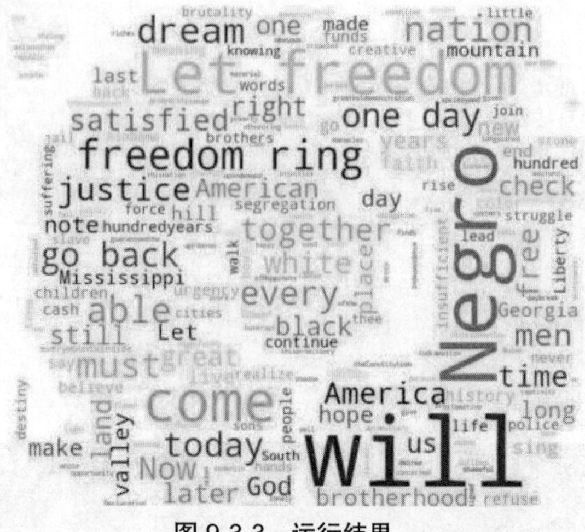

图 9-3-3 运行结果

说明：试着修改指定图片的形状，观察生词的词云效果。

实验 9-4 程序打包

一、实验目的

1．掌握程序打包的方法。

2．学会使用程序打包的方法。

二、实验环境

1．硬件需求：计算机。

2．软件需求：Python 3.x。

三、实验任务和指导

1. 程序打包

本章主要介绍如何将Python程序打包成exe文件。exe文件英文名是executable file，即可执行文件，这里的可执行文件指的是扩展名为.exe的文件。Python程序的运行必须要有Python的环境，如果是给他人用，而他人又没有Python程序运行的环境，这时可以将Python程序打包为exe可执行文件。

2. 程序打包步骤

程序打包步骤如下：

（1）安装Pyinstaller

程序要完成打包需要使用第三方库：Pyinstaller，安装方法和jieba库的安装方法类似，可以使用语句：

```
pip3 install Pyinstaller
```

在命令提示符输入命令：

```
pip list
```

查看Pyinstaller库安装成功，如图9-4-1所示。

图 9-4-1　Pyinstaller 库安装成功

（2）切换至需要打包的文件路径。

使用cd +'需要打包的文件路径'。

```
C:\Users\Think>cd C:\Users\Think\Desktop\22-23-2\Python 教材
```

（3）执行打包程序。

```
Pyinstaller -F -w 文件名 .py
```

Pyinstaller常用命令选项见表9-4-1

表 9-4-1　Pyinstaller 常用命令选项

命　令	缩　写	解　释
--help	-h	帮助命令，查看 Pyintsaller 的帮助命令信息
--onefile	-F	产生单个的可执行文件（仅只有一个 .exe 文件）
--onedir	-D	产生一个目录（包含多个文件）作为可执行程序
--ascii	-a	不包含 Unicode 字符集支持
--debug	-d	产生 debug 版本的可执行文件
--windowed	-w	指定程序运行时不显示命令窗口（仅对 windows 有效）
--nowindowed	-c	指定使用命令行窗口运行程序（仅对 windows 有效）
--out=DIR	-o DIR	指定 spec 文件的生成目录。如果没有指定，则默认使用当前目录生成 spec 文件
--path= DIR	-p DIR	设置 Python 导入模块的路径（和设置 Python path 环境变量的作用相似）。也可以使用路径分隔符（Windows 使用分号，Linux 使用冒号）来分隔多个路径。
--name-NAME	-n NAME	指定项目（产生的 spec）名字，如果省略选项，则使用第一个脚本的主文件名作为 spec 的名字
	-i	选择生成 .exe 文件的图标

这里假设打包“C:\Users\Think\Desktop\22-23-2\python教材”文件夹下的wordcloud1.py程序，执行命令如下：

```
C:\Users\Think\Desktop\22-23-2\Python 教材 >Pyinstaller-F-W wordcloudl.py
```

打包成功结果如下。

```
54217  INFO: Appending PKG archive to EXE
54246  INFO: Fixing EXE headers
54455  INFO: Building EXE from EXE-00, toc  completed successfully.
```

3. 验证程序打包是否成功

切换至需要打包的文件路径下找到dist文件夹并打开，当前的wordcloud1.py文件存放在"C:\Users\Think\Desktop\22-23-2\python教材"文件夹下，所以打开打文件夹可以看到打包的wordcloud1.exe可执行文件，结果如图9-4-2所示。

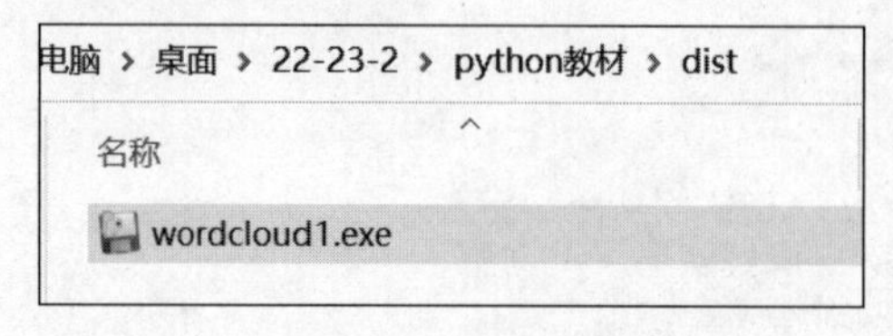

图 9-4-2 运行结果

打包成功后的wordcloud1.exe程序成为一个独立的可执行的程序文件，可以用于未安装Python的平台上执行。

实验 9-5 第三方库综合应用

一、实验目的

1. 掌握第三方库的安装方法。
2. 掌握jieba库的使用方法。
3. 掌握wordcloud库的使用方法。
4. 掌握程序打包的方法。
5. 掌握第三方库的综合应用的使用方法。

二、实验环境

1. 硬件需求：计算机。
2. 软件需求：Python 3.x。

三、实验任务和指导

1. 第三方库综合应用

阅读题目并补全代码。

（1）以下程序用jieba分词后，从 CSV 文件中读取内容生成wordcloud词云。

```
import jieba
import wordcloud
import csv
file_path = "data.csv"
all_text = ""
with open(file_path, 'r') as f:
```

```
    reader = csv.reader(f)
    for row in reader:
        all_text += " ".join(row)
words = jieba.______
wc = wordcloud.______
wc.generate(' '.join(words))
wc.______("csv_wordcloud.png")
```

（2）以下程序用jieba分词后，设置wordcloud的随机状态以确保可重复性生成词云。

```
import jieba
import wordcloud
import numpy as np
random_state = np.random.RandomState(42)
text = "随机状态文本。"
words = jieba.______
wc = wordcloud.______
wc.generate(' '.join(words))
wc.______("reproducible_wordcloud.png")
```

（3）以下程序用jieba分词后，使用自定义的停用词列表生成wordcloud词云。

```
import jieba
import wordcloud
text = "带有停用词的文本。"
custom_stopwords = ["一些", "特定", "停用词"]
words = jieba.______()
wc = wordcloud.______
wc.generate(' '.join(words))
wc.______("custom_stop_wordcloud.png")
```

（4）以下程序用jieba分词后，使用不同的字体和背景颜色生成wordcloud词云。

```
import jieba
import wordcloud
text = "多种样式的文本。"
font_path = "another_font.ttf"
bg_color = "lightblue"
words = jieba.cut(text)
wc = wordcloud.______
wc.______(' '.join(words))
wc.to_file("styled_wordcloud.png")
```

（5）以下程序用jieba分词后，使用自定义颜色映射生成wordcloud词云。

```
import jieba
import wordcloud
import numpy as np
from matplotlib.colors import LinearSegmentedColormap
cmap = ______("my_cmap", ["blue", "green", "red"])
text = "彩色映射文本。"
words = jieba.cut (text)
wc = wordcloud.______
wc.generate(' '.join(words))
wc.to_file("colormap_wordcloud.png")
```

2. 编程题

（1）利用jieba库和wordcloud库生成《水浒传》的词云内容。

分析：

① 导入jieba库和wordcloud库；

② 读取《水浒传》的内容，利用jieba库进行分词；

③ 利用WordCloud()方法生成词云对象；

④ 将词云对象输出为图片格式。

编程样例：

```
import jieba
from wordcloud import WordCloud      # 从wordcloud库中导入WordCloud类，这个类用来创建词云对象
from PIL import Image                # python imaging library PIL
import matplotlib.pyplot as plt
import numpy as np
txt = open("shuihuzhuan1.txt","r",encoding = 'utf-8').read()
# 生成对象
img = Image.open("shuihuzhuan.jpg") # 打开遮罩图片
mask = np.array(img)                # 将图片转换为数组

#设置停用词
stopwords = set()
content = [line.strip() for line in
           open("中文停用词.txt", 'r', encoding = "utf-8").readlines()]
stopwords.update(content)

w = WordCloud(background_color="white",font_path = "msyh.ttc",width=1000,height=1000,font_step=10,stopwords=stopwords,mask = mask)
w.generate(" ".join(jieba.lcut(txt)))

# 用p显示图片
plt.imshow(w, interpolation='bilinear')
# 不显示坐标轴
plt.axis("off")
# 显示词云图片
plt.show()

# 保存到文件
w.to_file("shuihuzhuan_wordcloud.jpg")
```

运行结果如图9-5-1所示。

图 9-5-1　运行结果

说明： 试着修改文件为《三国演义》，查看词云内容。

（2）用wordcloud库生成*I Have A Dream*英文文章的词云内容。

分析：

① 导入wordcloud库；

② 导入matplotlib库；

③ 读取文件；

④ 生成词云对象。

编程样例：

```
    from wordcloud import WordCloud
    import matplotlib.pyplot as plt
    txt = open("I have a dream.txt","r",encoding='utf-8').read()
    w = WordCloud(background_color="white",font_path="msyh.ttc",max_words=200
0,width=400,height=400)
    w.generate(txt)
    # 用 plt 显示图片
    plt.imshow(w, interpolation='bilinear')
    # 不显示坐标轴
    plt.axis("off")
    # 显示词云图片
    plt.show()
    # 保存到文件
    w.to_file("i have a dream.jpg")
```

运行结果如图9-5-2所示。

图 9-5-2　运行结果

（3）社交媒体数据分析与可视化。

随着社交媒体的普及，人们在各种平台上分享了大量的文本信息。通过对这些文本数据进行分析，可以挖掘出很多有价值的信息，例如，热点话题、用户情感倾向等。为了帮助一家社交媒体分析公司了解用户对某个热门话题的讨论情况，需要使用Python编程对用户提供的一组关于该话题的社交媒体帖子数据进行分析，并生成词云图以直观展示热点词汇。

要求：

① 给定一个包含电影评论帖子的文本文件，文件每行一条帖子，使用pandas库读取数据；

② 使用jieba库对帖子进行中文分词；

③ 清洗数据，过滤掉停用词和标点符号；

④ 使用wordcloud库生成词云图；

⑤ 将词云图保存为图片文件，并显示。

分析：

① 导入pandas、jieba、wordcloud和matplotlib；

② 使用pandas读取文本文件；

③ 对每条帖子使用jieba进行分词；

④ 准备停用词列表，过滤掉停用词和标点符号；

⑤ 使用wordcloud库生成词云图；

⑥ 保存词云图为图片文件，并显示。

编程样例：

```
import pandas as pd
import jieba
from wordcloud import WordCloud
import matplotlib.pyplot as plt
import re

# 读取文本文件
data = pd.read_csv('pinglun.txt', header=None, names=['content'])

# 分词
def tokenize(text):
    words = jieba.cut(text)
    return " ".join(words)

data['tokenized'] = data['content'].apply(tokenize)

# 准备停用词列表
stopwords = set(line.strip() for line in open('stopwords.txt',
encoding='utf-8'))

# 过滤停用词和标点符号
def filter_words(text):
    words = text.split()
    filtered_words = [word for word in words if word not in stopwords ]
    return " ".join(filtered_words)

data['filtered'] = data['tokenized'].apply(filter_words)

# 生成词云
all_text = " ".join(data['filtered'])
wc = WordCloud(font_path="simhei.ttf", background_color="white",
width=800, height=600)
wc.generate(all_text)

# 显示词云
```

```
plt.imshow(wc)
plt.axis("off")

# 保存词云图
wc.to_file("tiezi.png")
```

运行结果如图9-5-3所示。

图 9-5-3　运行结果

说明： 试着修改文件内容，查看效果。

实验10 数据工程与可视化

实验10-1 网络爬虫

一、实验目的

1．理解网络爬虫的工作原理。

2．学习如何使用网络爬虫从互联网上获取数据。

3．探索各种网站和数据源，了解数据的结构和组织方式。

4．分析数据并做进一步的处理和应用。

二、实验环境

1．硬件需求：计算机。

2．软件需求：Python 3.x、request库、beautifulsoup库。

bs4库安装：

```
pip install bs4 -i https://pypi.tuna.tsinghua.edu.cn/simple/
```

-i后面是清华镜像地址。

三、实验任务和指导

1．获取豆瓣评分 top1 的图书信息

任务一：采用Python爬取豆瓣评分top250网页的第一本图书信息，包括书名、作者、出版单位、出版时间、单价。

分析：豆瓣评分top250的网址为：https://book.douban.com/top250，在浏览器中输入网址，并单击右键，选择检查并点击，进入图10-1-1所示界面（如果未进入，单击浏览器刷新按钮），在界面中，找到“<div class="indent">”标签，在该标签中存储着25本图书信息，每本图书存储在一个table标签中，书籍名称可以从超链接的title中解析，作者、出版单位、出版时间、单价从p标签中解析。

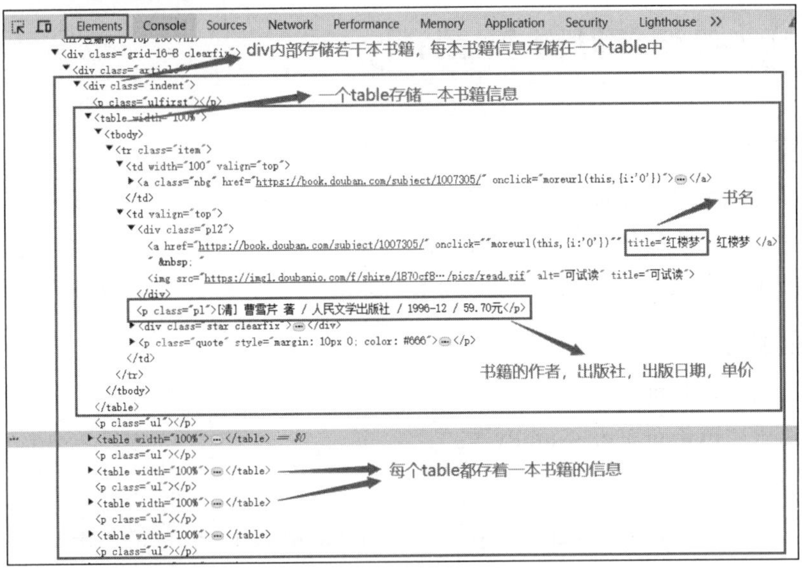

图 10-1-1　检查界面

编程样例：

```
import requests
from bs4 import BeautifulSoup
url = "https://book.douban.com/top250"
headers = {
    'User-Agent': 'Mozilla/5.0 (Windows NT 10.0; Win64; x64) '
                                'AppleWebKit/537.36 (KHTML, like Gecko)
Chrome/70.0.3538.102 Safari/537.36'
}
res = requests.request(url=url, headers=headers, method="GET")
# 设置编码，防止乱码
res = res.content.decode('utf-8')
soup = BeautifulSoup(res, 'lxml')    #解析网页
d = soup.find('div', {'class': 'indent'})  #找到class为indent的div标签
book1 = d.find("table")
book_title = book1.find('div', {'class': 'pl2'})
name=book_title.find("a").attrs["title"]  #获取超链接的标题
print("书籍名称：",name)
info = book1.find("p").string
info = str(info).split("/")
print("作者：",info[0])
print("出版社：",info[1])
print("出版时间：",info[2])
print("单价：",info[3])
```

运行结果：

```
书籍名称：    红楼梦
作者：        [清] 曹雪芹 著
出版社：      人民文学出版社
出版时间：    1996-12
单价：        59.70元
```

任务二：模仿上例，爬取前25本书籍，按照单价进行升序和降序排序。

实验 10-2 科学计算 NumPy

一、实验目的

1．了解NumPy的基本功能。

2．熟悉数组和矩阵的创建、索引和属性。

3．熟悉数组的堆叠。

二、实验环境

1．硬件需求：计算机。

2．软件需求：Python 3.x，NumPy库。

numpy安装：

```
pip install numpy -i https://pypi.tuna.tsinghua.edu.cn/simple/
```

-i后面是清华镜像地址。

三、实验任务和指导

1. 创建数组

任务一：按照下列要求创建并打印数组（已导入numpy库）。

（1）创建一个一维数组，内容为“[1 2 3]”。

（2）创建一个二维数组，内容为“[[1 2 3],[4,5,6]]”。

（3）创建一个2*3的二维数组，内容全部用“0”填充。

（4）创建一个4*5的二维数组，内容全部用“1”填充。

（5）创建一个范围为1～10（包含10）整数的一维矩阵。

分析：创建“0”矩阵采用zeros()函数，创建“1”矩阵采用ones()函数，创建指定范围内的矩阵采用arange()函数、linspace()函数或logspace()函数，arange()函数根据指定数值范围创建数组，linspace()函数生成一个等差数列数组，logspace()函数创建一个于等比数列数组。

编程样例：

```
>>> import numpy as np
>>> a = np.array([1,2,3])
>>> a
[1 2 3]
>>> b = np.array([[1,2,3],[4,5,6]])
>>> b
[[1 2 3]
 [4,5,6]]
>>> c = np.zeros([2,3])
>>> c
[[0. 0. 0.]
 [0. 0. 0.]]
>>> d = np.ones([4,5])
>>> d
[[1. 1. 1. 1. 1.]
 [1. 1. 1. 1. 1.]
 [1. 1. 1. 1. 1.]
```

```
 [1. 1. 1. 1. 1.]]
>>> e = np.arange(1,11)
>>> e
[ 1  2  3  4  5  6  7  8  9 10]
```

任务二：根据上例，创建下列数组。

（1）创建一个一维数组，内容为“[4,5,6]”。

（2）创建一个二维数组，内容为“[[11,12,13,14,15],[16,17,18,19,20], [21,22,23,24,25]]”。

（3）创建一个2*4的二维数组，内容全部用“0”填充。

（4）创建一个3*4的二维数组，内容全部用“1”填充。

（5）创建一个范围为1～20（包含20）整数的一维矩阵。

2. 数组的属性

任务一：打印创建数组中d数组的属性，将其形状修改为5*4。

分析：数组的属性有：秩（ndim）、维度（shape）、元素个数（size）、元素类型（dtype）等。调整数组的形状采用reshape。

编程样例：

```
>>> import numpy as np
>>> d = np.ones([4,5])
>>> d
array([[1., 1., 1., 1., 1.],
       [1., 1., 1., 1., 1.],
       [1., 1., 1., 1., 1.],
       [1., 1., 1., 1., 1.]])
>>> d.ndim
2
>>> d.shape
(4, 5)
>>> d.size
20
>>> d.dtype
dtype('float64')
>>> d.reshape(5,4)
array([[1., 1., 1., 1.],
       [1., 1., 1., 1.],
       [1., 1., 1., 1.],
       [1., 1., 1., 1.],
       [1., 1., 1., 1.]])
```

任务二：打印创建数组中的a、b两个矩阵的属性，并将b矩阵形状修改为3*2。

3. 数组的索引与切片

任务一：采用numpy创建一个范围为0～15（不包含15）整数的一维矩阵，输出数组中第5位元素，输出数组中第3位到第7位元素。

分析：采用arange()函数创建一维数组，利用索引输出数组中第5位元素，利用切片输出数组中第3位到第7位元素。

编程样例：

```
d = np.arange(15)
print("一维数组为：\n",d)
d_5 = d[4]
```

```
print("第5位元素：",d_5)
d_3_7 = d[2:7]
print("第3位到第7位元素：",d_3_7)
```

运行结果：

```
一维数组为：
 [ 0  1  2  3  4  5  6  7  8  9 10 11 12 13 14]
第5位元素： 4
第3位到第7位元素： [2 3 4 5 6]
```

任务二：采用numpy随机生成一个1～10的整数数组，数组形状为4*5，提取数组中的第二行第一列的值并输出，提取数组中最后一行的值并输出，提取数组中的第三列的值并输出，将数组倒序输出。

分析：numpy.random.randint(low, high=None, size=None, dtype='l')生成一个随机整数，范围从low到high（不包含high），如果high参数省略，则返回[0，low)，size为随机数的尺寸。采用numpy.random.randint()函数生成数组，利用索引输出数组中的第二行第一列的数，利用切片输出最后一行、第三列和数组倒序。

4．数组的堆叠

任务一：创建两个整数一维数组0～9和10～20，分别对它们进行横向和纵向堆叠。

分析：采用arange()函数创建一维数组，利用hstack()函数进行横向堆叠，利用vstack()函数进行纵向堆叠。在进行横向堆叠时，要求参与堆叠操作的两个数组在垂直（行）方向的尺寸是相同的；在进行纵向堆叠时，要求参与堆叠操作的两个数组在水平（列）方向的尺寸是相同的。

编程样例：

```
a = np.arange(10)
print("第一个一维数组：\n",a)
b = np.arange(10,20)
print("第二个一维数组：\n",b)
c = np.hstack((a,b))
print("横向堆叠：\n",c)
d = np.vstack((a,b))
print("纵向堆叠：\n",d)
```

运行结果：

```
第一个一维数组：
 [0 1 2 3 4 5 6 7 8 9]
第二个一维数组：
 [10 11 12 13 14 15 16 17 18 19]
横向堆叠：
 [ 0  1  2  3  4  5  6  7  8  9 10 11 12 13 14 15 16 17 18 19]
纵向堆叠：
 [[ 0  1  2  3  4  5  6  7  8  9]
 [10 11 12 13 14 15 16 17 18 19]]
```

任务二：创建三个二维数组（例如，二行三列），分别对它们进行横向和纵向合并。

分析：采用arange()函数和reshape()函数创建二维数组，利用hstack()函数进行横向堆叠，利用vstack()函数进行纵向堆叠。

编程样例：

```
a = np.arange(6).reshape(2,3)
b = np.arange(10,16).reshape(2,3)
c = np.arange(20,26).reshape(2,3)
print("第一个数组：\n",a)
print("第二个数组：\n",b)
print("第三个数组：\n",c)
d = np.hstack((a,b,c))   #横向堆叠
print("横向堆叠：\n",d)
e = np.vstack((a,b,c))   #纵向堆叠
print("纵向堆叠：\n",e)
```

运行结果：

```
第一个数组：
 [[0 1 2]
 [3 4 5]]
第二个数组：
 [[10 11 12]
 [13 14 15]]
第三个数组：
 [[20 21 22]
 [23 24 25]]
横向堆叠：
 [[ 0  1  2 10 11 12 20 21 22]
 [ 3  4  5 13 14 15 23 24 25]]
纵向堆叠：
 [[ 0  1  2]
 [ 3  4  5]
 [10 11 12]
 [13 14 15]
 [20 21 22]
 [23 24 25]]
```

任务三：创建二个二维数组（例如，三行四列），分别对它们进行横向和纵向合并。

任务四：创建三个二维数组（例如，三行四列），分别对它们进行横向和纵向合并。

实验 10-3 数据可视化 Matplotlib

一、实验目的

1. 了解如何利用matplotlib创建画布和子图。
2. 了解绘制图形的主体部分，包括添加标题、坐标轴以及刻度、图例等。
3. 熟练使用matplotlib绘制各种图，包括折线图、条形图、散点图、饼图等。

二、实验环境

1. 硬件需求：计算机。
2. 软件需求：Python 3.x、matplotlib、pandas、numpy、wordcloud。

Wordcloud安装命令：

```
pip install wordcloud
```

Matplotlib安装命令：

```
pip install matplotlib
```

Pandas安装命令：

```
pip install pandas
```

三、实验任务和指导

1. 绘制 Python 之禅词云

输出下列代码，查看Python之禅。

```
import this
```

运行结果：

```
The Zen of Python, by Tim Peters

Beautiful is better than ugly.
Explicit is better than implicit.
Simple is better than complex.
Complex is better than complicated.
Flat is better than nested.
Sparse is better than dense.
Readability counts.
Special cases aren't special enough to break the rules.
Although practicality beats purity.
Errors should never pass silently.
Unless explicitly silenced.
In the face of ambiguity, refuse the temptation to guess.
There should be one-- and preferably only one --obvious way to do it.
Although that way may not be obvious at first unless you're Dutch.
Now is better than never.
Although never is often better than *right* now.
If the implementation is hard to explain, it's a bad idea.
If the implementation is easy to explain, it may be a good idea.
Namespaces are one honking great idea -- let's do more of those!
```

分析：查看Python之禅的内容，并将其保存在一个字符串中，利用wordcloud创建词云，利用matplotlib绘制图。

编程样例：

```
import matplotlib.pyplot as plt
from wordcloud import WordCloud
zen_of_python='''       # 创建字符串保存 Python 之禅的内容
The Zen of Python, by Tim Peters

Beautiful is better than ugly.
Explicit is better than implicit.
Simple is better than complex.
Complex is better than complicated.
Flat is better than nested.
Sparse is better than dense.
Readability counts.
Special cases aren't special enough to break the rules.
Although practicality beats purity.
Errors should never pass silently.
```

```
    Unless explicitly silenced.
    In the face of ambiguity, refuse the temptation to guess.
    There should be one-- and preferably only one --obvious way to do it.
    Although that way may not be obvious at first unless you're Dutch.
    Now is better than never.
    Although never is often better than *right* now.
    If the implementation is hard to explain, it's a bad idea.
    If the implementation is easy to explain, it may be a good idea.
    Namespaces are one honking great idea -- let's do more of those!
    '''
    wordcloud=WordCloud(width=800,height=400,background_color='white').
generate(zen_of_python)    #生成词云
    plt.figure(figsize=(10, 5))
    plt.imshow(wordcloud, interpolation='bilinear')
    plt.axis('off')         #关闭坐标轴
    plt.show()
```

运行结果如图10-3-1所示。

图 10-3-1　运行结果

2. 绘制标准正态分布

任务一：高斯分布也成为正态分布，其概率密度函数为

$$f(x)=\frac{1}{\sqrt{2\pi}\sigma}\exp\left(-\frac{(x-\mu)^2}{2\sigma^2}\right)$$

当μ为0，σ^2为1时，也称为标准正态分布，请绘制标准正态分布概率密度图。

分析：exp输入采用numpy中的exp()函数输入(np.exp())，其余可采用math库中常数或函数计算。

编程样例：

```
    import math
    import numpy as np
    import matplotlib.pyplot as plt
    u=0                                                     # 均值
    sigma = math.sqrt(1)                                    # 标准差
    x = np.linspace(u - 4*sigma, u + 4*sigma, 1000)         # 定义域
    # 定义曲线函数
    y = np.exp(-(x - u) ** 2 / (2 * sigma ** 2)) / (math.sqrt(2*math.pi)*sigma)
    plt.rcParams['axes.unicode_minus'] = False              # 用来正常显示负号
    plt.plot(x, y, linewidth=3)
    plt.grid(True)                                          # 显示网格线
    plt.rcParams['font.sans-serif']=['SimHei']              # 正常显示中文标签
    plt.title(" 标准正态分布概率密度图 ")                    # 添加标题
    plt.xlabel("X")                          # 添加 X 轴标签
```

```
plt.ylabel("Y")                          # 添加 Y 轴标签
plt.show()                               # 显示
```

运行结果如图10-3-2所示。

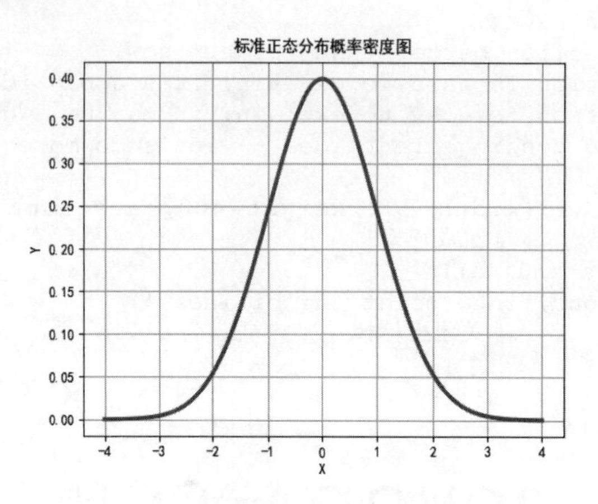

图 10-3-2　运行结果

任务二：仿照上例，修改正太分布的均值和方差，绘制折线图。

3. 绘制总人口数量图

任务一：2004年～2023年年末总人口（万人）、男性人口（万人）、女性人口（万人），请根据表10-3-1中的数据，绘制折线图。

表 10-3-1　2004 年～ 2023 年年末人口

时　间	年末总人口(万人)	男性人口(万人)	女性人口(万人)
2004 年	129 988	66 976	63 012
2005 年	130 756	67 375	63 381
2006 年	131 448	67 728	63 720
2007 年	132 129	68 048	64 081
2008 年	132 802	68 357	64 445
2009 年	133 450	68 647	64 803
2010 年	134 091	68 748	65 343
2011 年	134 916	69 161	65 755
2012 年	135 922	69 660	66 262
2013 年	136 726	70 063	66 663
2014 年	137 646	70 522	67 124
2015 年	138 326	70 857	67 469
2016 年	139 232	71 307	67 925
2017 年	140 011	71 650	68 361
2018 年	140 541	71 864	68 677
2019 年	141 008	72 039	68 969
2020 年	141 212	72 357	68 855
2021 年	141 260	72 311	68 949
2022 年	141 175	72 206	68 969
2023 年	140 967	72 032	68 935

分析：用pandas库读取Excel表格，并把每列数据赋值给变量。在一张画布中创建两张子图，第一张子图以时间为单位绘制年末总人口（万人）图，添加x轴、y轴坐标和标题；第二张子图以时间，绘制男性人口（万人）和女性人口（万人），添加x轴、y轴坐标、图例和标题。

编程样例：

```
import matplotlib.pyplot as plt
import pandas as pd
df = pd.read_excel('D:\人口数据.xlsx')       # pandas 读取 Excel 文件
t = df["时间"]
s = df["年末总人口（万人）"]
ms = df["男性人口（万人）"]
fs = df["女性人口（万人）"]
plt.rcParams['font.sans-serif']=['SimHei'] # 正常显示中文标签
plt.subplot(2,1,1)                         # 第一张子图，绘制年末总人口
plt.title("年末总人口（万人）")              # 子图标题
plt.plot(t,s,marker='o')
plt.xlabel("时间（年）")                     # 子图 X 轴标签
plt.ylabel("人口数量（万）")                 # 子图 Y 轴标签
plt.subplot(2,1,2)                         # 第二张子图，绘制男性 / 女性人口数量
plt.title("男性 / 女性人口（万人）")
plt.plot(t,ms,marker="o")
plt.plot(t,fs,marker="x")
plt.legend(["男性人口","女性人口"])          # 图例
plt.xlabel("时间（年）")
plt.ylabel("人口数量（万）")
# 自动调整子图参数，使之填充整个图像区域
plt.tight_layout()
plt.show()
```

运行结果如图10-3-3所示。

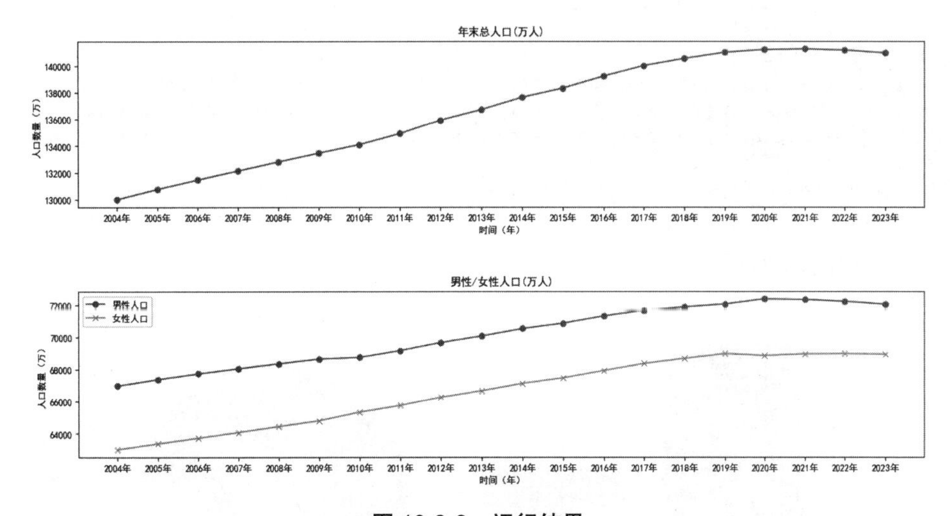

图 10-3-3　运行结果

任务二：仿照上例，将折线图修改为直方图。

4. 绘制账单

任务：假设某位公司职员的每个月收入为8 000元和支出为5 000元，具体的支出明细见表10-3-2。

表 10-3-2 具体支出明细

分　类	金额（元）	分　类	金额（元）
租房	1 000	娱乐	600
餐饮	1 500	通信	100
交通	500	其他	500
购物	800		

请根据给定内容，绘制收入和支出的柱状图，绘制支出明细的饼图。

分析：在一张画布中水平分为两部分，左侧部分绘制收入与支出的柱状图，右侧部分绘制支出明细的饼图。

编程样例：

```
    import matplotlib.pyplot as plt
    total_income = 8 000                                     # 总收入
    total_expense = 5 000                                    # 总支出
    expenses = {                                             # 支持明细字典
        '租房': 1 000,
        '餐饮': 1 500,
        '交通': 500,
        '购物': 800,
        '娱乐': 600,
        '通信': 100,
        '其他': 500
    }
    plt.rcParams['font.sans-serif']=['SimHei']               # 正常显示中文标签
    # 创建绘图
    fig, axs = plt.subplots(1, 2, figsize=(12, 6))          # 1 行 2 列
    # 总收入和总支出的柱状图
    axs[0].bar(['总收入', '总支出'], [total_income, total_expense], color=['green',
'red'])
    axs[0].set_title('总收入与总支出')
    axs[0].set_ylabel('金额')
    # 各类别支出的饼图
    categories = list(expenses.keys())                       # 支出类别
    amounts = list(expenses.values())                        # 类别对应的金额
    axs[1].pie(amounts, labels=categories, autopct='%1.1f%%', startangle=140)
    axs[1].set_title('支出明细')
    plt.tight_layout()
    plt.show()
```

运行结果如图10-3-4所示。

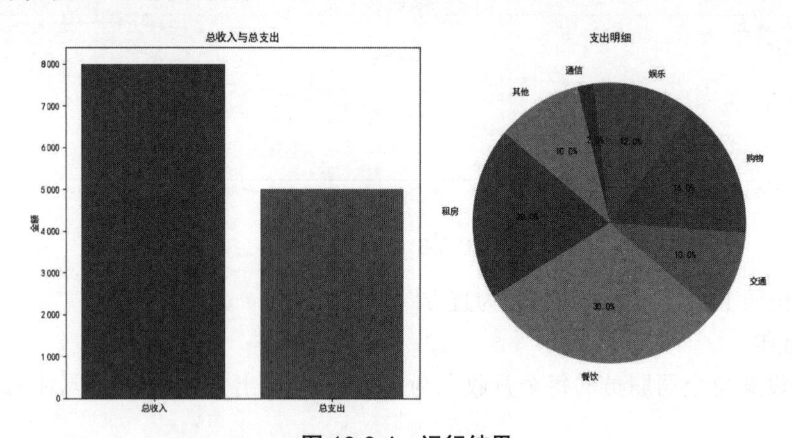

图 10-3-4　运行结果

5. 绘制雪花图

任务一：绘制雪花图，雪花的大小和位置是随机的。

分析：首先确定雪花的数量（例如，300个），采用np.random.rand()函数随机生成雪花的横坐标和纵坐标，np.random.randint()函数随机生成雪花的大小（10～300）。利用scatter()函数绘制雪花散点图，雪花可以用散点图中的形状来代替，通过marker参数指定形状，如使用星形（“*”）作为marker来模拟雪花的形状。

编程样例：

```
import matplotlib.pyplot as plt
import numpy as np
# 生成随机雪花的位置
n_snowflakes = 300                              # 雪花的数量，返回秩为 1 的数组
x = np.random.rand(n_snowflakes) * 100          # 横向位置
y = np.random.rand(n_snowflakes) * 100          # 纵向位置
sizes = np.random.randint(10, 300, n_snowflakes)           # 生成随机雪花的大小
# 创建散点图
plt.figure(figsize=(10, 10), facecolor='skyblue')          # 使用蓝色背景
plt.scatter(x, y, s=sizes, color='white', marker='*')      # 绘制白色星形的雪花
plt.axis('off')  # 不显示坐标轴
# 显示图形
plt.show()
```

运行结果如图10-3-5所示。

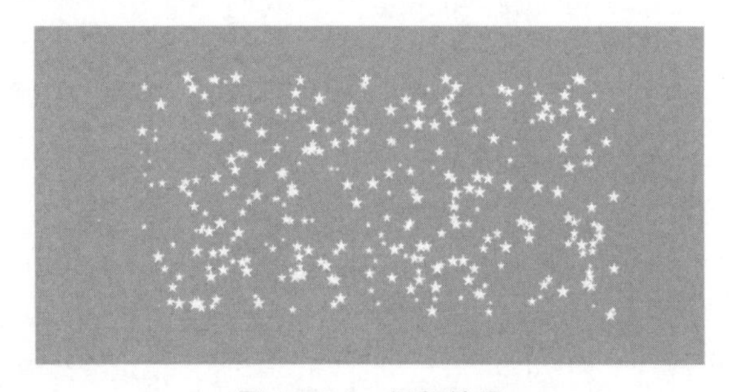

图 10-3-5　运行结果

任务二：仿照上例，修改雪花的大小、数量、颜色和背景颜色，绘制雪花图。

实验 10-4 数据分析 pandas

一、实验目的

1. 熟悉利用pandas创建series和dataframe。
2. 了解pandas读取exel表格。
3. 熟悉查询pandas查询数据。
4. 熟悉利用pandas删除或者填充缺失数据。

二、实验环境

1. 硬件需求：计算机。
2. 软件需求：Python 3.x，pandas库。

三、实验任务和指导

1. 创建 Series、DataFrame

任务一：利用列表、字典和numpy创建Series。

分析：列表：创建一个水果列表，将列表转化为Series格式。字典：创建一个个人信息字典，并将字典转化为Series。numpy：利用numpy随机生成5个0～100的正整数作为成绩，创建一个索引列表，内容为：语文、数学、英语、物理、化学，并根据成绩和索引生成Series。

编程样例：

```
import pandas as pd
import numpy as np
#采用列表创建Series
fruit = ["apple","banana","orange","peach","grape","pear"]
s_fruit = pd.Series(fruit)
s_fruit
0      apple
1     banana
2     orange
3      peach
4      grape
5       pear
dtype: object
#利用字典创建Series
dit = {"name":"Tom","age":18,"gender":"男"}
s_dit = pd.Series(dit)
s_dit
name       Tom
age         18
gender      男
dtype: object
#利用numpy创建Series
np_data = np.random.randint(0,101,size=5)
index = ["语文","数学","英语","物理","化学"]
s_np = pd.Series(np_data,index=index)
s_np
语文    63
数学    24
英语    18
物理    37
化学    74
dtype: int32
```

任务二：利用列表、字典和Series创建DataFrame。

分析：利用二维列表创建DataFrame，假设在一张二维列表中有多名学生的姓名和年龄，将此列表转化为DataFrame，并添加列标签姓名和年龄。利用字典创建DataFrame，在字典中存放两个键：姓名和年龄，自行添加值，并将其转化为DataFrame。利用Series创建DataFrame，创建两个Series，一个存放学生姓名，一个存放学生年龄，将这两个Series组合创建成一个DataFrame。

编程样例：

```
import pandas as pd
# 采用二维列表创建DataFrame
lst = [("Tom",19),("Ben",20),("Bill",18),("Denny",17),("David",20),("Edison",19)]
```

```
    index = ["姓名","年龄"]
    pd_lst = pd.DataFrame(lst,columns=index)
    pd_lst
    姓名   年龄
    0      Tom    19
    1      Ben    20
    2       Bill    18
    3   Denny    17
    4    David    20
    5   Edison    19
    # 采用字典创建 DataFrame
    dit = {"姓 名":["Tom","Ben","Bill","Denny","David","Edison"],"年 龄
":[19,20,18,17,20,19]}
    pd_dict = pd.DataFrame(dit)
    pd_dict
          姓名   年龄
    0      Tom    19
    1      Ben    20
    2       Bill    18
    3   Denny    17
    4    David    20
    5   Edison    19
    #采用 Series 创建 DataFrame
    s_name = pd.Series(["Tom","Ben","Bill","Denny","David","Edison"])
    s_age = pd.Series([19,20,18,17,20,19])
    pd_s = pd.DataFrame([s_name,s_age] ,index=["姓名","年龄"])
    pd_s
    0        1      2      3      4      5
    姓名     Tom    Ben    Bill   Denny  David  Edison
    年龄     19     20     18     17     20     19
```

任务三：仿照任务一，将列表[1, 2, 3, 4, 5]、字典{'a': 1, 'b': 2, 'c': 3}和numpy数组[1, 2, 3, 4, 5]转化为Series。

任务四：仿照任务二，将自定义列表、字典和数组转化为DataFrame。

2. 数据查询

任务一：学生成绩表见表10-4-1，请用pandas读取下列Excel表格，第一行为行索引，第一行为列索引，输出表格的前5行，输出表格后5行内容，随机输出5行内容。输出学号为5的学生成绩，输出数学成绩大于90的学生。

表 10-4-1 学生成绩表

	姓 名	数 学	语 文	英 语	物 理	化 学
1	学生 A	85	92	88	93	87
2	学生 B	78	81	85	88	82
3	学生 C	90	85	92	94	95
4	学生 D	65	70	75	70	68
5	学生 E	76	85	80	83	79
6	学生 F	89	90	91	88	90
7	学生 G	94	95	96	93	92
8	学生 H	82	84	83	85	81
9	学生 I	75	78	77	79	76
10	学生 J	88	92	90	91	93

续表

	姓　名	数　学	语　文	英　语	物　理	化　学
11	学生 K	80	82	84	86	85
12	学生 L	93	94	95	96	97
13	学生 M	70	72	74	76	78
14	学生 N	85	87	89	91	90
15	学生 O	92	94	96	98	95
16	学生 P	78	79	80	82	84
17	学生 Q	88	85	87	89	86
18	学生 R	95	96	97	98	99
19	学生 S	83	84	85	86	87
20	学生 T	72	74	76	78	80

分析：read_excel()函数读取了Excel文件，其中参数index_col=0指定了文件中的第一列（学号）作为DataFrame的行索引，header=0指定了文件中的第一行（列标题，即学科名称）作为列索引。在DataFrame中head()函数输出前*n*行的数据，tail()函数输出最后*n*行数据，sample()函数随机输出*n*行数据，loc()函数按行或列索引，query()函数查询数据。

编程样例：

```
import pandas as pd
#设置打印宽度
pd.set_option('display.unicode.ambiguous_as_wide', True)
pd.set_option('display.unicode.east_asian_width', True)
pd.set_option('display.width', 180) # 设置打印宽度
#读取 Excel 文件
df = pd.read_excel("D:\ 学生成绩表 .xlsx",index_col=0,header=0)
print(" 输出前 5 行内容：\n",df.head(5))
print(" 输出最后 5 行内容：\n",df.tail(5))
print(" 随机输出 5 行内容：\n",df.sample(5))
print(" 输出学号为 5 的学生姓名和成绩：\n",df.loc[5])
print(" 输出数学成绩大于 90 的学生姓名和成绩：\n",df.query(" 数学 >90"))
```

运行结果：

```
输出前 5 行内容：
     姓名    数学   语文   英语   物理   化学
1  学生 A   85     92     88     93     87
2  学生 B   78     81     85     88     82
3  学生 C   90     85     92     94     95
4  学生 D   65     70     75     70     68
5  学生 E   76     85     80     83     79
输出最后 5 行内容：
     姓名    数学   语文   英语   物理   化学
16  学生 P   78     79     80     82     84
17  学生 Q   88     85     87     89     86
18  学生 R   95     96     97     98     99
19  学生 S   83     84     85     86     87
20  学生 T   72     74     76     78     80
随机输出 5 行内容：
     姓名    数学   语文   英语   物理   化学
11  学生 K   80     82     84     86     85
3   学生 C   90     85     92     94     95
```

```
4    学生D   65      70      75      70      68
2    学生B   78      81      85      88      82
10   学生J   88      92      90      91      93
输出学号为5的学生姓名和成绩:
 姓名        学生E
数学         76
语文         85
英语         80
物理         83
化学         79
Name: 5, dtype: object
输出数学成绩大于90的学生姓名和成绩:
     姓名     数学    语文    英语    物理    化学
7    学生G   94      95      96      93      92
12   学生L   93      94      95      96      97
15   学生O   92      94      96      98      95
18   学生R   95      96      97      98      99
```

任务二：仿照上例。

（1）输出表格的前2行；

（2）输出表格后3行内容；

（3）随机输出4行内容；

（4）输出学号为6的学生成绩；

（5）输出语文成绩小于70的学生。

3. 数据清洗

任务一：在某次实验中，有4个传感器共采集了20次数据，见表10-4-2。在该数据中存在着数据缺失问题，请统计每个传感器缺失的数据的总数，用常数30填充传感器1缺失的数据，用传感器2均值填充传感器2缺失的数据，用传感器3最大值填充传感器3缺失的数据，用传感器4最小值填充传感器4缺失的数据。

分析：读取excel文件用pandas中的read_excel()函数，提取某列数据可以用“df[“列索引”]”，提取某列的均值用“df[“列索引”].mean()”（最大值和最小值函数为：max()，min()），填充用pandas中的fillna()函数。将待填充数据保存在一个字典中，利用fillna中的value参数进行填充。

表 10-4-2　4 个传感器的 20 次数据

	传感器 1	传感器 2	传感器 3	传感器 4
1	24.5	12.3	6.5	250
2	30.8	14.9	7.1	460
3	26.1	13	6.8	245
4	32.8	15.2	7	460
5	27.8	13.5	6.9	260
6	27.5	15.4	7.1	
7	26.4	13.2	6.6	248
8		15.3	7.2	442
9	30.5	15.3	7	300
10	29.1	14.8	6.9	295

续表

	传感器 1	传感器 2	传感器 3	传感器 4
11	35.2	14.7	7	455
12	34	14.8		453
13	31.2	15.5	7.2	320
14	29.8	15	7	305
15	32.5	15.2	6.8	450
16	28.4		6.9	
17	25.3	12.8	6.7	255
18	33.7	15	6.7	465
19	29.9	15.1	6.5	448
20	28.7	14.6	7.1	310

编程样例：

```
import pandas as pd
pd.set_option('display.unicode.ambiguous_as_wide', True)
pd.set_option('display.unicode.east_asian_width', True)
pd.set_option('display.width', 180) # 设置打印宽度
df = pd.read_excel("D:\传感器数据 .xlsx",index_col=0,header=0)
print("填充前：\n",df)
print("每个传感器缺失值的和：\n",df.isnull().sum())
values = {"传感器1":30,"传感器2":df["传感器2"].mean(),
        "传感器3":df["传感器3"].max(),"传感器4":df["传感器4"].min()}
df_new = df.fillna(value=values)
print("填充后:\n",df_new)
```

运行结果：

```
填充前：
       传感器1    传感器2    传感器3    传感器4
1        24.5      12.3      6.5      250.0
2        30.8      14.9      7.1      460.0
3        26.1      13.0      6.8      245.0
4        32.8      15.2      7.0      460.0
5        27.8      13.5      6.9      260.0
6        27.5      15.4      7.1      NaN
7        26.4      13.2      6.6      248.0
8        NaN       15.3      7.2      442.0
9        30.5      15.3      7.0      300.0
10       29.1      14.8      6.9      295.0
11       35.2      14.7      7.0      455.0
12       34.0      14.8      NaN      453.0
13       31.2      15.5      7.2      320.0
14       29.8      15.0      7.0      305.0
15       32.5      15.2      6.8      450.0
16       28.4      NaN       6.9      NaN
17       25.3      12.8      6.7      255.0
18       33.7      15.0      6.7      465.0
19       29.9      15.1      6.5      448.0
20       28.7      14.6      7.1      310.0
统计每个传感器缺失值的和：
传感器1     1
传感器2     1
传感器3     1
```

```
传感器4      2
dtype: int64
填充后：
      传感器1    传感器2    传感器3    传感器4
1       24.5  12.300000     6.5     250.0
2       30.8  14.900000     7.1     460.0
3       26.1  13.000000     6.8     245.0
4       32.8  15.200000     7.0     460.0
5       27.8  13.500000     6.9     260.0
6       27.5  15.400000     7.1     245.0
7       26.4  13.200000     6.6     248.0
8       30.0  15.300000     7.2     442.0
9       30.5  15.300000     7.0     300.0
10      29.1  14.800000     6.9     295.0
11      35.2  14.700000     7.0     455.0
12      34.0  14.800000     7.2     453.0
13      31.2  15.500000     7.2     320.0
14      29.8  15.000000     7.0     305.0
15      32.5  15.200000     6.8     450.0
16      28.4  14.505263     6.9     245.0
17      25.3  12.800000     6.7     255.0
18      33.7  15.000000     6.7     465.0
19      29.9  15.100000     6.5     448.0
20      28.7  14.600000     7.1     310.0
```

任务二：仿照上例，用传感器1最小值填充传感器1的缺失数据，用传感器2最大值填充传感器2的缺失数据，用传感器3平均值填充传感器3的缺失数据，用常数300填充传感器4的缺失数据。

实验 10-5 综合应用

一、实验目的

1．了解网页的构成，标签的使用。

2．熟练使用爬虫爬取网页中的指定内容。

3．熟练采用bs4库处理网页，并获取指定内容。

4．熟练使用matplotlib绘制图形。

二、实验环境

1．硬件需求：计算机。

2．软件需求：Python 3.x。

三、实验任务和指导

1．天气

任务一：利用Python爬虫爬取中国天气网（“http://www.weather.com.cn/”）某一城市的天气，并绘制曲线图。

分析：在浏览器输入中国天气网（见图10-5-1），在网站右侧找到并点击“我的天气”。单击右键，选择“检查”选项，进入检查选项，选择“7天”天气预报，按照右侧查看最近7天天气存储位置，如图10-5-2所示。用一个名称为“7d”的div区域来显示7天的天气内容，7天的天气存储在ul列表中，每天的天气存储在li中。日期存储在h1标签中，天气内容存储在第一个p标签中，最高温度内容存储在第二个p标签的i标签中，最低温度存储在第二个p标签的span标签中。

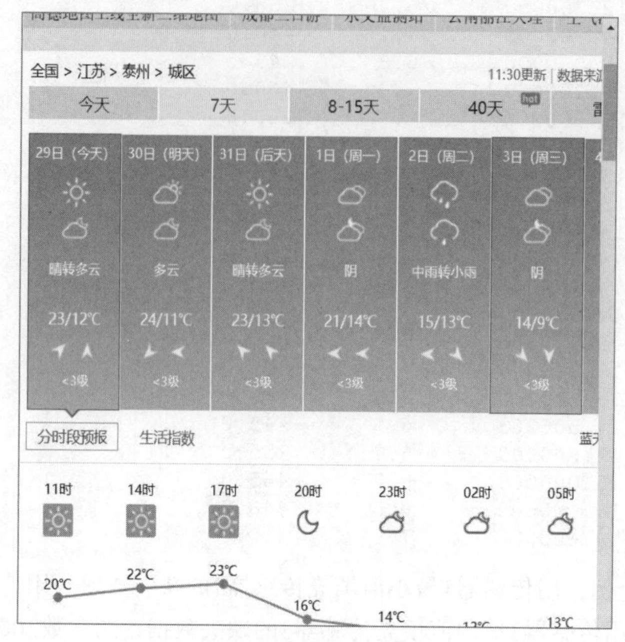

图 10-5-1　中国天气网

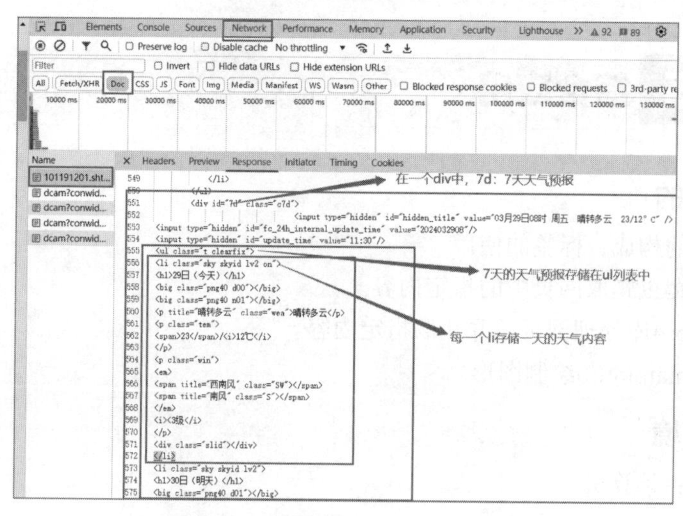

图 10-5-2　最近 7 天天气存储位置

编程样例：

```
import requests
from bs4 import BeautifulSoup
import matplotlib.pyplot as plt
# requests 爬取页面
def get_text(url):
    headers = {
        'User-Agent': 'Mozilla/5.0 (Windows NT 10.0; Win64; x64) '
```

```
                                'AppleWebKit/537.36 (KHTML, like Gecko)
Chrome/70.0.3538.102 Safari/537.36'
        }
        res = requests.request(url=url,headers=headers,method="GET")
        #设置编码，防止乱码
        res=res.content.decode('utf-8')
        return res
    # bs4解析页面
    def get_weather(text):
        # bs4解析爬取的网页
        soup = BeautifulSoup(text,'lxml')
        weather = []                                # 保存天气
        body = soup.body                            # 获取body部分
        data = body.find('div', {'id': '7d'})       # 找到id为7d的div
        ul = data.find('ul')                        # 获取第一个ul部分，ul指列表
        li = ul.find_all('li')                      # 获取所有的li部分，li指列表中的项
        for day in li:                              # 对每个li标签中的内容进行遍历
            w_day = []                              # 1天的天气保存在一个列表中
            # 将日期添加到列表中
            date = day.find('h1').string            # 找到日期
            w_day.append(date)
            p = day.find_all('p')                   # 找到li中的所有p标签
            # 将天气情况添加到列表中
            w_day.append(p[0].string)               # 第一个p标签中的内容（天气状况）
            # 将最高温度添加到列表中
            temperature_highest = p[1].find('i').string   # 找到最高温度
            #去除℃并转化为整数
            temperature_highest = int(temperature_highest.replace('℃', ''))
            w_day.append(temperature_highest)             # 将最高温添加到temp中
            # 将最低温度添加到列表中
            temperature_lowest = p[1].find('span').string # 找到最低温度
            #去除℃并转化为整数
            temperature_lowest = int(temperature_lowest.replace('℃', ''))
            w_day.append(temperature_lowest)        # 将最低温添加到temp中
            weather.append(w_day)                   # 1天的天气添加到weather列表中
        return weather
    # 绘制图形
    def draw(weather):
        date = [i[0] for i in weather]                      #提取日期
        tem_low = [i[2] for i in weather]                   # 提取最低温度
        tem_high = [i[3] for i in weather]                  # 提取最高温度
        plt.rcParams['font.sans-serif'] = ['SimHei']        # 正常显示中文标签
        plt.plot(date, tem_low, marker="*")                 #绘制最低温度曲线
        plt.plot(date, tem_high, marker="o")                #绘制最高温度曲线
        for i,j in zip(date,tem_low):                       # 显示最低温度值
            plt.text(i,j,j,ha="center",va="bottom")
        for i,j in zip(date,tem_high):                      # 显示最高温度值
            plt.text(i,j,j,ha="center",va="bottom")
        plt.xlabel("日期")                                  # 添加X轴名称
        plt.ylabel("温度/℃")                                # 添加Y轴名称
        plt.legend(["最低温度","最高温度"])                 # 添加图例
        plt.title("泰州市7日最低和最高温度")                #添加标题
        plt.show()
    url = "http://www.weather.com.cn/weather/101191201.shtml"
    text = get_text(url)
    weather = get_weather(text)
```

```
print(weather)
draw(weather)
```

运行结果：

```
[['1 日（今天）', '多云转大雨', '14', '24'],
['2 日（明天）', '大雨转中雨', '13', '19'],
['3 日（后天）', '小雨转多云', '8', '14'],
['4 日（周四）', '阴', '7', '14'],
['5 日（周五）', '阴', '9', '15'],
['6 日（周六）', '小雨转阴', '11', '14'],
['7 日（周日）', '多云', '8', '15']]
```

运行结果如图10-5-3所示。

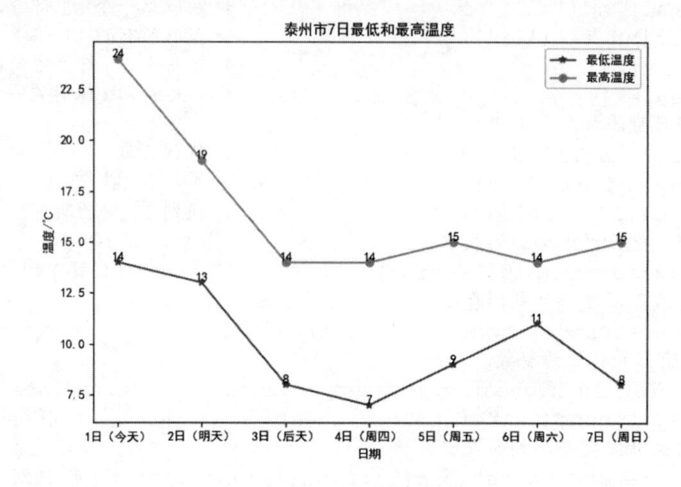

图 10-5-3　运行结果

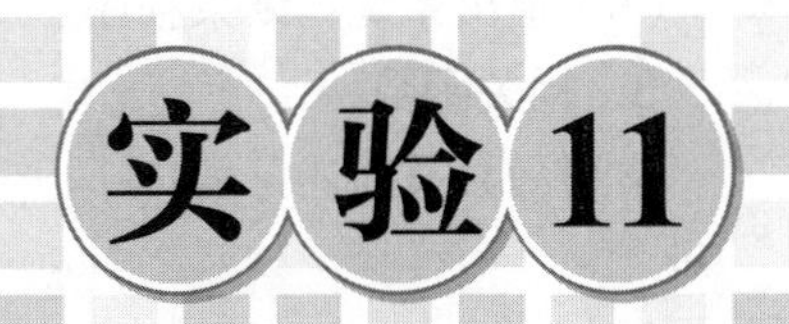

综合案例

一、实验目的

1．巩固Python语言基本概念、数据类型和语法的理解和应用。

2．掌握Python语言的基本方法和编程技巧。

3．熟悉软件设计和开发的一般流程。

4．学会设计和开发一个小型实用程序，培养良好的程序设计风格，提高编程能力。

二、实验环境

1．硬件需求：计算机。

2．软件需求：Python 3.x。

三、实验任务和指导

任务：设计和实现一个水果商店的购物车管理系统，要求实现功能：登录、注册账号、添加商品进购物车、查询购物车、退出登录和退出系统。

1．数据存储

创建三个csv文件分别用于保存水果信息（goods.csv）、用户信息（users.csv）和购物车信息（cart.csv）。

goods.csv文件包含水果名称和价格字段。

users.csv文件包含用户账号和密码字段。

cart.csv文件包含用户账号、水果名称、数量、单价和总价字段。

2．功能实现

购物车管理系统共包含六个主要功能：主界面、登录系统、注册系统、添加购物车、查询购物车、退出系统。

（1）登录功能：输入账号和密码，并与users.csv文件中的账号的密码比对，如果正确，则显示登录成功、记录用户名称。

（2）注册账号功能：输入账号和密码，并将其保存在users.csv文件中。

（3）添加购物车功能：在添加购物车之前要实现登录功能，读取goods.csv文件中的水果名称、价格、数量并显示，根据水果的名称和数量挑选水果，并将水果名称、单价、数量、总价（单价*数量）、加入购物车，将用户的名称以及挑选的水果写入购物车cart.csv文件。

（4）查询购物车：根据用户的名称，查询购物车cart.csv文件并显示。

（5）退出登录：退出当前用户的登录。

（6）退出系统：结束程序。

3. 相关函数

常用函数及描述见表11-1。

表 11-1 常用函数及描述

函数名称	描述	关联函数
welcome()	欢迎界面	
login()	登录	read_users()
read_users()	返回所有用户的列表	
register()	注册	read_users()，write_user()
shopping_cart()	添加购物车	cal_price()
cal_price()	计算总价	
find_cart()	查询购物车	

编程样例：

```
# 查询账号和密码
# 返回所有用户的列表
def read_users():
    users = []
    with open("D:\\users.csv",'r') as f:
        lines = csv.reader(f)
        next(lines)#跳过表头
        for line in lines:
            users.append(line)
    return users
# 将注册信息写入 users.csv 文件
    # 返回布尔值
def write_user(name,password):
    with open("D:\\users.csv",'a') as f:
        # dialect = 'unix' 换行符 输出到文件，没有空行
        file = csv.writer(f,dialect='unix')
        file.writerow([name,password])
    return True

# 登录，比对输入账号和密码
    # 返回用户名
def login():
    user=""    #判断账号和密码是否正确
    name = input("请输入登录账号：")
    password = input("请输入登录密码：")
    for i in read_users():
        if name == i[0] and password == i[1]:
            user = i[0]
            print("登录成功")
            break
    else:
        print("账号或密码错误，请检查")
    return user

# 注册账户
```

```
    # 比对账号是否重复，无重复将账号信息写入 users.csv 文件
    # 重复提示账号已存在
def register():
    name = input("请输入注册账号: ")
    password = input("请输入注册密码: ")
    for i in read_users():    # 判断账号是否重复
        print(i)
        if len(i) and name == i[0]: #len(i):防止读出空行
            print("账号已存在，请重新输入")
            break
    else:
        write_user(name, password)
        print("账号注册成功")

# 查询水果
# 每种水果的名称、价格和数量组成一个列表
# 返回多种水果列表
def read_fruit():
    fruit_lst = []
    with open("D:\goods.csv", 'r') as f:
        lines = csv.reader(f)
        next(lines)  # 跳过表头
        for line in lines:
            fruit_lst.append(line)
    return fruit_lst

    # 计算总价
    # 返回单价和总价
def cal_price(fruit, num, fruits_lst):
    price = 0          # 单价
    total_price = 0  # 总价
    for i in fruits_lst:
        if fruit == i[0] and num <= int(i[2]):
            price = float(i[1])
            total_price = float(i[1]) * num
            break
    else:
        print("输入的水果名称或数量有误，请重新输入")
    return price, total_price

# 添加购物车
    # 根据水果的名称挑选水果，显示挑选信息并写入 cart.csv 文件中
def shopping_cart(username,fruit_lst):
    cart = []
    # 显示水果
    for fruit in fruit_lst:
        print("水果名称: ", fruit[0], end="    ")
        print("单价: ", fruit[1], end="    ")
        print("数量: ", fruit[2])
    # 加入购物车
    while True:
        fruit_name = input("请输入购物水果名称: ")
        num = int(input("请输入购买的水果数量: "))
        price, total_price = cal_price(fruit_name, num, fruit_lst)
        if price!=0:
            cart.append([fruit_name, num, price,total_price])
```

```
            out = int(input('是否继续购买，退出输入0，继续购物输入1：'))
            if out==0:
                for i in cart:
                         print("购买水果：{}，数量是：{}，单价是：{}，总价：{}".
format(i[0],i[1],i[2],i[3]))
                # 将购物车写入cart文件中
                with open("D:\cart.csv", 'a') as f:
                    # dialect = 'unix' 换行符 输出到文件，没有空行
                    write = csv.writer(f, dialect='unix')
                    for i in cart:
                        i.insert(0, username)
                        write.writerow(i)
                break

    # 查询购物车
        # 根据用户账号查询购物车cart.csv文件
    def find_cart(username):
        try:
            with open("D:\cart.csv", 'r') as f:
                lines = csv.reader(f)
                next(lines)  # 跳过表头
                for line in lines:
                    print(type(line))
                    if username == line[0]:
                        print(line)
        except:
            print("文件异常，请检查文件！")

    # 欢迎界面/主界面
    def welcome():
        print("#"*40)
        print("*"*8 + " "*4 + "欢迎进入购物界面" + " "*4 + "*"*8)
        print("*"*8 + " "*4 + "登录系统请输入：1" + " "*3 + "*"*8)
        print("*"*8 + " "*4 + "注册用户请输入：2" + " "*3 + "*"*8)
        print("*"*8 + " "*4 + "购物请输入：3" + " "*7 + "*"*8)
        print("*"*8 + " "*4 + "查询购物车：4" + " "*7 + "*"*8)
        print("*"*8 + " "*4 + "退出登录请输入：5" + " "*3 + "*"*8)
        print("*"*8 + " "*4 + "退出系统请输入：0" + " "*3 + "*"*8)
        print("#"*40)

    welcome()                    # 调用欢迎界面函数
    user_name = ''               # 全局变量，记录登录账号
    while True:
        # 键盘输入，选择相应功能
        choice = int(input("*"*8 + " "*4 +"请选择系统功能："))
        # 1-登录
        if choice == 1:
            print("*"*8 + " "*4 +"欢迎进入登录界面"+ " "*4 + "*"*8)
            user_name = login()
        # 2-注册账号
        elif choice == 2:
            print("*"*8 + " "*4 +"欢迎进入注册界面"+ " "*3 + "*"*8)
            if user_name:
                print("已登录，请退出登录再进行注册")
            else:
                register()
```

```
    # 3-添加购物车
    elif choice == 3:
        print("*" * 8 + " " * 4 + "欢迎进入购物界面" + " " * 3 + "*" * 8)
        if not user_name:  #判断用户名称是否为空
            print("未登录，请先登录")
        else:
            print("欢迎{}购物。".format(user_name))
            fruits = read_fruit()
            shopping_cart(user_name,fruits)
    # 4-查询购物车
    elif choice == 4:
        print("*" * 8 + " " * 4 + "查询购物车" + " " * 9 + "*" * 8)
        if not user_name:
            print("未登录，请重新选择功能")
        else:
            find_cart(user_name)
    # 5-退出登录
    elif choice == 5:
        print("*"*8 + " "*4 + "欢迎进入退出登录界面" + " "*3 + "*"*8)
        if not user_name:
            print("未登录，请重新选择功能")
        else:
            user_name=""     #清除登录账号
            print("退出登录")
    # 0-退出系统
    elif choice == 0:
        print("退出系统...")
        break
    # 其他输入，提示功能未开放
    else:
        print("该功能未开放，请重新选择")
```

运行结果：

```
########################################
********    欢迎进入购物界面            ********
********    登录系统请输入：1           ********
********    注册用户请输入：2           ********
********    购物请输入：3               ********
********    查询购物车：4               ********
********    退出登录请输入：5           ********
********    退出系统请输入：0           ********
########################################
********    请选择系统功能：1
********    欢迎进入登录界面            ********
请输入登录账号：张三
请输入登录密码：123
登录成功
********    请选择系统功能：3
********    欢迎进入购物界面            ********
欢迎张三购物。
水果名称： 苹果          单价： 8       数量： 100
水果名称： 香蕉          单价： 3       数量： 50
水果名称： 梨            单价： 4       数量： 100
水果名称： 西瓜          单价： 2       数量： 60
水果名称： 葡萄          单价： 6       数量： 80
```

```
水果名称:  猕猴桃          单价:  10      数量:  120
水果名称:  柚子            单价:  4       数量:  80
水果名称:  凤梨            单价:  3       数量:  50
水果名称:  橘子            单价:  4       数量:  200
请输入购物水果名称：香蕉
请输入购买的水果数量：6
是否继续购买，退出输入0，继续购物输入1：1
请输入购物水果名称：葡萄
请输入购买的水果数量：10
是否继续购买，退出输入0，继续购物输入1：0
购买香蕉，数量是：6，单价是：3.0，总价：18.0
购买葡萄，数量是：10，单价是：6.0，总价：60.0
********    请选择系统功能：4
********    查询购物车          ********
水果名称:  梨              数量:  4       单价:  4       总价:  16
水果名称:  西瓜            数量:  10      单价:  2       总价:  20
水果名称:  柚子            数量:  7       单价:  4.0     总价:  28.0
********    请选择系统功能：0
退出系统 ...
```

参 考 文 献

[1] 林荫，余海洋.Python程序设计基础[M].北京：中国铁道出版社有限公司，2024.

[2] 嵩天，礼欣，黄天羽.Python语言程序设计基础[M].2版.北京：高等教育出版社，2019.

[3] 明日科技.Python从入门到精通[M].2版.北京：清华大学出版社，2021.

[4] 甘勇，吴怀广.Python程序设计[M].北京：中国铁道出版社有限公司，2019.

[5] 王娟，华东，罗建平.Python编程基础与数据分析[M].南京：南京大学出版社，2019.

[6] 翟萍.Python程序设计[M].北京：清华大学出版社，2020.

[7] 关东升.看漫画学Python[M].北京：电子工业出版社，2020.

[8] 嵩天.全国计算机等级考试二级教程：Python语言程序设计[M].北京：高等教育出版社，2021.

[9] 策未来.全国计算机等级考试上机考试题库二级（Python[M]）.北京：人民邮电出版社，2021.

文档

习题参考解答